U0158003

国家社会科学基金资助项目(15BZX034)

国家社科基金丛书
GUOJIA SHEKE JIJIN CONGSHU

资本逻辑视域下的技术正义研究

A Study of the Justice of Technology from the
Perspective of Capital Logic

王治东 著

人民出版社

序

南京大学人文社会科学荣誉资深教授　林德宏

　　东华大学马克思主义学院院长王治东教授,长期运用马克思主义观点研究技术哲学与技术社会学,硕果累累。她的《技术的人性本质探究》和《技术化生存与私人生活空间》两部学术专著获得学界好评。这本《资本逻辑视域下的技术正义研究》是她的又一部力作,系统论述资本逻辑与技术正义的关系。

　　这是一个十分重要的课题。

　　近代以来,资本主义社会造就了资本和机器大工业技术这两股强大的力量,从根本上改变了人类的生存方式,改变了社会发展的趋向,它们是"双胞胎",基因相同,都是竭力求利。二者相互支撑、相互推进。资本提供资金,技术从事制造。技术使资本膨胀,资本使技术亢奋。技术与资本共同创造了现代社会,至今仍是社会的基础。

　　资本与技术共同使人类拥有巨大的物质力量,它们无所不在、无所不为,似乎无所不能,使其他的社会力量相形见绌,显得苍白无力。正如恩格斯所说:"追求幸福的欲望只有极微小的一部分可以靠观念上的权利来满足,绝大部分却要靠物质的手段来实现。"①

----

① 《马克思恩格斯文集》第4卷,人民出版社2009年版,第293页。

　　资本与技术具有共同的逻辑,都追求利益的最大化。资本与技术的欲望,就其本性而言永无止境。其自发的发展必然使这股力量越来越强。谁拥有的资本多,谁掌握的技术就越强,谁就是最大的赢家,获得更多的资本和更强的技术,资本多者越多,技术强者越强,技术强者资本越多,资本多者技术越强。简言之,资本使技术强,技术使资本多。二者都是对方的推动者,对方又都使自身成为受益者。物质资源和物质产品都是有限的,所以在资本主义社会,也就是由资本与技术支配的社会中,富者越富,贫者越贫;强者越强,弱者越弱。在物质力量、物质手段、物质利益主宰的社会中,人的价值被贬,许多人的正当权利、社会地位遭受侵害。富者仗富劫贫、强者恃强凌弱,求暴利、靠暴力,技术提供了暴力。这就造成了只讲利和力,而不讲理的畸形形态。不平等、不公平、不正义的事层出不穷,愈演愈烈。在一些人看来,"不正义"乃天经地义,是社会的常态。在这种环境下,哪有正义可言? 正义成为强者的欺骗、弱者的空想。因此恩格斯写道:"由于资本主义生产所关心的,是使绝大多数权利平等的人仅有最必需的东西来勉强维持生活,所以资本主义对多数人追求幸福的平等权利所给予的尊重,即使有,也未必比奴隶制或农奴制所给予的多一些。"①

　　所以作者认为,在资本主义社会要真正解决技术正义问题,就要从根源上着手,即从资本逻辑与技术本性的关系上着手。这就抓住了问题的本质和解决问题的关键。

　　如何进行技术与正义关系的研究? 视角的选择至关重要。王治东教授指出,目前关于正义的研究成果颇多,研究的视角涉及政治哲学、技术政治学、价值哲学等,但还缺少从政治经济学视角的系统研究。政治经济学视角的技术正义研究不仅关注技术和正义之间的外在性的关系,更关注技术与正义之间的内在性关系,注重二者之间的内在契合性。作者选择了政治经济学视角,以

---

① 《马克思恩格斯文集》第4卷,人民出版社2009年版,第293页。

马克思资本逻辑批判为切入点,以资本、技术和正义三者之间的关系为主线。这就使技术与正义之间的关系研究兼顾了外在性关系和内在性关系。这是本书十分重要的理论创新。

王治东教授还论述了技术的资本属性和资本逻辑,深刻揭示了资本逻辑与技术本性的联系,对资本逻辑、技术本性进行同构研究,分析了技术参与资本建构并最终形成技术资本的过程,在资本主义大工业时代,现代技术已经成为资本的外在形式。

作者还提出了技术正义的圈层结构,指出了走向技术正义的可能途径。按照马克思的分析,私人资本通过技术扩张而不断扩大生产,使资本私人化弱化,逐步走向社会化,从而不断趋向公平、走向正义。在技术高度发展的社会,正义有望通过技术进步而拨动,这是积极的创建,也是社会朝向美好的希望之所在,这也是今天不断推进技术创新发展的社会动力。

此外,作者还探讨了具体技术形式与现实技术正义问题,论及数字技术、物联网技术、基因技术、人工智能等一系列高新技术所引发的技术正义问题,这也是本书值得关注的内容。

全书内容丰富,论述严谨,富有创建,具有重要的学术价值和现实意义,是一部关于技术正义研究的重要著作,特郑重向读者推荐。

2021 年 2 月 10 日

于南京大学

目　录

下　篇

导　　论

　　正义问题是伴随人类社会发展的一个古老话题。正义问题具有普遍性，无论东方还是西方、无论过去还是现在，在人类社会发展过程中都普遍存在对正义的诉求。正义一直是中国传统文化的一个核心问题。而在西方，早在2000多年前的古希腊，苏格拉底就已经在雅典的广场上用一种助产士的方式与人讨论和追问正义问题。正义问题也具有特殊性，不同的民族文化传统、不同的国家治理环境和生存方式会在正义观念上显示出不同的特质。纵观人类历史，至今还没有一个社会形态是绝对正义的，当然反过来也没有一个社会形态是绝对非正义的。但有一点可以肯定，人类文明历程是从非正义向正义、从较少正义逐步向较多正义发展的过程。

　　人类文明的进步有两个重要维度：一是主体向度，即人的发展，没有人的发展，也就没有对自由、民主、公平、正义的追求；二是客体的向度，即社会进步，没有社会的进步，没有科技的发展，也就没有人的发展，两者相辅相成。对于正义而言，也有两个维度：既存在整体社会的正义，也包含个人行为的正义；既存在一般形而上学意义上的正义追问，也存在不同学科领域正义问题的争论。作为整体的正义是抽象的，具有作为形而上学的一般规定性；对于个体的人和事而言，正义则是具体的，需要通过具体事物物化而呈现。因此，尽管关于正义问题的研究文献汗牛充栋，但不同的视角研究都会有不同的发现。超越性的、形而上学一般意义上的正义的研究是必须的,但具体的、物化的正义研究也是每一个社会阶段发展所必要的,这也是正义问题常议常新之原因所在。

如果说正义是通过具体事物而呈现的,是一个物化过程,技术就是一个绕不过去的重要因素。技术为社会发展提供坚实的物质基础,不断推动社会文明的发展和制度的进步。在生产领域,不断更新的高新技术及其产业化发展使技术成为经济增长不可或缺的内生变量。并且技术发展速度越来越快,尤其信息技术的发展在使用摩尔定律①的时间衡量其发展速度。技术的发展速度之快、应用之普遍,已经成为人生存的背景、境遇和基本方式,也带来人的观念、思维和生活方式的改变。当前人工智能技术的发展甚至重构着人们的时空观念、社会分工方式和人与人之间的社会关系。关于技术与人之间的关系的哲学思考,已经超越了是人控制技术还是技术控制人的简单的、非此即彼的思考框架,进入复杂思维阶段。技术介入人的社会生活的触角越深,人与技术之间哲学思考的维度会越复杂,由技术引发的正义问题的研究进入学术视野就愈发必要。

一、 国内外关于技术正义的研究视角

从苏格拉底对正义进行形而上学追问开始,古希腊的柏拉图、亚里士多德,中世纪的奥古斯丁,近代的霍布斯、洛克、休谟、康德等人类思想发展史上具有重要地位的思想家们也都把自己的目光投向了正义问题。20 世纪 70 年代,罗尔斯(John Bordley Rawls)的著作《正义论》问世,再次将正义问题的关注热点引入学术视野,并引发持久不息的争论。可以说,国外学者关于正义问题的研究是比较丰富的,也取得了相当多的研究成果,正义思想经历了较为完整的思想更迭,形成了较为成熟和完整的体系,为更加深入地研究和探讨技术

---

① 摩尔定律是指当单位价格恒定时,一定面积内的集成电路中可以嵌入的元件数目将在 18 个月左右比原来翻一番,这个定律目前一直被广泛认可。

正义问题提供了必要的理论基础和探讨依据。与之前的各种正义论相比,罗尔斯正义论的特点体现在,他所提出的正义是一种社会正义,并且这种正义是建立在契约精神之上的。① 国内很多学者对自然正义论—神学正义论—理性正义论—社会正义论的进阶发展有积极认知。除了正义的整体研究之外,关于正义问题的研究日益丰富,开辟出了许多新的研究领域,如经济正义、政治正义、法律正义、伦理正义、环境正义、气候正义等,这些研究也卓有建树,具有积极的现实意义。

尽管学界对技术的反思、对技术本质的追问、对技术风险的关注由来已久,但上升到对正义的追问还不多。技术正义问题在最近几年开始得到学者们的进一步关注,但是国内的相关论文和资料显示出学界对于"技术正义"这一主题的直接研究比较少,关于技术正义问题的著作也难觅踪迹,可以认为,国内对技术正义内涵的挖掘尤其不够。

法兰克福学派的技术批判力度是较大的,其理论思想无疑是相当深刻的,作为 20 世纪现代西方哲学重要的流派之一,其突出特点就是将技术作为一种新的意识形态加以批判。尤其是对技术主义和技术异化的严厉批判,从不同的方面深刻揭示了现代人的异化境况,也批判了现在资本主义社会所具有的物化结构,同时对资本主义意识形态、资本主义社会中的技术理性等作了相当深入的批判,突出了这些异化力量对人的束缚和统治。如马尔库塞(Herbert Marcuse)认为,当代工业(技术)社会其实是一个新型的极权主义社会,这是因为它虽然没有压抑人们的物质需求,但它却通过持续不断地提供各种物欲刺激人们的感官、麻痹人们的思想,并且通过制造各种幸福的诺言来弱化甚至消除人们的批判意识,一句话,当代工业社会通过其特有的意识形态控制将人们变成了"温顺的绵羊"。尽管法兰克福学派技术批判理论非常深刻,批判了技术制造的极权社会,但遗憾的是,法兰克福学派没有对技术与正义之间的关

---

① 李建森:《价值预设与叙述技术:罗尔斯"一般正义观"解读》,《贵州社会科学》2010 年第 5 期。

系进行直接关注和研究。

德国当代哲学家奥特弗利德·赫费(Otfried Haffe,2008)关于科学技术伦理思想的核心概念是有关正义的。他的正义理论是基于政治学的思考,属于交换正义论。他认为科学技术的目的是为了人类的幸福与自由,运用正义观念来进行评判,由此使对科学技术的伦理评价达到了彻底的程度。在赫费看来,科学技术绝不应仅限于科学领域,而应当将科学技术置于整个社会领域之中来加以观察,才能对科学技术有一个准确的定位、判断和把握,否则对科学技术的理解和把握就只能是片面的、不准确的。他对科学技术的内涵划定了边界,将对科学技术的批判分为三个层次,即策略、实用主义和道德,由此建构了科学技术的正义系统,并以此来规范科学技术的正义品性。① 也许是受莫顿科学社会学原则的影响,赫费是从技术政治学角度分析的,通过科学家和科学共同体的正义来解决技术正义问题。

哈佛大学教授迈克尔·桑德尔(Michael J.Sandel)在《反对完美:科技与人性的正义之战》一书中,针对基因改良、胚胎克隆等生物医学技术探讨了人性正义问题。他对技术发展持有警惕和反对的立场,认为生命的意义、经验,包括正义不是技术赋予的,而是自然所给予的,当然,技术不可能实现正义。诚如桑德尔所言,基因改良、无性克隆和基因工程等技术会严重影响人类的安全,不过重要而且困难的是要分析、整合出上述技术到底是怎样减损人们的人性的。② 技术正义问题也是如此,说技术的不正义很容易,问题的关键是要说清楚技术是如何不正义的、怎么才能正义却很难。

在国内学术界,关于技术正义问题研究的论文寥寥,但可贵的是对技术正义进行了开拓性的研究。总的来说,论者认为对技术负面价值的批判与否定

① 张海燕:《科学的正义维度探析——论赫费的科学技术伦理学》,《自然辩证法研究》2007年第5期。
② [美]迈克尔·桑德尔:《反对完美:科技与人性的正义之战》,黄慧慧译,中信出版社2013年版,第22页。

技术的正面价值是两回事,技术在发展意义上肯定是人类的福祉,没有技术就没有人类的今天。技术不是中性的,而是负载价值的,可分为正义的技术和非正义的技术。有学者以正义的视角来审视技术价值问题,认为如果以工具理性为正义观的角度考察技术价值,则会将技术价值作片面化的理解;而如果以价值理性为正义观的角度来考察技术的话,那么会将技术正义作为技术价值的最终诉求。① 这都是从技术价值诉求的角度探讨技术正义问题。有学者从技术价值论出发,兼顾历史与现实两个维度考察价值创造问题,认为技术是创造财富的因素之一,根据技术进步的累积性质,随着人类历史的发展,社会总财富会越来越多,新一代人创造的新的财富所占社会总财富的比重便会逐步降低,因而需要从社会和历史相结合的角度来研究财富的公平分配,也只有这样才可能为正义找到准确的理论基础,这里涉及财产权和分配正义问题。② 有学者指出,从政治哲学视角出发探讨技术哲学,由此必然呈现出现代人关注的时代课题——技术正义。该论者认为建构合理的技术正义原则是当务之急,并进一步指出机会平等、权利优先、可持续发展等其实是技术正义的基本原则。③ 还有论者指出,就人类社会所受到技术发展的影响这个层面来看,技术正义的含义可以说就是关于技术的发展与应用所创造的利益以及其所带来的风险等的合理分配问题。④

以上国内外学者关于技术正义问题的研究尽管有了积极的探讨,但总体而言,存在以下不足:一是研究人员较少。从发表论文成果的数量可见,在此方面的研究人员较少,还没有引起学界足够的关注。这种情况出现的原因是多方面的,但有一点还是可以预见的,学界关于具体正义问题的研究较多,上升到一般层面的技术正义探讨还不够,一般性的技术正义研究必须要有一定

---

① 戴亚娜、胥留德:《正义视野下的技术价值负荷——价值理性与工具理性的对峙与抉择》,《昆明冶金高等专科学校学报》2008 年第 4 期。

② 于晓媛:《技术价值、历史遗产与分配正义》,《北京行政学院学报》2010 年第 5 期。

③ 曹玉涛:《技术正义:技术时代的社会正义》,《浙江日报》2012 年 12 月 31 日。

④ 李荣华:《技术正义论》,《华北工学院学报(社会科学版)》2002 年第 4 期。

的理论分析工具,而这在以往政治学领域实现有些困难。二是研究视角较为单一。通过文献梳理,可以看到,目前关于技术正义的研究多是从政治哲学、技术政治学、价值哲学等角度进行的。这便影响了对技术与正义关系合理内核的分析,将技术与正义之间的关系多看作外在化的关系。实际上,技术与正义之间既是外化的关系,又是具有内在契合度的。这恰恰可以通过资本逻辑分析呈现。三是还缺乏系统性和具有整合力的研究。目前学界还没有系统性的关于技术正义研究的成果出现,缺乏学术专著。因此研究技术正义问题既是社会发展现实的必然要求,也是学术创新与理论探究的内在需求。

技术正义问题的研究除了政治学意义之外,还应从属于政治经济学范畴,不能逾越资本和资本的逻辑。马克思在《资本论》中曾指出:正是货币形式"用物的形式掩盖了私人劳动的社会性质以及私人劳动者的社会关系"[①]。资本统治是在物质生活领域对私人劳动与社会总劳动关系的规定,个体特殊的具体劳动必须服从于货币增长的目的,以效率服务于资本的增殖,效率最好的形式是技术的进步。因而,机器以及一切技术发明与创造也就成为资本主义生产的逻辑必然。

因此,从资本逻辑视域探讨技术正义问题,是有待于进一步挖掘和探讨的路径,可以追溯技术背后的支配和统治力量,挖掘技术与正义之间关系的根结所在,具有重要的学术价值和积极的现实意义。这种价值和意义具体体现在以下方面:一是把以往从政治学视角看待技术正义问题纳入政治经济学视角,使技术与正义之间的关系从外在性关系纳入内在性关系;二是将技术本性与资本逻辑进行同构研究,呈现技术参与资本构建最终形成技术资本的过程;三是为具体技术正义问题构建理论分析体系和工具,为技术正义的合理性解释确立学理依据;四是对具体技术正义问题进行探讨,让一般技术正义问题找到具体技术的着眼点。

---

① 《马克思恩格斯文集》第 5 卷,人民出版社 2009 年版,第 93 页。

二、　研究思路与基本内容

在研究思路上,总体而言,本书以新的研究视角为切入点,以相关概念辨析为基础,以资本、技术和正义三者之间关系为主线,对相关问题进行整合性研究,试图为技术正义相关基础理论作一初步建构,并通过理论的反身性对具体正义问题进行理论探讨。

基于资本逻辑视域对技术正义问题进行研究,其步骤是:首先,探讨资本逻辑与技术本性之间的同构性;其次,深入分析技术与资本之间从外在的分化到内在的共谋过程,揭示技术与资本之间经过"技术与资本""技术—资本"到"技术资本"的关系演进历程,从而将技术、资本和正义三者之间关系的探讨,落脚到技术正义问题的探讨;再次,从挖掘马克思主义经典文本的角度,结合马克思物化理论和机器体系的思想深触技术与正义的关系,从而把技术与正义之间看似外在化的关系范畴,纳入内在关系范畴,进而探讨资本逻辑视域下,技术和正义之间的关系实质以及引发的一系列技术正义问题。

本书关注的重点有以下几个层次:一是结合以往研究视角探讨资本逻辑视域下技术正义问题的合理性与逻辑起点;二是探讨资本逻辑与技术本性的同构性及其发展的历史阶段和进程;三是探讨技术的两种属性与资本的两种属性及其相互关系;四是立足于技术与资本的同构性分析技术与正义之间的关系及技术正义问题;五是针对具体技术形式探讨相关技术正义问题。

由此,在研究方法上主要着眼于以下几个方面:一是元理论分析方法。将相关概念与问题上升到元哲学层次进行概念辨析和理论分析。二是历史与逻辑相结合的方法。结合技术史、人类史和资本历史发展的脉络,探寻资本逻辑的生成以及技术走向资本逻辑的历程,揭示技术、资本与正义的关系。三是文本分析方法。结合马克思主义经典作家的文本,尤其是马克思的物化理论和机器体系思想进行分析,由此找到理论成立的文本依据。四是学科交叉方法。研究内容涉及科学技术哲学、马克思主义哲学、政治经济学、经济学与社会学等学科领域。五是事实(案例)分析方法。针对具体技术形式进行技术正义问题分析。做到宏观研究、中观研究和微观研究的有机结合。

本书在总体框架上分为上下两篇。上篇主要是对技术正义理论本身的探讨,追问的是技术正义何以可能,按照理论逻辑的反身性,就是技术的内核正义问题;下篇是具体技术正义问题,是技术与正义关系问题,是技术的外核正义问题,追问的是技术正义以何可能。

研究目标有以下几点:一是开拓一种政治经济学的研究视角,在资本逻辑视域下通过技术探讨古老的正义问题,使其具有时代语境性;二是把具有一般形而上学意义的正义概念与技术、资本和财产权等概念相关联,具体物化为问题性话语,使正义问题的探讨具有指向性和可讨论性;三是初步勾勒一种理论研究框架,为现实技术正义问题的解决提供理论基础。因此,资本逻辑视域下的技术正义问题研究要回答四个方面的核心问题:其一,技术是如何具有资本逻辑的? 换言之,技术是如何变成技术资本的? 其二,资本逻辑与技术本性是如何具有同构性的? 其三,资本逻辑下的技术正义如何可能? 通俗地讲,具有资本逻辑的技术是如何撬动正义的? 其四,按照以上分析模式对现实技术正义问题进行合理性解释。

因此,本书核心内容涉及以下四个方面。

(一) 关于技术如何具有资本逻辑问题

在理清技术内涵、表象、理论基础以及对技术进行分析之后,探讨技术进步的动力机制是什么? 从政治经济学角度探讨技术作为创造财富的重要因素所具有的资本属性。耦合经济学理论和技术哲学相关理论探讨技术资本的形成过程及其相关阶段。技术从"自然的肢体"延伸的工具属性到具有价值增殖意义的资本属性,这个历程初步体现为三个阶段:(1)分离阶段:表现为"技术与资本"形式;(2)结合阶段:表现为"技术—资本"形式;(3)交叠阶段:表现为"技术资本"形式。

（二）关于资本逻辑与技术本性的关系问题

深入探讨技术与资本走向同构与合谋的原因,关注技术资本逻辑和资本的技术朝向的内在动因。探讨资本逻辑和技术本性的合力论问题。重点分析技术的两种属性和资本的两种属性以及相互关系。技术的两种属性即自然属性和社会属性。技术是兼具自然属性与社会属性的一种特殊存在,这种特殊存在既要遵循自然规律又要遵循社会规律。

资本也具有两种属性:一方面属于生产要素,另一方面属于生产关系。在经济学中,生产要素指所有用于生产商品或提供服务的资源。当然,资本作为生产要素出现经历了不同的时期,而且不同时期有不同的内涵。在现代经济学范畴中,生产要素一般包括劳动力、资本、土地和企业家才能四个方面。随着科学技术发展和各国知识产权制度的建立和完善,技术及信息也作为相对独立的要素投入生产环节之中,成为生产要素的一员。资本也同时作为关系要素出现,属于生产关系。二者在资本逻辑上达到完美的结合。因此现代技术与资本就具有某种共契性,技术的本性内在地包含着资本逻辑,技术与资本从分离到合谋的历史过程有着某种历史的必然性。尤其在大工业时代,现代技术成为资本的外化形式。

（三）关于资本逻辑统摄下的技术与正义关系问题

结合马克思主义经典文本,抓住马克思的物化理论,探讨在资本逻辑统摄下,技术与正义关系问题,这种关系表现为一是"技术与正义";二是"技术正义",本书提出了正义的圈层结构,即"内核正义"和"外核正义"。

在大工业发展过程中,任何自动化体系出现的生产力要以服从社会智力为前提,单个的劳动在它的直接存在中已被扬弃的个别劳动转化为社会劳动。全体社会成员能够在大机器体系下拥有更多的自由支配时间,个性将会充分而全面发展。因此,在具体落脚点上,私人资本通过技术扩张不断扩大生产,使资本的私人性弱化,资本通过不断去私人化而走向社会化,趋向社会公平并不断走向正义。按照这个发展规律,可以说,社会化的大生产是克服资本私人占有的积极因素,也可以说,在技术高度发展的社会,正义有望通过技术进步而拨动。

(四) 关于具体技术形式与现实技术正义问题

在学理分析和关系探讨基础上,笔者还针对具体技术形式剖析其蕴含的技术正义话题,关注社会发展过程中技术带来的一系列现实问题,诸如数字技术、物联网技术、基因技术、人工智能等一系列高新技术的发展带来的技术正义问题。要探讨具有资本逻辑的技术与正义之间的关系实质以及相关问题,并用构建的理论模型分析现实技术正义问题。

上篇

第一章　视域开启：资本与
资本逻辑批判

当前,关于资本和资本逻辑的研究逐渐成为热点。"资本逻辑"概念在马克思主义哲学研究中是一个普遍使用并被认同的概念,但近年来国内学术界对资本逻辑的研究和使用逐渐多语境化,资本逻辑的多重语境批判也囊括了很多现实问题,体现了理性的现实关照性。当然,以资本逻辑的视角研究各领域的现实问题也逐渐成为一种重要的研究范式。在各学科领域,"资本逻辑"概念在某种程度上逐渐"被中心化"。称其"被中心化"是基于两点:第一,资本具有很强的渗透力,很多现实问题都绕不开资本要素,资本在社会运行要素中具有不可忽视地位;第二,以资本逻辑的视角去研究当代的现实问题已经成为一种显性的哲学方法和研究范式。

第一节　资本逻辑研究的多重语境

资本逻辑具有渗透性,浸润于不同领域,衍生出许多新的学术话题。相应地,资本逻辑批判也不断出现在多重学术语境之中。在这些语境中有五种语境的资本逻辑批判不可忽略:一是政治经济学语境;二是精神分析语境;三是技术哲学语境;四是生态哲学语境;五是政治哲学语境。

一、 资本逻辑批判的政治经济学语境

在政治经济学语境中,对资本逻辑的理解大多基于马克思原意上的理解,将资本逻辑理解为资本运动规律。资本的本性就是追求利润,并且追求利润最大化,以此不断达到价值的增殖。功用性与效用性原则就是资本本性的体现,这也是资本逻辑的核心所在。陈学明指出,资本最主要的属性就是把一切都变成有用的体系,而这就相当于是说,所有的存在物都将作为资本的依附,围绕着资本旋转,而资本所具有的这个作用可以称为资本的"效用原则"。[①]周露平专门论述了资本逻辑的区分问题,他将资本逻辑区分为"资本逻辑Ⅰ"和"资本逻辑Ⅱ"。"资本逻辑Ⅰ"是资本逻辑的哲学性质,其理论依据是马克思的《1844年经济学哲学手稿》和马克思、恩格斯合著的《德意志意识形态》;"资本逻辑Ⅱ"是对"资本逻辑Ⅰ"的政治经济学论证,其理论依据是马克思的《资本论》。马克思对资本逻辑的诊断可以分为两种:第一种是哲学—经济学维度的资本逻辑,这一逻辑偏哲学,是资本逻辑Ⅰ;第二种是经济学—哲学维度的资本逻辑,这一逻辑偏经济,是资本逻辑Ⅱ。[②]

在政治经济学语境中,仰海峰从拜物教理论这个维度来探讨资本逻辑的演化路径。众所周知,拜物教是马克思批判资本主义的一个重要维度,也是当前学者们关注和研究的一个热点。马克思通过对拜物教的阐释,揭示了资本主义社会中问题的关键是资本主义社会关系控制了一切,因而革命的一个重点是打破资本主义意识形态,尤其强调的是"无产阶级首先要打破拜物教意识形态"[③]。他还指出,在马克思拜物教与意识形态批判理论的科学视界中,对社会生活本身"颠倒"性的批判,要通过两个步骤实现:一是分析经济生产过程的"颠倒"性;二是分析商品交换的"颠倒"性。他同时认为资本逻辑是一

① 陈学明:《资本逻辑与生态危机》,《中国社会科学》2012年第11期。
② 周露平:《资本逻辑的哲学性质与历史限度》,《马克思主义与现实》2015年第2期。
③ 仰海峰:《拜物教批判:马克思与鲍德里亚》,《学术研究》2003年第5期。

个结构化的整体。在马克思的思想中体现着两种逻辑:一种是生产逻辑,另一种是资本逻辑。对于马克思来说,揭示资本运行过程及其内在结构,进而展示出资本逻辑的统摄性作用在马克思思想中占有极为重要的地位。可以说,使资本主义凝练为一个总体的正是源于资本逻辑的统摄。①

二、 资本逻辑批判的精神分析语境

在资本逻辑的研究中,国内学者都不同程度借鉴和吸收了后现代思想家尤其是后马克思主义者的思想理论,通过挖掘马克思理论中的"资本逻辑"概念与后现代、后马克思主义的理论进行契合和互补,反过来,以资本逻辑为载体,通过吸取后现代、后马克思主义的思想理论去丰富资本逻辑的理论内涵,拓展了马克思主义理论研究。如借助波德里亚、齐泽克等人的思想对资本逻辑进行深刻批判。从资本逻辑运动轨迹所带来的社会问题来探讨资本逻辑,一切与资本求利和增殖行为具有相关性和相似性的社会现象都被统称为资本化的社会现象,都被资本逻辑所裹挟,是事物资本化的逻辑形态。强调资本逻辑对人、自然、社会以及相关事物的支配关系、颠倒关系,甚至包括主奴关系。

这其中,精神分析语境的资本逻辑批判值得关注,学者孔明安在多篇文章中作了积极探讨。他通过精神分析话语结构,在强调资本悖论性存在的前提下,借助齐泽克现代精神分析的视角对当代资本,特别是金融资本的运行及其特征作了独特分析和批判,而对资本、商品和拜物教的问题作了深刻的研究,开辟了资本逻辑批判的精神分析路径。他指出拜物教逻辑就是资本逻辑的另一种形式,也是主奴颠倒的逻辑形式。"从精神分析的视野分析了商品拜物教现象和其中所蕴含的颠倒逻辑,并结合黑格尔在《精神现象学》中的主奴关系论述,试图阐明从黑格尔到马克思建立在主奴关系上的解放逻辑与建立在'症候'基础上的资本主义社会的拜物教逻辑之间的复杂关系。从黑格尔到

---

① 仰海峰:《从主体、结构到资本逻辑的结构化——反思关于马克思思想之研究模式的主导逻辑》,《哲学研究》2011 年第 10 期。

马克思,解放逻辑揭示了人的解放及其自由的维度;然而,源自商品拜物教的症候分析昭示,商品社会中主体必然受制于拜物教的颠倒逻辑,并以意识形态的形式显现出来。"①因为"商品拜物教中所蕴含的两个重要维度,即先验主体和无意识。马克思对商品拜物教的分析折射了商品交换的神秘形式,这一神秘形式既与先验主体相关,也与人的无意识密切相连。在商品社会中,这一神秘形式就表现为意识形态的症候,即商品拜物教现象。"②精神分析语境的资本逻辑批判强调两个概念:一是"症候",二是"无意识"。马克思揭示的商品拜物教展示出人与人之间的关系被物与物之间的关系颠倒地呈现。但齐泽克认为,上述颠倒的呈现是以商品无意识为基础的。在精神分析语境里,其核心概念"无意识"和"症候"之间有着密切的关联。质言之,把握"无意识"必须通过"症候"。通过"症候"和"无意识"两个概念的深刻分析,让人们认识到,拜物教形成的颠倒逻辑多么强大,齐泽克通过将商品拜物教置于精神分析维度下解读,抓住商品拜物教中存在的"症候",揭示出,在商品交换中,主体无法逃离商品拜物教的颠倒逻辑,关键的是他们还对这一颠倒毫无察觉。

从以上分析中可以看出,精神分析语境在资本逻辑的批判上比较细致,并且具有一定的现实警示力,也让人们充分认识到资本逻辑寄生的土壤、生长的环境以及增长的条件。当然,打破颠倒逻辑的最终是生产力的发展和生产关系变革的未来社会。众所周知,马克思以其敏锐的洞察力和科学的分析,揭示了资本主义社会因其具有的多重矛盾而仅仅是人类历史发展的过渡阶段,因而在它之后还有更加高级的社会形态,这一社会形态就是马克思指出的共产主义社会。为实现这一共产主义宏大目标,马克思不仅创造了科学的理论思想,还找到了革命的主体,即无产阶级。按照马克思的论述,共产主义的实现

---

① 孔明安:《从解放逻辑到拜物教逻辑——精神分析视野中的主奴关系浅析》,《社会科学战线》2012 年第 7 期。

② 孔明安:《从解放逻辑到拜物教逻辑——精神分析视野中的主奴关系浅析》,《社会科学战线》2012 年第 7 期。

是必然的,在这样的社会里,异化、物化、商品交换等都将不复存在,这样一来,"也就不存在商品拜物教的颠倒逻辑及其异化现象了"①。

三、 资本逻辑批判的生态哲学语境

随着世界各地环境问题日益凸显,尤其中国最近几年也逐渐暴露出诸多环境问题,如雾霾、水污染等,因而在生态问题研究上,国内学者越来越关注资本逻辑与生态危机的关系问题。国内在生态哲学领域对资本逻辑批判较早的文章出现于 2008 年,是由学者卢风撰写的,他在文章中明确提出走出生态危机的关键一步乃是限制资本逻辑,这样他便毫不含糊地将生态问题与资本逻辑问题联系在了一起。事实上,在他看来,在中国这样的社会主义国家,资本逻辑仍然是约束制度建设的强力"逻辑"。② 可以据此推论,中国的生态问题的解决办法,也必然是要限制资本逻辑。自此之后,对资本逻辑与生态问题关系进行整合研究的文章陡增。综合各位学者的观点,主要包括以下方面:

(一) 资本逻辑具有反生态性,生态危机根源于资本逻辑

关于资本逻辑与生态问题研究,学者们都非常明确并基本一致,认为资本逻辑是当前环境问题、生态问题的核心内因。如陈学明指出,资本的基本属性就是让自然存在物工具化。③ 资本具有的无限增殖逻辑,使得资本总是在一个事物对"我"是否有用,即是否能够帮助"我"实现自身的增殖这一层面来看待和理解世间的存在物,因此,它便会在这一维度上看待和理解自然。如此一来,自然界在它面前,就失去了感性的光辉,仅仅成为它实现自我增殖的工具,

---

① 孔明安:《从解放逻辑到拜物教逻辑——精神分析视野中的主奴关系浅析》,《社会科学战线》2012 年第 7 期。

② 卢风:《"资本的逻辑":看透与限制——生态价值观与生产、生活的渐进革命》,《绿叶》2008 年第 6 期。

③ 陈学明:《资本逻辑与生态危机》,《中国社会科学》2012 年第 11 期。

这就跟马克思指出的工人沦为资本自我增殖的工具是一个道理。这样一来，随着这种意识的加固，人们对自然的掠夺就更加肆无忌惮，对自然的破坏也就日益严重。徐水华指出，资本拥有生产强制逻辑和消费强制逻辑，在这两种强制逻辑的运作下，资本能够持续性地压榨自然和人来使其增殖。在这种逻辑之下，人和自然对资本来说就仅仅是一种物而已，一种对于它的增殖有用的物而已，如此一来，资本只顾自身增殖而不顾人类所强调的生态平衡，结果就是在资本生命延续的同时，其反生态性特质就日益突出。[①] 张春玲认为，资本逻辑具有一种客观强制力量，它通过生产扩张和消费扩张无限制地索取自然资源，使得生态问题日益严重。在她看来，"生态危机本质上是资本主义的生产危机和制度危机"[②]，这相当于是说，生态危机是表象，资本主义生产危机和制度危机才是实质，并且也由此指出生态危机的根源是资本主义制度，治理生态危机的根本也就指向了批判资本主义社会。

资本逻辑是如何影响生态的呢？学者们对于这个问题作了相当丰富的研究，关于这方面的论证是相当充分的。陈学明认为，资本的增殖建基于无节制的利用自然资源和过度地向自然丢弃垃圾，如此一来，一方面由于自然界的很多资源都是不可再生的，一旦遭到过度破坏就难以恢复；另一方面，自然界有它容纳、"消化"垃圾的限度，一旦过度，超出了自然限度，那么必然造成生态危机。概括起来就是资本的无限扩张必然带来"与自然界承载能力之间的尖锐矛盾"。[③] 宋宪萍等认为，资本的核心法则就是追求不断增殖，在这一法则的支配下，资本以利润最大化为追求，贪婪地将资本主义生产体系之外的自然资源掠夺进资本增殖体系中，如此一来，便将本来浑然一体的自然界割裂得分崩离析，支离破碎，进而带来严峻的生态危机。然而，自然资源不是无限的，它会随着资本无节制的利用而慢慢枯竭，最终"资本的利润目标与可持续发展

---

① 徐水华：《论资本逻辑与资本的反生态性》，《科学技术哲学研究》2010年第6期。
② 张春玲：《资本逻辑视阈下的现代生态问题》，《理论月刊》2015年第1期。
③ 陈学明：《资本逻辑与生态危机》，《中国社会科学》2012年第11期。

的社会目标出现了严重的背反"①。也有学者援引福斯特的观点来探讨生态危机问题,指出生态学是与资本主义相矛盾的,认为生态危机的根源应该从资本主义制度的扩张逻辑中去寻找。② 这个逻辑的结果就是导致全球性的生态危机,并且这个逻辑如果一往直前,人们就无法改变当前生态问题,让绿水青山再回到人们眼前。因为资本的无限增殖就是以破坏自然为代价的。

(二) 解决生态危机的关键在于如何有效控制资本的扩张和贪欲

有效改善生态危机的方法就是在限制和发挥资本逻辑这两者之间寻找平衡点。一味地追求物质财富的丰富,必然有助于资本逻辑扩张;而生态导向的社会追求则强调"利用资本的同时限制资本"③。在全球都处于资本逻辑统治之下的时代,如果不试图解除资本逻辑的宰制,而是在资本逻辑存在的情况下进行一系列改革,以期治理好生态环境,彻底解决生态问题,那么所有这些措施都注定是"隔靴搔痒",治标不治本,无法有效应对生态危机,更谈不上从根源上消除生态危机。④ 因此,有学者提出,要自觉地对"资本与权力的利益同谋关系保持足够的警惕"⑤。

多数学者非常明确地指出生态问题的资本逻辑根源,"资本逻辑"带来"工具理性"泛化,人类对自然资源的攫取变得毫无节制,造成人与自然的对立。在对该问题的解决上,提出的思路是:只有回到马克思资本批判视域下,才能从根本上认识这一问题的根源,并从实践上获取这一问题解决的路径。

---

① 宋宪萍、李健云:《生态资本逻辑的形成及其超越——基于马克思的资本逻辑》,《云南社会科学》2011 年第 3 期。

② 解保军、李建军:《福斯特对资本主义的生态批判》,《南京林业大学学报》(人文社会科学版)2008 年第 3 期。

③ 陈学明:《资本逻辑与生态危机》,《中国社会科学》2012 年第 11 期。

④ 刘顺:《资本逻辑与生态危机根源——与顾钰民先生商榷》,《上海交通大学学报》2016 年第 1 期。

⑤ 毛勒堂:《资本逻辑批判与生态文明建设》,《上海师范大学学报》2014 年第 3 期。

四、 资本逻辑批判的政治哲学语境

资本逻辑最终落脚点多少都会关涉正义问题。从资本逻辑出发研究正义问题的文章非常多,例如技术正义、生态正义、生产正义、空间正义、经济正义、气候正义等,似乎所有的问题放到资本逻辑的理论框架下都能够探讨到正义问题。

对待正义问题的态度可分为两类。第一类的态度比较极端化,主要强调在资本逻辑控制下的一切都是非正义的,要予以摒弃。以技术为例,有学者认为在资本驱动下的技术是非正义,要积极发展正义的技术去取代非正义的技术。这种观点显然没有从历史的维度去看待资本的二重性问题。与之相反,第二类的态度是辩证地历史地看待正义问题。以陈学明为代表的学者认为正义问题根源于资本的二重性,因为资本发展生产力的同时使得生产关系异化,创造文明的同时又生产着罪恶。资本是一个社会范畴,同时也是一个历史范畴。资本这一概念,一方面包含着充斥人类血腥的消极面,另一方面又包含着给人类带来物质丰富、推动文明进步的积极面。虽然随着历史的发展,资本所具有的正负效应之间的比例有所变化,但也无法抹去它具有的正面效应。资本所具有的双重逻辑,在有的学者看来,一方面具有创造文明的逻辑,另一方面具有追求价值增殖的逻辑。由此,便肯定了资本逻辑对人类文明的积极促进作用,尽管它的本质是在追逐自身的增殖。[①] 鲁品越等指出资本逻辑是一种客观力量,这种客观力量使人成为资本主义生产方式过程中的齿轮和螺丝钉,人在这种力量之下被高度异化了。同时指出了资本逻辑带来了两组矛盾性结果:第一组是资本一方面推动了社会生产力的发展,另一方面又给整个人类社会带来了生态危机、经济危机等等问题。第二组是资本一方面让少数人成为亿万富翁,另一方面又使大部分人陷于贫困。由此,他总结道:资本"是

---

① 张明之:《马克思的资本逻辑批判与人的自由出路》,《学海》2014 年第 1 期。

市场经济条件下真正的'看不见的手'，播撒着人间的幸运与苦难"①。

资本既从属于生产要素也从属于生产关系，当然，资本作为生产要素出现是经历了不同的时期，而且不同时期有不同的内涵。资本也同时作为关系要素出现，属于生产关系。马克思强调，"资本也是一种社会生产关系。这是资产阶级的生产关系，是资产阶级社会的生产关系。"②资本不仅仅是机器、原料、储备等一系列死的东西，它还表现为资本获得的利润，是对增殖的一种渴望。资本是一种由剩余劳动堆叠形成的社会权力，它体现了权力支配关系。

资本的二重性也使资本逻辑具有二重性。一方面促进社会正义，一方面阻碍社会正义。在资本主义制度的生产关系中，资本逻辑蕴涵着必然的剥削与压迫，于是资本被贴上了"恶"的标签。但从资本推动生产力发展和社会进步而言，资本又有正义因子，作为资本的机器体系还有积极的文明面，这在后面将进一步详述。

国内学界对"资本逻辑"研究的逐渐增多以及对"资本逻辑"批判走向多重语境，体现了两个向度：一是展现出资本在我们的现实社会中，在我们生活的社会关系中，确实具有不可忽视的地位。并且资本逻辑的运行与正义之间也存在较为密切的联系，资本逻辑往往带来许多非正义的问题，而这是需要加以深入探讨和密切关注的。二是哲学之花在形而上学层面作空洞的停留是没有意义的，哲学作为时代精神的精华，应当追踪着时代的脉搏，对时代有着正确地把脉。今天学界聚焦资本逻辑的批判，让人们在理性层面保持清醒的认识，这也是社会不断走向正义的一种时代理性。

第二节　西方马克思主义学者的研究路径

在梳理文献的过程中，可以发现国内学者在研究和使用资本逻辑的概念

---

① 鲁品越、王珊：《论资本逻辑的基本内涵》，《上海财经大学学报》2013 年第 5 期。
② 《马克思恩格斯文集》第 1 卷，人民出版社 2009 年版，第 724 页。

时不同程度地借鉴和吸收了西方现代思想家尤其是西方马克思主义者的思想与理论,因此也追踪了西方马克思主义学者关于技术正义的研究路径。

一、 安德瑞·高兹的资本批判理论

安德瑞·高兹(Andre Gorz)是法国左翼思想家,是存在主义马克思主义和生态马克思主义著名学者,他的思想非常丰富和深刻,也是近些年国内学者关注度非常高的西方马克思主义学者。他的"资本主义批判理论"非常值得关注,他对资本主义的批判不是悬空的,而是有具体着眼点的,如对资本主义社会技术的批判,对资本主义劳动分工的批判,对资本主义的消费、教育、医疗等的批判,并且将存在主义马克思主义与生态运动、工业社会理论结合起来,提出政治生态学和后工业革命理论。从生态危机的根源着眼,批判资本主义制度和以资本逻辑为表征的经济理性,对生态学马克思主义建构作出积极努力,批判经济理性,主张建构生态理性。

在资本逻辑批判上,高兹指出资本主义社会危机的根源在于经济理性,生态社会主义的建构就是基于经济理性的批判。高兹关于对资本主义的批判架构在他对资本主义技术和分工观分析上,二者互为支撑。高兹因为具有的社会主义观点,使得他对资本主义持有批判的态度。在他看来,技术、分工和教育其实都是为资本主义服务的,它们已经成为资本主义体系的一部分。因此,他认为技术和分工并不是中立的,它们已经具有了资本主义意识形态的烙印。因此,他认为,要改变资本主义社会,在改变经济关系的同时,还要改变技术和分工的资本主义属性。①

对于认为生产力是意识形态中立的,并且相信随着生产力的发展和提高,资本主义越是得到高度发展,那么社会主义的到来所需要的种种条件也就越发充分等观点,高兹并不赞成,在他看来,科学和技术并非意识形态中立的,相

---

① 汤建龙、张之沧:《安德瑞·高兹的"后马克思"技术观——资本主义技术和分工批判》,《科学技术与辩证法》2009 年第 1 期。

反它具有资本主义烙印。高兹是一个技术决定论者,在他看来,不像马克思所说的那样是经济基础决定着社会关系,决定社会关系的是科学技术。因而,于他而言,变革资本主义的关键是变革科学和技术,也就是改变它们的资本主义式的意识形态属性,唯有如此,才能真正变革资本主义社会。所以,高兹实际上属于科学技术决定论者。这种决定论不是局部的决定,而是具有意识形态统摄性的决定,高兹认为:"资本主义社会的技术已经被整合进资本主义的统治体系中,丧失了中立性,沦为资本主义统治的工具,并导致资本主义社会的劳动异化、自然异化等问题。"①资本主义社会的技术是资产阶级统治的工具,渗透着资本逻辑,并体现着经济理性。

技术的资本主义使用导致异化,不仅导致劳动的异化,而且导致自然的异化。高兹认为资本主义最重要的危机是生态危机,在导致生态危机的道路上科学技术难辞其咎。高兹认为:"科学技术直接影响生态环境,资本主义的技术导致生态危机,资本主义的技术与资本主义一样本质上都是反生态的。"②资本主义最大的危机不在于经济领域而在于生态领域,高兹对于资本主义危机的看法与马克思是不一致的,在马克思看来,资本主义的危机主要是经济危机,而在高兹看来,生态危机才是资本主义目前最主要的危机。

但生态危机背后是资本逐利逻辑,归因于资本主义的利润动机,因此,资本逻辑批判是高兹思想的主线。高兹"虽然同其他的西方马克思主义者一样,重视从文化意识形态角度分析和批判资本主义,但因其坚守了资本逻辑批判,增强了资本主义批判的深刻性和全面性,而没有陷入其人本主义的价值逻辑中"③。无论是技术、劳动分工、消费、还是学校的教育体制,都由背后看不

① 冯旺周:《资本批判与希望的乌托邦——安德烈·高兹的资本主义批判理论研究》,人民出版社 2017 年版,第 188 页。

② 冯旺周:《资本批判与希望的乌托邦——安德烈·高兹的资本主义批判理论研究》,人民出版社 2017 年版,第 327 页。

③ 冯旺周:《资本批判与希望的乌托邦——安德烈·高兹的资本主义批判理论研究》,人民出版社 2017 年版,第 304—305 页。

见的资本逐利性所控制,经济理性是资本逻辑的理性表现方式。在高兹看来,改变生态危机的根本在于改变资本主义的生产方式,在这个意义上,他的批判就与马克思对资本主义的批判有着高度契合性。当然,一直以来,存在主义的马克思主义关注的解放问题的着眼点是个体的自由解放,但高兹通过后工业社会主义的乌托邦目标,构建了全人类自由解放的构想,这个基点就是破除经济理性,重建"生态理性",构建生态社会主义道路。当然,高兹的资本逻辑批判本质上并没有超越马克思对资本主义社会的批判,但他对很多现实问题的分析与关照具有积极的借鉴意义。

二、 道格拉斯·凯尔纳的"技术资本主义"思想

"技术资本主义"概念并非道格拉斯·凯尔纳(Douglas Kellner)首创,但将这一概念内涵体系化的却是凯尔纳。道格拉斯·凯尔纳是美国批判理论家、后现代理论家、晚期马克思主义学者。按照凯尔纳自己的判定,他属于批判学派的马克思主义研究者,属于"左派"。"我属于'左派'也即批判学派或激进派,实际上它也被称之为人道主义学派。"①他的理论丰富而深刻,他的社会批判理论有机融合了后现代理论、媒体文化理论、批判理论和马克思主义理论,形成了丰富的社会分析构架,在以往理论的基础上重新构建了社会批判理论。将他的观点阐述出来就是,如今的意识形态批判涉及的层面很广,而且往往交织着一些新问题以及文化现象,这样当前的意识形态批判就更加复杂化,并且除了阶级记号之外还有着其他不同的记号。② 探讨资本逻辑批判,逾越不了凯尔纳的"技术资本主义"。

道格拉斯·凯尔纳敏锐地捕捉到了当代资本主义发展的新变化,这种变

---

① 张秀琴:《西方马克思主义在当代美国的理解及其传播——道格拉斯·凯尔纳教授访谈录》,《学习与探索》2012 年第 3 期。

② 张秀琴:《西方马克思主义在当代美国的理解及其传播——道格拉斯·凯尔纳教授访谈录》,《学习与探索》2012 年第 3 期。

化的发生是科学技术在其中充当了积极的变量,将新技术与资本主义社会进行结合性分析是法兰克福学派以来西方马克思主义所采取的立场,与高兹的立场一样,凯尔纳的"技术资本主义"综合了马克思资本批判立场和法兰克福学派技术批判精神。凯尔纳受马尔库塞思想影响较大,在对资本主义的批判上继承了马克思的资本批判方式,同时结合了社会发展和科学技术发展现实,强调了技术与社会的结合和相互关系。凯尔纳引入了"社会图鉴"概念,认为"社会图鉴"对于社会的意义如同航海地图对于哥伦布的意义,是具有导引方向价值的。在他看来,人们如果要讨论并介入到社会过程中去,就需要一份社会地图。① 凯尔纳认为随着新技术的不断涌现,资本主义社会发生了一种新的变化,不过这种变化马克思其实在《资本论》中已经提前告知了,那就是资本有机构成的两个部分:固定资本(厂房、机器等)和可变资本(人力成本),这两者之间的构成比例发生了变化,也就是固定资本占资本比重越来越高,而可变资本占资本比重则越来越低。凯尔纳将这种转变视为"技术资本主义"社会的质性标志。②

这个趋势越来越显现化,后面章节将具体探讨数字资本主义的问题,这些是技术资本主义的表现形式。在凯尔纳看来,"技术资本主义"虽然是资本主义发展的新形态,但是不能据此就判定资本主义进入了一个新的历史阶段,资本主义的本质此时还并未发生根本性的变化,因而这一形态只能视为资本主义的一个新格局。③ 的确,凯尔纳的"技术资本主义"将技术与社会形态结合研究,二者还是一种外在化的关系框架,随着数字经济的发展,人工智能技术的发展,技术越来越内在于资本增殖的建构。尽管凯尔纳对此没有进一步作

---

① [美]道格拉斯·凯尔纳、斯蒂文·贝斯特:《后现代理论:批判性的质疑》,张志斌译,中央编译出版社 1999 年版,第 333 页。

② 颜岩:《浅析凯尔纳的"技术资本主义"理论——一个晚期马克思主义的个案研究》,《东岳论丛》2005 年第 4 期。

③ 颜岩:《浅析凯尔纳的"技术资本主义"理论——一个晚期马克思主义的个案研究》,《东岳论丛》2005 年第 4 期。

内在化的探讨,但凯尔纳也有所涉及,他非常精辟地指出了下列事实,那就是在当前的资本主义社会中,那些在资本控制之下的技术创造自不必说了,即使是相对自由的大学、研究所等机构,其实也已经受到资本的染指,因为它们大多都受到资本的资助,这样一来,这些研究机构的研究方向很可能受到了资本的左右,从而失去了其应有的独立性。一句话,技术自由发展的神话在当今社会已经不复存在。① 这种认识,对于推进技术正义问题的探究具有积极的理论基础。因此凯尔纳认为"社会、文化和政治理论不能与资本主义理论分离开来。"②尤其是资本主义经济是社会异化现象的根源,由此完成了对资本主义社会的批判。

三、 约翰·贝拉米·福斯特的生态学理论

在环境问题不断凸显的今天,生态学马克思主义理论家约翰·贝拉米·福斯特(John Bellamy Foster)的思想愈发得到很大程度的关注,中外研究不断升温。福斯特从马克思思想出发,循着马克思资本批判的路径,最大化地在马克思思想中寻找哲学智慧,探究马克思的生态思想。福斯特认为:"彻底的生态学分析同时需要唯物主义和辩证法两种观点。"③他坚持"资本逻辑根源论",认为资本逻辑是构成生态危机的根源。

福斯特认为,自然并不是商品,任何试图把自然看作商品和让自然从属于自我调节的市场规律的做法都是不具有合理性的,④这种做法只会导致自然生态环境的进一步崩溃,而且是不可逆转的崩溃。而资本逻辑就是资本逐利

---

① 颜岩:《批判的社会理论及其当代重建——凯尔纳晚期马克思主义思想研究》,人民出版社 2007 年版,第 258 页。

② [美]道格拉斯·凯尔纳、斯蒂芬·贝斯特:《后现代理论:批判性的质疑》,张志斌译,中央编译局出版社 1999 年版,第 336 页。

③ [美]约翰·贝米拉·福斯特:《马克思的生态学:唯物主义与自然》,刘仁胜、肖锋译,高等教育出版社 2006 年版,第 18 页。

④ [美]约翰·贝拉米·福斯特:《生态危机与资本主义》,耿建新、宋兴无译,上海译文出版社 2006 年版,第 33 页。

的最大内核,资本逻辑总是为了资本的增殖而运行,这只会使生态环境更加恶化。

福斯特进一步指出,改变资本主义制度才是关键,如果仅仅在资本主义制度框架内考虑可持续发展问题,考虑开发更高效率的技术,这是没有什么意义的。一句话,这种改变与其说会改造资本主义,倒不如说会加固资本主义制度。① 福斯特揭示了资本主义生产的罪恶根源和其不道德性、市场原则的反生态性,以及技术发展的反作用力。他还敏锐地指出生态危机的根本原因在于资本主义制度以及与之相应的资本主义生产方式。②

对于技术在环境中的地位,福斯特探讨了"杰文斯悖论"问题。"杰文斯悖论"是在 1865 年由英国经济学家威廉·斯坦利·杰文斯(William Stanley Jevons)在《煤炭问题》一书中提出的。这个悖论内容大概是:由于改进技术会增加能源的消耗,这是由于技术改进会提高效率的结果,而效率的提高又增加和提高了能源的使用量和速度,从而使单位时间内的生产规模增加,这与人们认为的提高效率会减少能源消耗量相背离。福斯特认为"杰文斯悖论"在今天仍然通行不悖,人们期望通过技术的发展能够最终解决它所造成环境问题,但是悖论在于随着技术的发展,它会使环境问题更为严重。③ 福斯特的分析指出,在资本主义生产条件下技术是受资本控制的,任何技术改良背后都是以追求利润最大化为目的,技术背后的资本逻辑是生态危机的最大根源。

福斯特的生态思想背后,为人们建构了更加细致和丰富的资本主义批判和资本逻辑批判路径。

---

① [美]约翰·贝拉米·福斯特:《生态危机与资本主义》,耿建新、宋兴无译,上海译文出版社 2006 年版,第 95 页。
② 贾学军:《福斯特生态马克思主义思想研究》,人民出版社 2016 年版,第 226 页。
③ [美]约翰·贝拉米·福斯特:《生态危机与资本主义》,耿建新、宋兴无译,上海译文出版社 2006 年版,第 96 页。

四、 波德里亚的"符号消费"批判

在移动互联、电子支付、网络信贷、网络消费异常方便的今天,波德里亚(Jean Baudrillard)的《消费社会》被积极地关注。自由消费异化问题是法兰克福学派批判异化的一个重要着眼点,但与基于人道主义或者生态主义的视域批判不同,波德里亚以"物"(商品)的功能的零度化为理论基点,通过对消费的重新界定,提出了符号拜物教理论。消费的异化不仅仅是物的异化,而且是符号的异化,他认为符号学的引入是对资本主义社会消费异化本质的彻底揭露。尽管波德里亚最终走向符号决定论,从而将资本主义剥削的本质遮蔽了,但他对消费逻辑背后的资本逻辑揭露却依然非常深刻。

在波德里亚看来,形成消费社会的前提是人与人之间的关系变成物与物的关系,有了这个基础之后,消费者与物之间的关系便因此发生变化,也就是说,人们不再从物的特别用途这个角度去看待这个物,而是从自身的全部意义去看待全部的物。而符号拜物教的出现则标示出物的身份属性发生了转变,这是说人们对商品的主要关注点已经不再是这个商品的实际的使用价值,而是这个商品所具有的符号化意蕴,这样,符号拜物教中的物其实就变成了一种符号。①

传统的消费观通常指的是对物进行占有、使用和耗费,比如喝掉一杯咖啡、吃掉一碗面、占有一辆汽车、买回一件衣服等,并且这种消费是建立在物具有使用价值的基础上的。然而在现代技术社会,与传统的消费观不同,现代消费观是一种建立关系的主动模式。这实际上是颠覆对消费观的认知,是关于消费的一种新的定义,可以通过将其与传统的消费观念进行比较来加以把握。现代消费观已经改变了对生产出来的商品进行被动消费的模式,人们不是被动的消费商品,而是主动地去消费商品,因而他渴望通过这样的消费建立起一

---

① 边恒然:《波德里亚消费社会的理论与修辞》,《金融经济》2018 年第 2 期。

种关系,一种关于自己和商品、他人、社会以及世界的联系,它是一种系统性的活动模式。① 所以消费主义其实是建立在与传统的消费观所不同的符号性消费之上的,也就是消费的重点已经不是物本身,而是物品所具有的意义。正是这样的转变使得时尚消费成为必然。只要稍微思考一下当今的具体消费,就可以对此有一个清晰的了解。比如人们买的衣服,现如今,衣服穿一两年就会遭到淘汰,关键就在于这种淘汰不是因为衣服坏掉了,而是因为衣服过时了,它在人们购买时所具有的"时尚"意义,在两年之后就不具有了,因此被人们丢弃了。这便是比较典型的符号性消费。所以,有理由认为,当前的消费已经变成了符号性消费,消费者和商品制造者都关注的是商品的符号性意义,并不过多关注商品的实用性。商品制造者的重点已经转移到了如何赋予商品以更加丰富的符号性意义,以此来吸引顾客。如此,消费者不是被商品的使用价值所束缚,而是受制于商品变幻不定的符号性意义。所以,在波德里亚看来,破坏或浪费注定要成为"后工业社会决定性的功能之一。"②消费是个神话,简要地说起来,消费是"一种操纵符号的系统性行为",人们消费的并不是商品本身,而是它所体现出的符号性意义。此外,人们是带有特殊的目的来消费符号意义的,这就是他们要通过这种符号性消费获得一种身份认同,用符号性差异来体现自己与他人之间的差异。从这一维度来说,现代技术与消费主义是相辅相成的:一方面,消费主义的扩大和发展在根本上依靠现代技术的进步;另一方面,消费主义的发展反过来也会促进现代科技的增强。而这两者的彼此支撑则开辟并且巩固着所谓的当代秩序。当本国资源已满足不了资本主义发达工业体系消费发展的需求时,掠夺的触角必然伸向其他国家。面向第三世界国家,资本主义国家往往通过世界工厂的方式达到谋求经济发展的目的,加

---

① [法]让·波德里亚:《消费社会》,刘成富、全志刚译,南京大学出版社2000年版,第222页。

② [法]让·波德里亚:《消费社会》,刘成富、全志刚译,南京大学出版社2000年版,第30页。

大了发展中国家对发达资本主义国家的依赖。同时资本主义国家也是通过向国外转嫁危机来调整国内阶级关系的。

最可怕的不是物品、商品的符号化,而是符号的自我增殖与复制。波德里亚认为现代技术改变了社会交往方式、生产方式,造成仿真与类象。实物与符号之间不是一一对应的互为表里的关系,而是符号与符号之间的关系。"所谓的'仿真'是指从现在开始出现了'符号'之间的交换,而不是'符号'与'实在'之间的交换。"①

如同所有后现代主义哲学家一样,视颠覆传统本质主义哲学为己任,波德里亚对传统哲学思维的颠覆迈出了更果敢的一步。在他的哲学世界里没有表征与被表征,没有主体和客体,更没有本质和现象。在他的哲学世界里,实在虚无为符号,世界变成符号化的世界。因此世界不是可触摸和确定的,波德里亚确认了"个体的半仿真分形",认为人与机器结合强化了人机界限的消解意识。在这个符号化的世界中人变得日益虚无。

资本与消费有极大的相关性,资本运行内在包含着消费环节,这种消费既有生产资料的消费,也有生活资料的消费。相应地资本逻辑与消费之间具有天然的联系,甚至有学者认为,资本逻辑就是消费逻辑,消费逻辑就是资本逻辑。"消费不仅在经济制度上体现了资本的内在要求,而且为之提供了合法性论证。"②有论者指出,只是在西方社会真正进入消费社会之后,它才真正卷入了资本逻辑的漩涡之中。这种看法其实强调了资本逻辑与消费社会的关系,展示出消费社会为资本逻辑的运作提供了更加广阔的舞台。因而,里斯曼将西方社会被转入资本逻辑之中称为"资本主义社会的第二次革命"③。也有学者指出:"资本逻辑的有效运行有赖于广阔的消费市场,因此资本需要消费

---

① [加]马歇尔·麦克卢汉:《理解媒介——论人的延伸》,许道宽译,商务印书馆2000年版,第7页。
② 仰海峰:《消费社会与资本逻辑》,《中国社会科学报》2008年11月4日。
③ 仰海峰:《消费社会与资本逻辑》,《中国社会科学报》2008年11月4日。

主义为其呼唤和制造出人们强劲的消费欲望。正是在资本逻辑的巧妙谋划下,消费主义得以在现代社会大行其道,并成为支配人们的意识形态和生存方式。资本逻辑因此构成消费主义的深层根源和核心本质。"①

循着波德里亚消费社会的思想观点,探讨资本逻辑与符号逻辑的关系很有必要。有论者指出,如今,资本逻辑已经与符号逻辑相结盟,开始向社会生活领域的各个方面渗透,而且这种渗透是主动的。资本拥有者有目的地制造着各种符号性商品,以此来刺激人们的消费欲望,引导人们奢侈消费、符号消费,并"最终塑造出一个消费主义社会"②。这里关键还要认识到,符号逻辑的背后仍然是资本逻辑。符号逻辑是资本逻辑的进一步发展,在今天,符号逻辑愈加具有了资本逻辑的特征,在某种程度上可以说,是资本逻辑对现实生活的进一步全面渗透。资本与符号进一步复杂化地关联,通过消费社会使资本逻辑进一步走向深入并更加具有隐蔽性。

五、 大卫·哈维的空间生产理论

大卫·哈维(David Harvey)是新马克思主义空间理论的重要代表人物,他的资本逻辑批判是与空间理论或者说空间地理学相联系的,并创造性地将空间、社会、资本与权力相融合。由于哈维在以下两个维度提出的重要思想,使得他成为当代西方重要的左派知识分子之一。一方面,他对全球化的资本积累及其新自由主义思想进行了深刻解读和建构;另一方面,在社会理论之中,他试图以空间作为理论支点来发展马克思主义,以更好地研究当代社会问题,这也是他想"建立和发展历史地理唯物主义的努力"③。并且在空间维度,哈维对资本主义生产和流通的过程进行了新的诠释,将其与正义理论相联系,

---

① 毛勒堂、高慧珠:《消费主义与资本逻辑的本质关联及其超越路径》,《江西社会科学》2014年第6期。

② 王欢:《从马克思的资本逻辑到鲍德里亚的符号逻辑》,《前沿》2009年第10期。

③ 刘丽:《大卫·哈维的思想原像——空间批判与地理学想象》,人民出版社2018年版,前言第2页。

揭示了资本主义空间生产和重组具有非正义性的理论依据。例如,哈维曾在《正义、自然和差异地理学》的导言中指出:争论的焦点在于"公正的地理差异的公正生产"。对于生态、文化、经济等方面上产生的,需要有批判性的认识和理解,并且要批判地评价这样生产出来的差异之正义或非正义的本质。①

在哈维看来"不平衡的地理发展"是最值得大力研究和关注的概念。"不平衡的地理发展"表现为不同地理空间在发展水平上的差异性,这种差异源于复杂的社会因素。他所坚持的基本论点是:"空间和生态差异不仅被'社会—生态和政治—经济的过程'所构造,而且由它们构成。"②对于由此带来的有可能用来评价和改变它本身的各种不同的社会正义标准所构成的这种过程问题,哈维的建议是,为有效甄别这些关系的公正性,有必要提供一整套精确的、可行的概念工具。③ 这其中哈维的重要关注点在资本积累上,空间生产的可能性就在"不平衡的地理发展"之中,"不平衡的地理发展"就是缓解资本深层矛盾而进行的空间生产形态。

在正义理论研究意义上,哈维也是一位非常重要的人物。他将马克思对于资本和资本逻辑批判的视角引入空间再生产问题,由此引出"空间正义"。在他看来,"正义"是由处在社会关系之中的信仰、话语和制度所构成的,跟空间、时间和自然的构成方式是一样的。它体现出一定阶段社会关系与在特定时间内安排和调度区域物质的社会实践的密切联系。并且,一旦这种话语性正义观建立起来,它就会成为客观事实,对所有人产生作用。"一个正义体系一旦制度化,它就成为一种'永恒',社会过程的所有方面都与之相关。"④哈

① [美]大卫·哈维:《正义、自然和差异地理学》,胡大平译,上海人民出版社 2015 年版,第 6 页。
② [美]大卫·哈维:《正义、自然和差异地理学》,胡大平译,上海人民出版社 2015 年版,第 6 页。
③ [美]大卫·哈维:《正义、自然和差异地理学》,胡大平译,上海人民出版社 2015 年版,第 7 页。
④ [美]大卫·哈维:《正义、自然和差异地理学》,胡大平译,上海人民出版社 2015 年,第 380 页。

维认为,正义如同时间、空间、地点和环境一样,也是社会地建构和生产出来的。空间修复就蕴含在"不平衡的地理发展"之中,只有不平衡才能产生流动与变化,这为空间重建提供契机与可能性。

与本书非常具有契合度的是,哈维将资本、空间、地理环境、权力和正义联系在一起。可以说,哈维从空间正义这个维度对资本主义作出的有力批判,是建立在资本的运作逻辑和资本的积累规则之上的,这无疑开拓了关于正义的研究,并由此"超越了传统的正义观"[1]。而且哈维重视技术的要素,因为对于资本主义生产方式至关重要的除了稳定的增长和持续的利润之外,还包括技术和组织上的某种能动性,"包括技术和组织的创新及灵活性"[2]。但哈维对资本和资本逻辑的批判与技术和正义之间的内在性并没有给出超越马克思的思考范畴。

通过对西方马克思主义几位重要学者的思想和理论进行分析,能够看出无论他们各自理论的着眼点在哪,有何不同,其中资本逻辑一直是主线,也是批判的重要对象。当然,可以发现西方马克思主义理论家们并没有在其理论上直接标明"资本逻辑"这一概念,国内学者通过挖掘马克思理论中暗含的"资本逻辑"概念能更好地与后现代、西方马克思主义学者的理论进行契合,反过来,以"资本逻辑"为载体,通过吸取后现代、西方马克思主义学者的思想理论去丰富"资本逻辑"的理论内涵。

第三节 物化理论:马克思对资本 逻辑批判的路径选择

众所周知,马克思对资本主义社会的批判是彻底而深刻的,其中马克思的

---

[1] 任政:《资本、空间与正义批判——大卫·哈维的空间正义思想研究》,《马克思主义研究》2014年第6期。

[2] [美]戴维·哈维:《后现代的状况——对文化变迁之缘起的探究》,阎嘉译,商务印书馆2003年版,第227页。

物化理论对资本主义的批判具有独特价值。学界虽然已有一些关于马克思物化理论的探讨,但对马克思物化理论的认识仍然存在争论,马克思物化理论的研究还有较大的探讨空间。

一、 物化与对象化、异化、事物化概念辨析

探讨马克思物化理论,需要厘清物化与事物化、异化和对象化之间的关系,这是因为这几个概念常常令人混淆,无法作出正确区分。实际上,物化与对象化、异化、事物化之间有联系,但也有很大的差别。

(一) 关于物化与对象化之间的关系

有人认为物化与对象化两者是相同的,都是指人把自己的观念、想法、劳动等等对象化出来,将其转移给客体。这一理解源自马克思的重要论述:一是在《1844 年经济学哲学手稿》中,马克思指出,"劳动的产品是固定在某个对象中的、物化的劳动,这就是劳动的对象化"①。二是在《资本论》中,马克思写道:"使用价值或财物具有价值,只是因为有抽象人类劳动对象化或物化在里面"②。在这两处,物化与对象化一起出场,并且"物化的劳动"与"劳动的对象化"意思非常相近,都是指人的劳动转化到对象上,表示劳动从主体转移到客体的过程,即主体输出劳动,客体凝结劳动。再者,用"或"来连接"对象化"与"物化",两者的含义的等同性已非常明显。在这个意义上推论之,因为观念、想法、思考具有脑力劳动的性质,于是就有了物化与对象化均表示主体把自己的观念、想法、劳动等外化到客体。这也是人们把两者等同起来的重要原因。但是,马克思在《资本论》当中更多的,也是更重要的,是在批判意义上使用物化,并赋予了它多重内涵,后文对此将会详细论述。物化是建立在唯物史观基础上对资本主义所作的深刻批判,相反,对象化则没有取得这样的发展,

---

① 《马克思恩格斯文集》第 1 卷,人民出版社 2009 年版,第 156—157 页。
② 《马克思恩格斯文集》第 5 卷,人民出版社 2009 年版,第 51 页。

在马克思看来,对象化始终表示主体的劳动、观念等转化到客体上,描述的是人类发展史上任何时代都会存在的现象,即主体与客体之间的对象化过程。有人往往将对象化与异化混同起来,认为对象化也构成对资本主义的批判。实际上,"劳动的对象化并不一定导致劳动的异化"①,只有在资本主义雇佣劳动形式下,劳动的异化才会产生。

(二) 关于物化与异化的关系

这两个概念之间关系比较密切,在马克思的理论语境中提及异化概念,也是带有较强的批判色彩,它的矛头直指资本主义社会,异化概念是马克思用来对资本主义社会当中人的生存状态的批判。马克思在《1844 年经济学哲学手稿》当中对异化作了全方位的论述,指出了异化的四重规定,即劳动产品的异化、劳动的异化、人的类本质同人相异化和人同人相异化。② 除了把握异化的这四重规定,还需要认识到,在马克思看来,异化只存在于资本主义社会,因为正是在资本主义生产方式——雇佣劳动形式之中,工人们才与其"自由的有意识的活动"③这一特性相异化。同时,还要认识到马克思在提出异化概念时,其哲学思想尚带有人本主义色彩。此时,马克思在谈异化问题时,预设了人的类本质,就是说预设了人应该是"自由的有意识的"类存在物。不得不说,这个时候的马克思还在费尔巴哈的影响之中,还没有完全确立唯物史观体系。物化的出场,也是在马克思对资本主义社会进行异化批判后的具有建设性的思考,物化批判背后是人类解放之路的探寻。

(三) 关于物化和事物化之间的关系

目前学界主要是区分"Verdinglichung"对应的"物化"④和"Versachlichung"

---

① 周书俊:《正确理解和区分马克思劳动的对象化与劳动的异化》,《东岳论丛》2014 年第 1 期。
② 《马克思恩格斯文集》第 1 卷,人民出版社 2009 年版,第 163 页。
③ 《马克思恩格斯文集》第 1 卷,人民出版社 2009 年版,第 162 页。
④ 注:将"Verdinglichung"对应的翻译用引号内的物化表示,即"物化"。

对应的事物化。探讨事物化,实际上是学者们根据马克思撰写的德文版《资本论》中曾使用"Versachlichung"和"Verdinglichung"两个词,旨在更加充分地研究马克思物化理论。有学者指出,"所谓事物化,是指人与人之间的社会关系颠倒为事物与事物之间的关系,而'物化'则是指,事物之间的关系进一步颠倒为物的自然属性"①,在他看来"物化"层次更高。也有论者在研究这个问题时,如此来理解事物化,即事物化指的是物象与物象之间的关系取代了人们之间的社会关系,而"物化"则是指上述这种颠倒被进一步当作了纯粹的物的属性②。"物化"在这里的程度似乎也比事物化来得更高。不过,也有论者持不同意见,在这些论者看来事物化其实更为严重,它比"物化"的程度更深一些。

显而易见的是,从区别上述两个关键词的内涵入手来把握马克思物化理论是有积极的效果的,不过还不能停留于此。这是因为:首先,把马克思的物化理论限定为"Verdinglichung"一词的内涵,一定程度上将马克思物化理论作了狭隘的理解,由此削弱了马克思物化理论对资本主义的批判力度;其次,只是在两个德文词之间比较哪个的批判程度更高、哪个的批判程度更低,显得过于停留于表面,无法揭示马克思物化理论内含的多重意蕴,由此自然不能更加深入地探讨其多重意蕴之间的逻辑关系;最后,在探讨马克思物化理论的时候,如果仅仅关注其概念内涵和外延,其实仍没有超出理论和文本层面,没有将鲜活的社会现实纳入思考当中,也无法展现马克思物化理论的现实阐释力和生命力,也就无法考察当今世界存在的多重物化问题以及与资本主义相应的物化现象。

基于上述分析和下面将要阐述的理由,笔者主张将马克思物化理论作为一种具有内在逻辑结构和圈层体系的理论来把握,因而它的内涵便包括之前

---

① 孙乐强:《物象化、物化与拜物教——论〈资本论〉对〈大纲〉的超越与发展》,《学术月刊》2013 年第 7 期。

② 韩立新:《异化、物象化、拜物教和物化》,《马克思主义与现实》2014 年第 2 期。

学界探讨的事物化和物化的内涵。这一主张也是基于下列原因之上的:第一,在流行了多年的《资本论》中,编译者将事物化和物化都翻译为物化,因而,人们实际上已经在某种程度上将马克思物化理论作为一种整体来把握了。第二,马克思虽然在德文版《资本论》中使用了"Versachlichung"和"Verdinglichung",但在其亲自翻译校订的法文版《资本论》中却并未对二者进行区分,因此将物化理解为由"Versachlichung"和"Verdinglichung"共同构成,一定程度上是符合马克思原意的。第三,事物化和物化之间实际上有着密切联系,正是这种联系使得有必要把马克思物化理论作为一个总体,而不能简单地分割开来理解马克思的物化理论。第四,根据德文版《资本论》,在事物化已经出现了两次之后,物化才首次登场。在《资本论》第 1 卷第 135 页,马克思首次提到事物化;马克思第二次使用事物化则是在《资本论》第 3 卷第 442 页;而物化第一次被马克思使用则是在《资本论》第 3 卷第 940 页,已经接近《资本论》的结尾处了。显而易见的是,事物化和物化的这种出场的前后关系,一定程度上标示了物化的层次更高。第五,在细致观察马克思使用事物化和物化时,会发现两词前面的限定词是不一样的:在事物化前面的词都是"生产关系",而物化前面的词则都是"社会关系"。非常明显的是,生产关系的范围小于社会关系,按唯物史观来理解,生产关系决定着人的社会关系。因此,本书所坚持的物化概念实际上是一种广义的物化概念,也就是说,物化的内涵包含事物化的内涵。

基于以上概念的区分,重点是关注马克思的物化理论,并将其作为一个具有圈层结构的整体,将物化分成具有逻辑关系的三个层次。

二、 物化的三重意蕴及其逻辑关系

物化的生成有它自己特有的条件,这个条件就是它只能产生于资本主义生产方式占据主导地位的社会中。因此,物化理论其实是马克思对资本主义所作的深刻批判,是马克思批判资本主义社会的重要维度。为更加简洁地论述,可以用"物化 A"指代"人的劳动力等特质物化为商品",用"物化 B"指代"人与人的社会关系的物化",用"物化 C"指代"资本主义社会人性的物化"。

(一) 物化 A:人的劳动力等特质物化为商品

马克思在《资本论》第 1 卷里"货币或商品流通"这一章中这样写道:"商品内在的使用价值和价值的对立,私人劳动同时必须表现为直接社会劳动的对立,特殊的具体的劳动同时只是当作抽象的一般的劳动的对立,物的人格化和人格的物化的对立,——这种内在的矛盾在商品形态变化的对立中取得了发展了的运动形式。"①这里,提到被物化的"东西"是"人格"。

深入解读以上论文会发现,在商品这种形式中存在着四种对立,而其中一种对立提到了物化,这组对立是"物的人格化和人格的物化的对立"。在此,问题是,应该如何把握"物的人格化"和"人格的物化"呢? 也就是说,什么是"物的人格化",什么是"人格的物化",两者为何是对立的? 对此,有学者认为,物的人格化指的是本来受生产者所支配的商品反过来却支配了劳动者②,在这样一个过程中,商品这种物便人格化了。那么商品、货币这种社会关系的物为何能够支配人呢? 其原因就在于,商品和人都处在商品流通这个领域中,而在这个领域内,"没有人买,也就没有人能卖"③,即使你能生产出大量的商品,但是没有人购买,那么商品生产者就无法卖出自己的商品,而这些商品就可能随着时间的流逝而腐败,从而失去价值;此外,商品能否出卖取决于购买者,那么人实际上就被商品及其交换规律给支配了。另外,"劳动者的劳动力变成商品,货币转化为资本,表现了物的人格化(货币资本)和人格的物化(劳

---

① 《马克思恩格斯文集》第 5 卷,人民出版社 2009 年版,第 135 页。
② 吴凤林:《论物的人格化和人格物化的矛盾——三论商品矛盾关系》,《沈阳师范学院学报(社会科学版)》1987 年第 1 期。
③ 《马克思恩格斯文集》第 5 卷,人民出版社 2009 年版,第 135 页。

动力)的矛盾关系"①。在这一论述中我们看到,人的劳动力被物化为商品,因而人在某种程度上就成了商品,进而受到作为物的人格化的资本的购买,如果卖不出去,他的生存还会面临困难。在这里,便能感受到人格的物化和物的人格化之间深刻的矛盾。总结上述论述,可以把握到"物的人格化"指社会关系之中的物仿佛具有人的特性从而能够支配人;"人格的物化"则指属人特质的东西,也就是劳动力商品化了。

马克思并没有停留于此,他更加敏锐地注意到,人身上的一些"东西",诸如良心、名誉等,其实并不具有使用价值,也就是说它们跟一般的物比起来,并没有可以使用的属性,但是即使是这样的属人特质的"东西",它们仍然可以通过被他们的主人出卖,由此取得一定价格,因而获得商品形式。② 所以,根据以上分析,可以把握住物化的第一个含义:属于人的特质(这里指人与动物相区别而言,马克思曾指出人的本质在其现实性上"是一切社会关系的总和"③,也曾指出"自由的有意识的活动恰恰就是人的类特性"④,因而人和动物有别。在这一比较的层面上人的劳动力与动物的劳动力不同,人的器官也与动物的器官不同等。一句话,动物在商品化过程中,除了国家明确要求予以保护的动物之外,一般可以不加以反思和批判;但是人在商品化过程中,其身上任何一点"东西"商品化,都要进行深刻反思和批判)的东西,诸如劳动力、身体、器官、良心、名誉等,在商品关系以及商品形式中物化为商品,这就是物化 A 的含义。在此需要引起重视的问题是,物化 A 所带来的两种比较严重的后果:一方面,人的劳动力等特质的物化会进一步增强人的片面化;另一方面,人们会因此而受到客观商品世界的约束,人们的主动性和能动性将由此受到

---

① 吴凤林:《论物的人格化和人格物化的矛盾——三论商品矛盾关系》,《沈阳师范学院学报(社会科学版)》1987 年第 1 期。
② 《马克思恩格斯文集》第 5 卷,人民出版社 2009 年版,第 123 页。
③ 《马克思恩格斯文集》第 1 卷,人民出版社 2009 年版,第 501 页。
④ 《马克思恩格斯文集》第 1 卷,人民出版社 2009 年版,第 162 页。

价值规律的压制。前一个层面的原因就在于,人们依靠劳动力的出卖来生存,但是劳动力的成功出卖并不是时刻都能成功的,一旦劳动力无法卖出去,劳动者的生存将受到严重影响。所以,劳动者为了提高自己"劳动力商品"的吸引力,会更加片面的发展自己某一项技能。这一做法,虽然保证了自己的生存,但却摧毁了自己作为一个人的丰富性和创造性,他会因此而愈加片面化。后一个层面则是因为,任何商品都无法逃离价值规律,既然人的劳动力已经物化为商品,那么人在一定程度上也就是一种商品。所以,作为商品的人,也就无法逃离价值规律的束缚。由此,物化 A 的提出构成了对资本主义社会中人的生存状态的深刻批判。

(二) 物化 B:人与人的社会关系的物化

在《资本论》第 3 卷中,马克思阐述道:"在 G—G′上,我们看到了资本的没有概念的形式,看到了生产关系的最高度的颠倒和物化"①,接着马克思还阐述了这是一种怎样的颠倒,也就是在资本的 G—G′形式中,资本似乎成了它自己自我增殖的前提,仿佛它能够从再生产这一过程中直接抽离出来而且还能实现其自身的增殖,一句话,好像它的自我增殖已经与直接的生产关系无关了。正是在这个地方,可以认为马克思阐述了物化的第二个内涵,即资本主义社会中生产关系的物化。

关于这一层次的物化内涵,马克思在多个地方对其作了补充论述。他这样写道,在生产者面前,他们的私人劳动的社会关系已经不再是自己劳动中的直接的社会关系,而是"表现为人们之间的物的关系和物之间的社会关系"②。从这里可以看出,在马克思看来,私人劳动者的社会关系被物之间的社会关系来表现了。需要注意的是,私人劳动者也就是生产者,他们的直接劳动的社会关系也就是生产关系,所以马克思说这一层物化是生产关系的最高度的颠倒

---

① 《马克思恩格斯文集》第 7 卷,人民出版社 2009 年版,第 442 页。
② 《马克思恩格斯文集》第 5 卷,人民出版社 2009 年版,第 90 页。

和物化。到这里,基本上对马克思物化的这一内涵有了一个较为清晰的把握。不过这还不够,马克思关于这一层次的物化还有较多的论述,接下来就对此进行详细分析。

正如马克思所言,货币形式非但没有把人们的社会关系的本质从物之间的关系中揭露出来,反而"用物的形式掩盖了私人劳动的社会性质以及私人劳动者的社会关系"①。这一论述很清楚地展示了物化的第二层次的内涵,即"物的形式掩盖了私人劳动的社会性质及私人劳动者的社会关系",也就是物之间的社会关系掩盖了劳动者(或者说生产者)的社会关系。马克思在此处还特意用了一个比较,以期更好地阐述物之间的社会关系究竟是怎么掩盖私人劳动同社会总劳动的关系的。他如此写道:"如果我说,上衣、皮靴等把麻布当作抽象的人类劳动的一般化身而同它发生关系,这种说法的荒谬性是一目了然的。但是当上衣、皮靴等的生产者使这些商品同作为一般等价物的麻布(或者金银,这丝毫不改变问题的性质)发生关系时,他们的私人劳动同社会总劳动的关系正是通过这种荒谬形式呈现在他们面前。"②所以,上衣、皮靴等商品是不可能自己来同麻布发生关系,进行交换的,它们之所以能够发生关系,只是人使它们这样的,体现的是人与人的社会关系。但在资本主义生产方式下,人与人的社会关系却被物与物的关系掩盖了。

此外,在将中世纪社会中劳动者的社会关系与资本主义社会中劳动者的社会关系进行比较的时候,可以更加清楚地看到资本主义社会中存在的这一层物化的含义。马克思指出,在中世纪社会时期,"人们在劳动中的社会关系始终表现为他们本身之间的个人的关系"③,劳动者生产的产品不必经过商品作为中介而能够进入社会流通之中,也就是其劳动产品无须采取在资本主义社会中的那种虚幻形式。因而生产者之间的关系就是人与人之间直接的社会

---

① 《马克思恩格斯文集》第5卷,人民出版社2009年版,第93页。
② 《马克思恩格斯文集》第5卷,人民出版社2009年版,第93页。
③ 《马克思恩格斯文集》第5卷,人民出版社2009年版,第95页。

关系。但是在资本主义社会里,人们的劳动同社会总劳动的关系却一定要由商品交换作为中介才能实现,而且商品能够交换的前提之一就是要固化人们的抽象劳动。因此,物化第二层次的含义,也就是物化 B,指的是:物之间的社会关系掩盖了劳动者的社会关系。在此要引起重视的是,在资本主义社会中,由于人们是按照资本主义生产方式进行生产生活的,"人与人的社会关系的物化"就必然存在。正如马克思所言:"对受商品关系束缚的人来说,无论在上述发现以前或以后,都是永远不变的,正像空气形态在科学家把空气分解为各种元素之后,仍然作为物理的物态继续存在一样。"①

至此,还要特别强调一下物化 B 给人类和社会带来的诸多问题:一是"人与人的社会关系的物化"会让人更加屈从于物与物之间的关系;二是它打通了将资本的社会属性变成自然属性的通道,从而为资本主义宣称其社会形态是最符合人性的"自然产生的社会"提供了支撑。在前一种情况下,因为这一物化让人沉浸在物与物的关系中,由此无法看到商品关系、生产关系的实质,所以他们无法逃离商品运动的控制。② 在后一种情况中,由于资本主义要维持其自身存在和发展的需要,展现其社会制度的优越性,所以资本主义一直在自我美化。对于资本主义自我美化的观点,不少人表示认同,其原因就在于没有看透"人与人的社会关系的物化"。物化 B 因而具有非常深刻的批判性,在物化理论体系中具有重要地位,承接物化 A,引出物化 C。

（三）物化 C:资本主义社会人性的物化

在《资本论》第 3 卷中,马克思有一段关于物化的经典表述,也正是从这一表述中,可以把握马克思物化理论的第三层内涵。由于这段引文十分关键,不得不将其照录于此:"在资本—利润(或者,更恰当地说是资本—利息),土地—地租,劳动—工资中,在这个表示价值和财富一般的各个组成部分同其各

---

① 《马克思恩格斯文集》第 5 卷,人民出版社 2009 年版,第 92 页。
② 《马克思恩格斯文集》第 5 卷,人民出版社 2009 年版,第 92 页。

种源泉的联系的经济三位一体中,资本主义生产方式的神秘化,社会关系的物化,物质的生产关系和它们的历史社会规定性的直接融合已经完成:这是一个着了魔的、颠倒的、倒立着的世界。"①从这段引文里,至少需要把握以下几点内容:第一,"社会关系的物化"直接表明了物化的又一内涵;第二,这一层次的物化的出现,乃是源自经济三位一体的形成;第三,也正是由于这一物化,马克思宣称资本主义社会已经是一个着了魔的、颠倒的社会,也就是物化社会;第四,物质的生产关系和它们的历史社会规定性的融合已经完成这一论断也是非常关键的,因为它展示了资本主义能够迷惑人的重要原因。

资本主义社会关系的物化,是指生活在资本主义社会中的人将资本主义生产关系当作物的固有属性。马克思指出:"资本表现为劳动资料的自然形式,从而表现为纯粹物的性质和由劳动资料在一般劳动过程中的职能所产生的性质……因此,天然就是资本的劳动资料本身也就成了利润的源泉,土地本身则成了地租的源泉。"②此处,可以看到,本来属于人类社会关系产物的资本,在资本主义物化状态中,却被视作纯粹物的性质,也就是被错误的看作劳动资料的固有性质,好像劳动资料天生就具有资本性质一样。但是,劳动资料作为资本出现,只是资本主义生产方式使然,一旦资本主义生产方式消失,劳动资料就不会再具有资本这种性质了。马克思进一步指出:这些劳动条件"在资本主义生产过程中具有的一定的历史时代所决定的社会性质,也就成了它们的自然的、可以说一向就有的、作为生产过程的要素天生固有的物质性质了"③。这一论述更加清晰地阐明了资本主义社会关系的物化。在资本主义社会中,以雇佣劳动为基础的生产方式,使得生产资料作为资本同工人对立,使得土地成为地租的源泉,但生产资料取得资本性质、土地成为地租的源泉仅仅是"一定时代所决定的社会性质",它们归根到底还是在资本主义社会

---

① 《马克思恩格斯文集》第7卷,人民出版社2009年版,第940页。
② 《马克思恩格斯文集》第7卷,人民出版社2009年版,第934页。
③ 《马克思恩格斯文集》第7卷,人民出版社2009年版,第935页。

这一阶段性形式下人与人的社会关系的产物。而在这里,这些劳动条件在资本主义社会中所取得的暂时的社会性质,却被视为自然的、固有的、永恒的物的性质。本来,这一层面的物化就很难为人们所揭示出来,再加上资产阶级为了自身利益,又把这种观点和看法进一步巩固,这就让人更加难以识别这一层次的物化。"这个公式也是符合统治阶级的利益的,因为它宣布统治阶级的收入源泉具有自然的必然性和永恒的合理性,并把这个观点推崇为教条"①。资本主义的生产方式、生产关系以及与此相应的社会制度、意识形态、科学技术等便取得了"自然的必然性""永久的合理性"这样的属性,仿佛"太阳能发光发热"一样成为颠扑不破的真理。如此,或许可以将资本主义社会视为一个物化的社会。在其中,人们把资本产生利息、商品具有交换价值等一定社会条件下所创造出来的社会的物看作像"木柴能够燃烧"一样属于纯粹的物的属性,完全撇开了与之相适应的历史阶段和社会形态。

因此,当人与人的社会关系的物化形成以后,当人们把资本主义生产关系视为纯粹的物的天然属性时,既然资本主义社会是"自然的",资本主义生产方式、生产关系是"自然的",那么生活于其中的人,其所体现出的人性均是"自然的""本来面目的"。如此,资本主义社会人性的物化也就形成了,此即为物化 C。它揭示了资本主义社会荒谬的论证逻辑:在资本主义社会中生活的人的人性是"自然的人性",或者说是"最本质的人性",由此资本主义就因为它是最符合人性的"自然的社会"而成为一个"绝对完美的社会",其他任何社会形态,包括社会主义形态都在它面前黯然失色。在某种程度上说,这也是一些人崇拜西方资本主义国家的重要原因,因为他们在不能透彻把握资本主义社会的物化的情况下,很容易相信资本主义社会乃是"自然的社会"。马克思的物化理论在这一维度上达到了批判资本主义的特有高度。

---

① 《马克思恩格斯文集》第 7 卷,人民出版社 2009 年版,第 941 页。

三、 物化产生的根源及内在逻辑

资本主义生产方式是物化产生的根源,这表现在以下四个层面。

其一,马克思指出:"商品形式的奥秘不过在于:商品形式在人们面前把人们本身劳动的社会性质反映成劳动产品本身的物的性质……由于这种转换,劳动产品成了商品,成了可感觉而又超感觉的物或社会的物。"①在马克思这里,劳动产品作为商品时,伴随着三种形态变化:第一种形态变化是"人类劳动的等同性",就人类劳动的本质来说,它都是人的肌肉消耗等体力和脑力的消耗,因而在这个层面上,不同个人的劳动可以等同,如此才可以用"价值对象性"来表现。这实际上是商品交换的一个重要基础。任何商品都吸收了人的具体劳动,而这种具体劳动在本质层面上是具有等同性的。第二种形态变化是,用持续时间来计算的"人类劳动力的耗费"被"劳动产品的价值量"这种形式来表现了。此为商品交换的第二个重要基础,它决定着比如多少大米交换多少猪肉这样的商品交换的比例。第三种形态变化是"生产者关系"被"劳动产品的社会关系"这种形式来表现了。也就是生产关系现在需要得通过商品的流通关系来表现。前面两种形态变化是商品交换的基础,后一变化表示出人的生产关系得用"劳动产品的社会关系",即商品关系来表现。到这里,物化的源头,即商品形式已然浮出水面。

其二,资本主义生产方式的一个核心形式——雇佣劳动形式确保了生产资料与劳动者之间的长久分离,由此使得工人通过出卖自己的劳动力来维持生存成为长期性的过程。如此一来,资本主义社会中,由于雇佣劳动形式进行着反反复复地实践,不光人的劳动力物化为商品,人的其他特质也逐渐物化为商品,更为残酷的是工人可能会因为无法出卖自己的劳动力而无法正常的生活。

---

① 《马克思恩格斯文集》第5卷,人民出版社2009年版,第89页。

其三,资本主义生产的根本目的在于生产剩余价值,而这也同样是物化产生的关键。这是因为资本主义生产对剩余价值的无限制地追逐,会迫使人们利用一切可以利用的资源来创造物质财富。这样一来,资本家不仅会加倍的使用工人,也会加倍的利用自然资源,他们不仅破坏工人的身体健康,同时会破坏大自然的平衡,引发生态危机。这种对剩余价值的追求无疑会加固雇佣劳动形式,因为只有保持这种形式,资本才能顺利的获得剩余价值,因为剩余价值产生的根源在于剥削工人。因而,在这个意义上,追求剩余价值的生产同样促进了物化的产生。同时,对剩余价值的疯狂追求也会促进社会物质财富的增长,这样一来,无法看到物化现象本质的人更加容易相信资本主义社会是"合理的社会",因为它产生的财富比其他社会形态更多,也更为丰富。

其四,马克思指出:"劳动产品分裂为有用物和价值物,实际上只是发生在交换已经十分广泛和十分重要的时候……从那时起,生产者的私人劳动真正取得了二重的社会性质。"①马克思在这里提到了物化产生的一个关键,即劳动产品要分裂为有用物和价值物是有前提的,这个前提就是在一个社会中,"交换已经十分广泛和十分重要",也就是资本主义生产方式确立。另外,在前边论述的时候已经提到,在将资本主义社会与中世纪社会进行比较的时候,实际上,在中世纪社会,由于其商品关系还没有得到充分发展,因而在这样的社会形态中,人与人之间的社会关系并没有披上物与物之间社会关系的外衣。因此,有充足的理由认为物化产生的根源是资本主义生产方式。

三重物化之间具有何种逻辑关系呢?应该说,物化 A 的程度最浅,是物化 B 和物化 C 形成的基础,物化 B 的程度居中,物化 C 的程度最高。

首先,就三者的批判力度而言,物化 A、物化 B 和物化 C 依次增强。物化 C 意味着将资本主义生产关系视为物的固有属性,意味着物化已经侵入了人的意识。将资本主义社会的人性视作"本来的人性",意味着人们已经彻底丧

---

① 《马克思恩格斯文集》第 5 卷,人民出版社 2009 年版,第 90 页。

失对资本主义社会的思考和批判。人们已经很难逃离资本主义角度的思考方式,进而只能停留于资本主义内部思考人类发展、人类进步所遇到的问题,因而缺乏应有的深度和广度。物化 B 则意味着人们将资本主义社会当作"自然的社会",资本主义社会中人与人的关系受制于物与物之间的关系,这种关系因为它的虚幻性让人无法把握而又确实存在于资本主义社会中。物化 A 意味着属人的特质物化为商品,进而人因为商品化而受制于同样客观存在于资本主义社会的价值规律。所以,就批判力度而言,物化 C 强于物化 B,物化 B 强于物化 A。

其次,就三者的生成条件来说,渐次复杂。三者的生成条件从根源来说都是一样的,那就是资本主义生产方式。当以雇佣劳动为特征的资本主义生产方式出现的时候,物化 A 便有出现的"苗头",但物化 A 的真正确立,必须是资本主义生产方式在一个社会当中占据统治地位。物化 B 的真正确立则必须等到资本主义生产方式完全确立,也就说在资本主义生产方式占据统治地位的基础上,相应的制度体系等也要建立好。但是跟物化 B 和物化 A 比起来,物化 C 的确立条件就更为复杂:那就是马克思所强调的"资本—利润,土地—地租,劳动—工资"经济三位一体建立起来之后,物化 C 才会真正地出现。

最后,就三者被揭示出来的难易程度或者说被人们理解的难易程度而言,物化 A 最容易,物化 B 居中,物化 C 最难。物化 A 是最容易被人看透,也是最容易被人理解的。对物化 B 的理解,是需要透过表象进入更深层的思考和反思层面才能把握。物化 C 比物化 B 更难以认识,对物化 C 的把握,不仅需要人们透过表象世界深入思考和反思,还需要运用唯物史观的认识方法才能把握。

四、 物化背后的资本逻辑宰制

通过对马克思物化理论细致的分析,可以看到马克思批判资本主义背后资本逻辑的宰制问题。马克思所揭示的物化理论非常重要,因为"物之间的关系掩盖劳动者的社会关系"是通向拜物教的阶梯,意味着人将会像受到宗教制约那样受到物的束缚。一句话,本来是由人类社会发展所创造出来的物、社会的物,由于其虚幻性而让人无法看透其本质,由此反过来制约人。

通过抽茧剥丝的论证,还可以认识到,资本主义社会所吹捧的"自然产生的社会""最符合人性"的社会其实不过是一种物化状态,是人与人社会关系的物化,是资本主义社会人性的物化。"西方自由主义意识形态几百年来蓄意制造的一个公式,就是'占有财富＝个性+自由'。可是,它始终回避的一个问题,当财富的占有转化为对于他人劳动的占有、从而变成主宰人类命运的资本王国时,自由、个性又从何说起?"①所以,对于资本主义国家声称的那一套"占有财富＝个性+自由"式的民主是"普世民主""真正的民主",或者称资本主义社会是"历史的终结"等都要批判地认识,其本质是人与人社会关系的物化以及资本主义社会人性的物化的体现。

由于互联网、智能手机、物联网、人工智能等的涌现,物与物的关系更加复杂化。如何突破物的束缚,也就是突破商品与商品之间的关系、货币与商品之间的关系、货币与货币之间的关系、资本与资本之间的关系等各种复杂的关系掩盖的劳动者的社会关系,朝向自由人联合体的道路,人们必须保持头脑清醒,需要进行路径选择。

马克思在《共产党宣言》中指出:"代替那存在着阶级和阶级对立的资产阶级旧社会的,将是这样一个联合体,在那里,每个人的自由发展是一切人的自由发展的条件。"②诚如学者所言,"马克思、恩格斯认为,只有通过扬弃私有财产的共产主义现实运动,建立'自由人联合体',才是实现人的全面发展的根本道路"③。这里的"自由"并非指个人任凭心之所想,为所欲为的自由,而

---

① 侯惠勤:《从"四个自信"上深化中国特色社会主义的研究》,《思想教育研究》2016 年第 8 期。
② 《马克思恩格斯文集》第 2 卷,人民出版社 2009 年版,第 53 页。
③ 张三元:《论美好生活的价值逻辑与实践指引》,《马克思主义研究》2018 年第 5 期。

是指人类通过了解、认识、运用自然规律来促进人的发展,人们由此得到自由。

探讨技术正义问题不能忽略资本概念,更不能无视背后的资本逻辑,马克思的物化理论,就是对资本逻辑的最深刻揭露。

第二章 技术追问：技术的价值 负载与正义寻求

工业文明时代以来,技术越来越成为社会发展与进步的推动力。对技术的研究与探索伴随技术的发展而不断深入。对技术的认识已经不断超越决定论、中性论的认知,技术具有了积极的价值负载性。随着技术的进步,技术的发展越来越智能化,尤其人工智能等技术的出现,引发了学界高度关注,人们对技术的认识更加体现出是一个不断追问与探索的过程,技术的研究随时而新,因势而变。

第一节 关于技术的哲学追问

一、 哲学实践转向与技术出场

西方哲学滥觞于本体论和存在论的哲学诉求。亚里士多德说过:"既然探究本原、原因或元素的一切方式都须通过对他们的认识才能得到知识和理解——因为只有在我们认识了根本原因、最初本原而且直到构成元素时,我们才认为是认识了每一事物——,那么显然,在关于自然的研究中,首要的工作就是确定有关本原问题。"①多数哲学家把目光放在自然之中,沿着知识论的

---

① [古希腊]亚里士多德:《物理学》,徐开来译,中国人民大学出版社2003年版,第1页。

道路前行。由柏拉图开创的西方哲学本体论从一开始就是循着求知的途径展开的,古希腊哲学一以贯之,后续发展中通过各种路径不断证实知识存在的可能性与合理性。中世纪的经院哲学通过对上帝存在的辩护与证明仍然没有离开知识论。"对理性的推崇是启蒙以来知识论哲学路向的共性。"①笛卡尔将思维和存在紧密地结合在一起,提出了"我思故我在"的口号,但在主客二分的世界中,自然的要义仍然是理性主义者探寻世界的核心所在,人以及一切具体事物被排除在哲学体系之外。黑格尔将知识论哲学推到极致,他评价康德时说:"自此以后,理性独立的原则,理性绝对自主性,便成为哲学上的普遍原则,也成为当时共信的见解。"②知识论哲学路向导致对理性顶礼膜拜,这也是现代性问题之根源。知识论哲学有其建构意义,但也有割裂性质,人的生活世界与自然世界的有机联系在知识论的哲学中被割断。"知识论哲学用'主体'与'客体'人为地分割人的生活世界,在人和外在之物之间挖掘一条鸿沟,然后又试图在思辨领域合并二者。"③这种情况不是自然被遮蔽就是人被遮蔽。

　　哲学的实践转向打破了这一樊篱,提供了一种新的视角和哲学运思方式,将人和人创造的文化世界作为哲学反思的对象,技术在世界中开始出场。西方哲学从工业革命以来,都不同程度地关注过技术。从胡塞尔的现象学、海德格尔的存在主义、法兰克福学派到后现代主义哲学都批判过技术的异化与僭越问题,都从自己哲学思考出发寻找过技术救赎之路。

　　海德格尔在1927年发表的《存在与时间》一书中,对于"人是如何存在"的问题进行深刻的论证,他指出,人作为操心在世的"此在",认识就是此在在世的一种方式。成中英先生这样评价海德格尔对"此在"的揭示:海德格尔力图通过"此在"来达及对存在的理解实际上是属于本体论层面的,存在与此在

① 　[荷兰]E.舒尔曼:《科技时代与人类未来——在哲学深层的挑战》,李小兵等译,东方出版社1995年版,第119页。
② 　[德]黑格尔:《小逻辑》,贺麟译,商务印书馆1997年版,第150页。
③ 　陈立新:《历史意义的生存论澄明——马克思历史观哲学境域研究》,安徽大学出版社2003年版,第11页。

有着高度的相关性,事实上,此在与其他非意识性的此在的交往过程就是存在的展开,可以说,存在是一种与此在相关的整体性。① 但海德格尔的存在主义哲学如同其他存在主义哲学一样,强调人的个体性存在,而没有认识到人作为类的存在。"海氏将理性系于我们可以接触到,或通过智力得到的存在或存在的可能性。然而关于存在和时间的哲学并没有直接解决如何将理性统一为完整实体的人类生存,如何以人与终极现实的统一为前提实现理性与存在的统一,以及如何统一人类生存的内在能力以扩大和充分实现其内在的统一问题。"②但不管如何,被知识论遗忘和忽略的人类生存的历史性被存在主义哲学重新高扬。在这种意义上技术具有了在场性。

"生活世界"是胡塞尔的现象学的重要概念,胡塞尔坚持哲学应当回到生活世界,他把生活世界理解为历史、经验和科学的"大本营",体现出他对人生存和生活的关注。在他看来,人的生命活动乃是人的最根本的存在,这是一种有意识的自觉活动,是有目标、有思考、有灵魂的活动,即人的生存实践活动。但他忽视了人的物质关系这一重要基础,并否定自然等客体意义。

即便如此,技术世界仍然不是哲学反思的直接对象。无论存在主义哲学还是现象学,即使关注人、关注人的生活世界和生存问题,都没有达到马克思的理论高度,即从社会物质生产活动角度阐释实践内涵。马克思唯物史观突破了形而上学建构的束缚,将"实践"概念引入社会历史研究。马克思在《〈资本论〉第一卷第一版序言》中提出"自然历史"的概念,奠定了唯物史观的基础。也就意味着,以此把对社会的深刻认识变为如同对自然认识的科学一样,用唯物史观来考察人类社会的发展与变化。技术在唯物史观的语境下得以出场。

1877年卡普(Ernst Kapp)《技术哲学纲要》一书的出版标志技术哲学成为一门显学。伴随科技发展,哲学不断对现代性进行探求与反思,技术成为哲

---

① 李翔海、邓克武编:《成中英文集》一卷,湖北人民出版社2006年版,第110页。
② 李翔海、邓克武编:《成中英文集》一卷,湖北人民出版社2006年版,第106页。

学思考的重要对象。技术的救赎之路差异源于对技术认识的不同。西方学者的追寻与探索为后来者打开了认识技术的大门,并成为后人理性思考的基石和起点。

二、 海德格尔作为座架的技术

海德格尔在存在论方面的研究可以说是相当有威望的。他关于技术方面的思考和研究也是建立在存在论哲学基础之上的。所以,海德格尔实际上关注的是技术的本质性问题。也就是说,海德格尔关注的是事物的本源,它的最基本的存在,而非追问事物是什么;对于技术,海德格尔关注的是技术所以是技术的方法和路径,而不管技术是什么,这不是他要回答的问题。"技术不同于技术本质","同样地,技术之本质也完全不是什么技术因素"。① 海德格尔以树为例对此作了说明,他指出,倘若要认识到树的本质,那么会发现,那种存在于每一棵树并且支配着每一棵树成为树的东西,是无法在一棵树里找到的。那么,技术的本质到底是什么呢?

海德格尔认为,技术的流行观念是正确的,但没有击中技术的本质。"正确的工具性的技术规定还没有向我们表明技术的本质。"②于是,海德格尔回到古希腊,想在那里探求技术的本质。事实上,在古希腊时期,技术、艺术和科学三者之间并没有区分开来。技术不但包括工匠的活动和技巧,而且包括有心灵的艺术和美的艺术。海德格尔相信,把技术看作达到某种特定目的的工具和人类活动,这种人类学定义不仅对现代技术而且对早期技术也适用。"对于技术的工具性规定甚至是非常正确的,以至于它对现代技术也是适切的;而对于现代技术,人们往往不无道理地断言,与古代的手工技术相比较,它

---

① [德]马丁·海德格尔:《演讲与论文集》,孙周兴译,生活·读书·新知三联书店2005年版,第3页。

② [德]马丁·海德格尔:《演讲与论文集》,孙周兴译,生活·读书·新知三联书店2005年版,第11页。

是某种完全不同的,因而全新的东西。"①据此而论,技术的工具性规定也并没有阐明技术的本质性。② 因此,需要采取更进一步的举措来探讨技术的本质。由此引出海德格尔的技术观中重要的一词——"解蔽"。"技术不仅是一种手段了。技术乃是一种解蔽方式。"接着追问下去,自然会问:解蔽又是什么?依据海德格尔的认识,"具有启发作用的认识乃是一种解蔽"。③ 这样,解蔽某种程度上可以说就是认识真理。接下来,海德格尔便进一步确定了技术的本质,在他看来,技术就是在解蔽和无蔽状态的发生领域中生成其本质的,也就是说,技术是在真理从未被发现到被发展这个过程中获得其本质属性的。④这样一来,现代技术就与解蔽密切相关。并且,"在现代技术中起支配作用的解蔽乃是一种促逼"。促逼也是挑战式的展现呈出方式,是现代技术特有的方式之一。促逼是苛求自然并违反自然规律的。"贯彻并且统治现代技术的解蔽具有促逼意义上的摆置之特征。这种促逼之发生,乃是自然中遮蔽着的能量被开发出来,被开发的东西被改变,被改变的东西被贮藏,被贮藏的东西又被分配,被分配的东西又重新被转换。"⑤海德格尔接着追问,无蔽状态是以何种方式为那个通过促逼的摆置而完成的东西所特有呢? 他如此解答说,这个东西处处为了它自身能够被进一步订造而到场。⑥

　　这是关于这一过程触发另一过程的展现,在这一进程中,总是以较小的付

---

　　① 〔德〕马丁·海德格尔:《演讲与论文集》,孙周兴译,生活·读书·新知三联书店 2005年版,第 4 页。
　　② 〔德〕马丁·海德格尔:《演讲与论文集》,孙周兴译,生活·读书·新知三联书店 2005年版,第 5 页。
　　③ 〔德〕马丁·海德格尔:《演讲与论文集》,孙周兴译,生活·读书·新知三联书店 2005年版,第 11 页。
　　④ 〔德〕马丁·海德格尔:《演讲与论文集》,孙周兴译,生活·读书·新知三联书店 2005年版,第 12 页。
　　⑤ 〔德〕马丁·海德格尔:《演讲与论文集》,孙周兴译,生活·读书·新知三联书店 2005年版,第 14 页。
　　⑥ 〔德〕马丁·海德格尔:《演讲与论文集》,孙周兴译,生活·读书·新知三联书店 2005年版,第 15 页。

出收获更大的回报。在这样一个进程中,每一个东西都是这一进程或者系统的一个必要环节。任何一个东西都具有双重性,一方面它在这个过程中会引发出另一个东西,另一方面它也只有在这一进程中才能展现自身。如此这般被订造的东西具有特有站立,这种"站立",海德格尔称为"持存"。被转换出的东西也有自己的身份,被称为"持存物"。促进性的展示过程中,任何一个事物都不是独立地对象性地存在。

那么人在这个过程处于何种地位呢?在海德格尔的技术观中,存在成为存在物的过程,也就是人在技术过程中成为受逼促、被订造,人比自然更原始地归为持存。人比自然更原始地被逼促进订造之中,可以说,人通过从事技术而参与作为一种解蔽方式的订造。① 事实上,当把自然界当作表象活动的领域来研究和考察时,便被一种解蔽方式所占据了。并且这种解蔽方式还会逼促着我们,让我们将自然界当作一个未知对象来进攻,一直到对象在持存物的无对象中消失为止。现代技术作为订造着的解蔽,绝不只是单纯的人类活动。由此,海德格尔引出另一个概念——"集置",有人翻译为"座架",德语原意是框架、底座、骨架的意思。集置指一种解蔽方式,在现代技术的本质中起支配作用,但它并非技术因素。② 由此,可以认识到海德格尔对技术本质的认识,技术是在去蔽的意义上而非制造意义上的一种产生,也就是处于遮蔽状态的某物被带入到没有遮蔽的状态的技术展现。

三、 法兰克福学派作为批判的技术

霍克海默(Max Horkheimer)是法兰克福学派的创始人,也是法兰克福学派的思想先驱,他曾在《社会研究杂志》发表过一篇题为《传统理论和批判理

---

① [德]马丁·海德格尔:《演讲与论文集》,孙周兴译,生活·读书·新知三联书店2005年版,第17页。

② [德]马丁·海德格尔:《演讲与论文集》,孙周兴译,生活·读书·新知三联书店2005年版,第19页。

论》的论文。在这篇论文中,他第一次使用并界定了"批判社会理论"这个概念,至此,批判理论成为非常重要的思想流派。一定程度上可以说,霍克海默的批判理论是对马克思所开创的批判理论的继承和发展。其后,在《启蒙辩证法》一书中,霍克海默再一次深入阐释了这个概念。他认为他所提出的批判理论在基本立场、观点和方法上都与传统批判理论不同。在他看来,他的批判理论兼具革命和政治实践。此后,阿多尔诺(Theoder Adorno)更为系统地阐述了批判理论的哲学基础,由此极大地推动了批判理论的发展,从而使得批判理论走向了世界舞台,引起各国学者的关注。直到现在,我国还有很多学者在致力于研究批判理论。在《否定辩证法》这本著作中,他们更加强调辩证法的否定性和革命行,借着辩证法这一理论武器,他们对发达工业社会作了深刻批判,揭露了现代人的异化状态,指出了现代社会的物化结构,特别批判了技术理性、大众文化等对人的统治和束缚。为了打破这些约束和统治,他们还为此制定了相应的革命战略。"在今天的技术哲学研究中,法兰克福学派大师们的一些著名论著,如霍克海默(Max Horkheimer,1895—1973)和阿多尔诺(Theoder Adorno,1903—1969)合著的《启蒙的辩证法》、霍克海默的《理性的黯然失色》、马尔库塞(Herbert Marcuse,1898—1979)的《爱欲与文明》和《单向度的人》、哈贝马斯(Jurgen Habermas)的《走向一个合理的社会》等的引用率是非常之高的。"①

在那个时候,法兰克福学派的成员就已经密切关注技术专制和非人化的倾向这些社会问题,也将目光聚焦在人们所面对的价值轨迹和主体文化选择等问题。他们对技术异化和技术主义进行的深入批判,一定程度上勾勒出了上述严峻的社会现实。

马尔库塞曾在《单向度的人》中指出,现行的社会控制形式及其表现是技术形式。② 在现代发达工业社会,技术的发展已经使得它能够渗入控制和调

① 高亮华:《技术:社会批判理论的批判——法兰克福学派技术哲学思想述评》,《自然辩证法研究》1992 年第 2 期。
② [美]赫伯特·马尔库塞:《单向度的人》,刘继译,上海译文出版社 1989 年版,第 10 页。

节系统,由此创造出相应的权利形式,这种形式会把与技术发展这个系统相对立的力量打倒,也会消灭绝大部分为摆脱这种控制和奴役所提出的各种抗议。马尔库塞认为,技术发展占主导地位的社会通过建立人的本能需要与社会需要之间的"不真实的统一"来控制人们的意识,进而支配人们的生活,使得人们被迫与现存秩序融为一体。由此,人们就被这种秩序驯化了,丧失了自我特性,丧失了应变能力,丧失了对这种社会控制和操纵的批判性和否定性,丧失了其敏锐的判断能力。由于人们在这种秩序中失去了批判能力,失去了否定现存制度的激情,人就成了单向度的人,真正成为"工业文明的奴隶"。马尔库塞总结了这种控制形式的特点:以科学技术为手段,对人们的心理进行控制,对人形成心理压抑。换句话说,它从生产、消费、人际关系等各个方面对人的生活、娱乐等进行操作、控制。所以,技术是这种新型控制的根本,这样本该服务于人的技术就异化了。

哈贝马斯则将技术提升到意识形态层面来理解,他对马尔库塞关于技术与科学在今天也取得了合法的政治能力的功能的基本命题表示认同。他指出:"科学技术在晚期资本主义社会已经成为第一位的生产力并日益取得合法统治地位。"[①]但哈贝马斯设计了一条不同于马尔库塞的社会进步道路,他的技术人道化方案是从人类交往与日常生活世界这个角度提出的。这样哈贝马斯关于技术的看法就与法兰克福学派第一代的思想有所不同,因为在他们看来技术会对人形成统治,而这是技术的本质,他们对此展开了猛烈的批判。哈贝马斯则认为技术可以被放置在合适的位置,这个位置哈贝马斯也确切地指了出来,也就是劳动和科学的领域,倘若技术被放在了这样一个位置,那么它就不会对人形成统治了,因为它已不会再出什么差错。[②] 所以,在哈贝马斯

---

① [德]哈贝马斯:《作为意识形态的技术与科学》,李黎、郭官义译,学林出版社 1999 年版,第 58 页。

② 高亮华:《技术:社会批判理论的批判——法兰克福学派技术哲学思想述评》,《自然辩证法研究》1992 年第 2 期。

这里,人类是完全可以控制技术的,只要人们能够将技术放在合适的位置,那么它就不会有任何问题。

作为法兰克福学派继承人的美国技术哲学家安德鲁·芬伯格(Andrew Feenberg)秉承了其老师马尔库塞的技术批判精神,把其研究进一步在技术批判理论上聚焦。在他看来马尔库塞的技术观是一种"实体论"技术观,而哈贝马斯是"工具论"技术观。他结合二者思想认为,技术既不同于中性工具也不是自主的。芬伯格通过技术编码理论和二级工具化理论体现其技术批判理论。

法兰克福学派的技术批判力度是非常大的,他们的思想理论无疑是非常深刻的,对于学者们批判资本主义社会,看清资本主义的真面目也具有很重要的参考价值。并且,法兰克福学派批判理论的突出特点就是将技术作为一种新的意识形态加以批判。技术作为一种新的统治形式,这一思想是从第二次世界大战后资本主义的社会历史现实出发来对发达工业社会中科学技术的异化现象进行批判与反思的结果,反映的是那个时代的历史现实。

四、 后现代哲学作为解构的技术

如果说哲学是一种理性的事业,表达了对世界的理解和把握,那么这种理解和把握便离不开现实世界的现实状态。理性必须基于对现实的反思才是具有意义和价值的,否则必将成为无源之水、无根之木。作为人类基本生存方式的技术必然也是这种反思的重要内容。因此后现代哲学的思维方式和思考问题的重点必然离不开技术。其中最突出的特点是转向了科学和技术的实践分析。但后现代所提出的实践不同于马克思的生存实践。

后现代是对现代性的一种反叛,是对本质的一种消解,是对西方坚如磐石的理性的挑战。但完全在后现代语境中探寻技术问题,就会因哲学思维的局限使技术囿于臼穴之中。后现代有其合理性,强调语境化、丰富性、注重社会因素。后现代哲学是与现代哲学一脉相承的,尽管它可能陷入了某种"极端",声称人的生存是毫无意义的,但是它又没有放弃自己对于理论的执着,依然希望建构一套理论来认识人和世界。这样一来,后现代哲学似乎以自己的边界为起点,从而有可能超越自身。① 不过后现代话语因其宣称整个世界充满着无穷无尽的意义但却又无法言说而陷入悖论之中,尽管如此,后现代话语仍然指出了一个事实,那便是理论形态的确不能完全表达事实,总有某种残余抵抗着符号化。如此,后现代哲学就带着一种无目的的目的和无概念的概念,艰难地向终极真理迈进。② 对于人本身的研究,后现代哲学认为人不是先天的规定,人是一种最大的不确定性。在后现代哲学那里,对人的认识就是对高高在上理性的解构和否定。此外,后现代哲学就是不断打破确定性,强调不确定和偶然性,在这点上,人是一种生成性存在、具有有机性与创造性。但后现代的解构与消极,是一种灾难。显而易见的是,后现代哲学是通过强烈的反叛来阐释自身的,"反"是其最大的特点,是其根本性标志。不错,这样一种姿态和立场有其显著的理论缺陷,也有其失误的地方。或许可以不客气地说,它自身已经陷入了悖论之中,这是因为它以"反"为自己的基本立场,在批判对手的时候,它也就陷入了对手的思维模式,即拒斥总体性、总体主义的同时,又拥抱着总体性,这样就"使得它陷入了'以知性逻辑来破解知性逻辑'的悖谬"③。利奥塔说:"后现代性不是一个新的时代,而是对现代性自称拥有的一些特征的重写,首先是对现代性将其合法性建立在通过科学和技术解放整个人类的事业基础上的宣言的重写。"④在这种哲学下人和技术都被改写:技术装置早已存在,在几百万年以前,活的机体,如藻类、纤毛虫等都是由阳光合成

---

① 张宗艳、韩秋红:《从西方哲学的内在逻辑看后现代哲学的"无意义"之意义》,《学习与探索》2008 年第 3 期。

② 张宗艳、韩秋红:《从西方哲学的内在逻辑看后现代哲学的"无意义"之意义》,《学习与探索》2008 年第 3 期。

③ 贺来:《辩证法的生存论基础——马克思辩证法的当代阐释》,中国人民大学出版社2004 年版,第 410—411 页。

④ [法]让-弗朗索瓦·利奥塔:《后现代性与公正游戏:利奥塔访谈、书信录》,谈瀛洲译,上海人民出版社 1997 年版,第 165 页。

的。只要能够根据周围的条件取得有利于自己生存的信息,那么这样的物质体系其实就是一种技术,"从本质上讲,人与这样一个客体没有差别"①。这就很容易理解人被嫁接和肢解,人是如何隐没和虚无的。

后现代哲学家要求彻底摧毁主体在哲学中的地位,强调人是各种社会关系和社会结构所建构而成的被动之物。在这种背景下,在某种程度上技术就上升为与人平齐之物。人的创造性的至高性被降格,技术的出场具有了更为积极的语境。

第二节　技术的复杂性

从哲学对技术的追问可以看出,技术是一个极其复杂的存在,给技术下定义是非常困难的,通过下定义的方式研究技术,更是很多研究技术的学者放弃了的行为,因为用传统下定义的方式研究技术,会走入技术研究的死角。技术是具有人性本质的存在,人的复杂性、人类社会生产的复杂性都影响着技术,因此,技术的内涵绝非一个定义能够涵盖的。总之,给技术下定义是非常困难的,即便能够给技术下一个较为可行的定义,那也会让关于技术的研究狭隘化。

一、技术的人性本质

当代法国哲学家贝尔纳·斯蒂格勒(Bernard Stiegler)在他的《技术与时间》一书中充分揭示了人与技术的"代具"关系。对于人与技术的关系,贝尔纳·斯蒂格勒创造性地提出了"代具性"的概念。代具(prothese)是指用于代替肢体的器具(假肢)。由此引申,它标志了失去某个肢体的躯体对某种不属于躯体本身的外部条件的依赖。贝尔纳·斯蒂格勒通过对普罗米修斯神话的

---

① ［法］让-弗朗索瓦·利奥塔:《非人:时间漫谈》,罗国祥译,商务印书馆 2001 年版,第 12 页。

解释,提出了"缺陷"这一概念。普罗米修斯神话揭示了两个根本性的问题:第一,人之不同于动物的第一个标志就是人不具有天然的属性,或者可以这么表达,人的首要属性就是没有属性,也就是"缺陷"。第二,人之所以能够成为人就在于他能够超越"缺陷",而普罗米修斯盗出神火其实就是人借火超越自身"缺陷"的象征。人在本质上作为技术性存在,是如何进化的呢? 虽然动物属性蕴藏着技术的奥秘,也是技术现象的重要组成部分,但这里不能仅仅关注生物进化,而要挖掘代具进化。代具自身是没有生命的,那么它如何进化呢?事实上,前面已经指出,代具体现了人作为生命存在的特征,生命因其必须借助于非生命的形式来确定自己的生命形式而成为一个矛盾体。[①] 而这种非生命的形式就是技术的形式。技术与人是互相规定性的存在与发展。这样,随着人的发展,代具也就跟着发展进化了。

"人是世间唯一感性的、对象性的存在物,人的存在就在于人的'生存'与'生活',人是感性地和实践性地确证和阐释自身的存在过程的,这是人的生命存在区别于动物最本源性的分界点,因而也构成了人之为人的'奥秘'和深层根据"[②]。人的本质在生存中形成,也在生存中展现。或者说,人的本质就是人的生存方式,即生存的本质。人不以超验的终极的尺度外在地决定自身的生存,而是从人创造性的实践活动出发理解人与自然、人与社会,人与自身的关系。马克思说,人的本质是一切社会关系的总和。马克思探讨的社会关系是在生存中形成的关系,社会关系说到底就是生存关系。从生存的角度看人的本质与马克思人的本质观是一致的。人的本质具有双重属性,一方面具有自然本质,他的肢体、生命的延续等都离不开自然,并且自然本质是其存在的基础;另一方面,他具有社会本质,他是社会关系的总和。

在黑格尔那里,历史似乎成了一个人,它拥有自己目的和动机,它把人类

---

① [法]贝尔纳·斯蒂格勒:《技术与时间——爱比米修斯的过失》,裴程译,译林出版社2000年版,第59—60页。

② 贺来:《辩证法研究的两种出发点》,《复旦学报(社会科学版)》2011年第1期。

吸纳进来为自己的发展和"成长"所用,它由此成为主体,人反而成了它的客体。与黑格尔所理解的不同,在马克思看来,历史是由人创造的,人才是整个过程的主体,历史并不是一个"独立的人",并且能够利用人类实现自己,历史其实不过是人自己的活动罢了①。在马克思看来,只要人已经存在,就会是人类历史的前提,也会是人类历史的产物,"而人只有作为自己本身的产物和结果才成为前提"②。人类社会发展表现为一种创造性活动。人的实践活动决定了人的存在方式,人的存在则是把自己的生命活动作为自己的实践对象从而成为社会存在、历史存在。人是自己创造自己的物种,而这种创造是借助技术实现的。实践活动是人和社会生成的基础,实践活动本身不是抽象同一的,它本身也是鲜活的具有生成性的。生活世界中的个人和他赖以生活的社会其实都是一种历史性存在,这种历史性存在并不是简单的单向性的时间流逝的存在,而是包含有对以往历史的扬弃在内的存在。③

在《1844年经济学哲学手稿》中,马克思如此阐述道:人的对象并不是自然对象的直接呈现,人的感觉也不是人的对象性,自然界"不是直接同人的存在物相适合地存在着"④。人没有自己的本质,并不存在一种永恒不变的人性,因为人的本质与人性从来都不是抽象的形而上学规定,他们是在实践活动中生成的。实践活动铸就了人的本质,也可以说实践活动就是人的本质。吴国盛教授认为这是人的基本的悖论:一方面是无固定的本质,另一方面是人要自己创造自己。⑤ 人的本性就在于它没有本性,因为人是生成过程之中的,是一种未完成的存在,一直处于变化之中。在生成活动过程中,人与自然之间的双向互动以及人自己创造自己的过程是通过技术完成的。人与技术活动同时

---

① 《马克思恩格斯文集》第1卷,人民出版社2009年版,第295页。
② 《马克思恩格斯全集》第26卷第三册,人民出版社1974年版,第545页。
③ 张一兵、蒙木桂:《神会马克思——马克思哲学原生态的当代阐释》,中国人民大学出版社2004年版,第68页。
④ 《马克思格斯文集》第1卷,人民出版社2009年版,第211页。
⑤ 吴国盛:《技术与人文》,《北京社会科学》2001年第2期。

发生,技术使动物成为人。可以说,技术创造了人。人的本质是在技术活动中形成的,是技术活动所规定的。

二、 技术作为人的存在方式

人的自然本质决定着人最初的生存方式,在人类生存的早期,其生存方式无疑是简单、质朴的,甚至连简单的工具都不会制造,更不用说使用火了。这种时候,人的社会本质便相对弱一些,对人的影响没有人的自然本质对人的影响来得那么大。不过随着人类发展,随着人的生存方式的改进,人的社会本质越发突出,以至于人的社会本质已经与人的自然本质相当甚至超过了自然本质。总之,人的自然本质与人的社会本质二者统一于人性之中。因此人的本质是在生存中形成又在生存中得到完善。因此,对生存的认识是认识人的本质的钥匙。

生存是人特有的存在方式,在存在方式中能够选择技术方式这又是人类特有的。所以,人的本质和技术的本质两者具有相似结构,在把握技术的本质的时候有必要考察人的本质。马克思曾说过一句经典名言,即"哲学家们只是用不同的方式解释世界,而问题在于改变世界"①。生存是人的头等问题,所以探讨人性得从人的生存说起。人只能在被给定的历史条件下创造自己的历史,而不能自由选择这种创造历史的前提条件,这是由客观事实所决定了的。人们通过自己的实践活动创造历史,并且人的实践活动与动物的活动具有本质上的区别。在这种实践活动中,人是有意识地在改造着自然界以服务于自身的生存,人由此认识到自己是有意识的类存在物。而动物虽然也有活动,但它们的活动是一种依赖于本能的活动,不具有人类所具有的那种意识。实际上,动物的生产是片面的、直接的,它们只是在肉体的直接支配下进行生产,它们只生产自身,它们的产品只属于它们的肉体,它们只能按照它本能上

---

① 《马克思恩格斯文集》第 1 卷,人民出版社 2009 年版,第 506 页。

具有的那种属性来进行生产。相反,人类的生产则远为高级,人的生产是全面的,人不仅根据肉体需要而且根据精神需要来进行生产,人能够再生产整个自然界,人能够通过学习之后利用其他动物的特点来帮助他生产,也就是人懂得"把固有的尺度运用于对象"①。人作为有意识的类存在物,他能够有意识地创造和改造自然界,所以,人的本质就在于他拥有能够创造世界的实践能力。实践是人的现实的感性的生活。

马克思把生存看作追求自身本质的历史性活动,赋予了生存较高的哲学文化意义。而人的生存是通过实践的方式完成的。实践是人的存在方式,是人与动物的本能存在方式的根本区别。实践是人作为主体,按照自己的需要和尺度,将自然对象,或者其他物质对象进行改造,这是一种将人的本质力量对象化到客体的过程。这种实践明显区别于动物实践。这种实践可以将天然大自然转变为人工自然。这种实践甚至可以改变自然界的一些作用规律。但人只能在自在世界所提供的材料的基础上创造人类世界,并且改变不了天然自然的客观实在性。不过,人工自然和人类社会可以和天然自然一起组合形成人们赖以生活的客观对象世界。正因为如此,实践才是人的存在方式。

实践是人的本质形成的基础。实践使人成为"社会存在物",创造了人之为人的一切特征,把人类从动物界提升出来。人的本质,从根本上来说,是由实践决定的,这是因为马克思曾指出人是一切社会关系的总和,也就是说人离开了其生活的社会关系就不成其为人了,即使他拥有人的自然属性,而人所处的这种社会关系又是由他的实践来产生的,所以实践是人的本质特征。人的实践活动通过以有利于自身生存的目的改造自然,通过以有利于自身发展和人类发展的目的而建立一定的社会关系,在这个过程中人的实践活动创造价值。人通过将自己的设想付诸实践,比如根据脑海里对于住房的想象而修建房屋,这就是在改造自然,是为了更好地服务于自身的生存而改造自然,这一

---

① 《马克思恩格斯文集》第1卷,人民出版社2009年版,第162—163页。

过程就是在创造着价值,也在加速社会化过程。而人对于社会关系的创造也就类似于上述过程。在这种实践当中,人与自然才能完成本质的统一。

人类的实践是离不开技术的。技术本身也是人类实践的结果,但它也被人用于实践。以制造工具为标志的劳动实践为人类创造了决定性条件。这种劳动实践既把自然界和人类社会区别开来,又将两者联系起来,也就是持续地实现着人和自然之间的物质交换,从而使人类社会能够存在和发展下去。

因此人类与自然界之间的关系是通过生产方式,即技术方式而展开的。实践的基本特征体现了人的生存特质,改造和探索物质世界的实践活动是人有意识、有目的的活动。这种有目的的活动是人区别于动物适应环境的本能活动的标志。人的实践是依靠技术得以实现的,技术是引导和转化自然力的重要手段。"一台机器就是用来引出自然之力的用具。从巴克迪亚里妇女随身携带的最简单的锭子,一路发展到具有历史意义的第一台核反应堆以及后来的所有装置,都可以看出这个道理。"①

三、 技术的价值负载性

现在越来越多的人已经放弃了技术仅仅作为工具的技术观了。从海德格尔对技术的追问中,人们就认识到了技术绝不仅仅作为工具,既然集置其本身不是什么技术因素,它是现实事物作为持存物而自行解蔽的方式,显示出现代技术的本质。换句话说,技术本质居于集置之中。技术的集置是一切存在者,包括人自身,都无法逃避的基本规律,是命运。海德格尔从存在论原理出发,阐述了他独特的技术思想,技术通过物质化、效用化、对象化等方式完成了世界的集置,是人类的必然境遇。但是,技术展现的过程必然导致对一切存在者自身性的缩减、降格或损毁。在现实世界中呈现为 19 世纪下半叶之后,以技术为其核心的资本主义工业文明,经过快速发展,给人们的生活带来了极大危

---

① [美]雅·布伦诺斯基:《科学进化史》,李斯译,海南出版社 2002 年版,第 66 页。

害——环境污染,能源危机,伦理丧失。一切问题的涌现,蕴含着技术的整体正义问题。

法兰克福学派的技术追问更体现出技术的非中立性,在哈贝马斯、马尔库塞的技术批判视野中,技术是作为意识形态存在的。在他们看来,技术的统治不是后来才深入到技术之中的,也不是从外面强加于技术之中的,技术的统治早已被安排进技术设备之中。也就是一个社会中占统治地位的阶级总会在事先就利用技术来达到其控制人和物的目的。① 包括在马克思的技术观中,机器也并非简单的工具。而对机器进行有组织的体系化过程,在第三节将作详细的阐述。

技术哲学家米切姆(Carl Mitcham)曾把技术分为四种:作为人工物的技术、作为知识的技术、作为活动的技术和作为意志的技术,从这四种分法中就可以看出技术是如此复杂,甚至表面看很难兼容,但这恰恰是技术作为复杂性存在的一种具象化的结构。技术体现了人们一定的欲望和目的,比如飞机的制造,就是为了满足人们能够在天空翱翔的目的;卫星的制造,就是为了满足人们探索太空的目的;潜水艇的制造,就是为了满足人们深入大海的目的;空调的制造,就是为了应对寒热的目的;等等。因此,技术实际上并不是中性的,它始终是"与价值相联系的"②。

人工智能的出现,从技术的"类人性"探讨技术,已经超越了技术价值负载论,学界开始探讨人工智能超越人的存在性地位问题。毋庸置疑,通过沟通联结,人工智能彼此之间、与人类之间早已建立一定的联系,人工智能可以凭借人类预先置入的代码程序进行信息的输入—输出—反馈机制,从而完成相互之间的信息交流。人工智能与人类之间的联系则更为常见,继苹果几年前推出 Siri 人工智能助理,类似的主打人机交互的人工智能层出不穷,小冰、Google Now、阿尔法狗等。微软打造的小冰是一款模拟 16 岁二次元少女形象的人工智能,相较于生硬的 Siri,它的"温柔与美丽"俘获了无数宅男的心。为

---

① [美]赫伯特·马尔库塞:《单向度的人》,刘继译,上海世纪出版集团 2008 年版,第158页。
② 周晶晶:《对技术价值负载的伦理反思》,《云南社会科学》2005 年第 3 期。

应对当代人情感缺场的境况，人工智能独特的看护技能、情感陪伴技能应运而生。2016 年 12 月，新加坡大学便推出了全球与真人最为相像的机器人 Nadine，能够提供儿童看护服务，并陪伴孤独老人，与老人进行推心置腹的聊天，不得不说，人工智能相较于人是更为诚恳的倾听者角色。人对人工智能的情感依赖、彼此之间建立的社会关系已经部分取代甚至超越人与人之间的社会关系。超越价值性的存在，技术似乎已经具有了情感性的归属。

无论人工智能怎么在智能上超越人类，但根植于物种的社会性不是通过可计算获得的，作为人的整体社会建构的文化以及关系，任何人工智能都是无法取代的。

第三节 技术的追问与正义性寻求

从卢梭反对技术蕴含的技术批判性开始，技术纳入哲学反思视野，在很大程度上是从技术对人的负面影响探讨技术的。追问技术的过程中蕴含着正义性的寻求。

一、 科学人文主义者的努力

技术一直是被排除在哲学视野之外的，但在文艺复兴和西方的启蒙运动以后，技术进入哲学的视野，但技术与科学被一体化地评说与批判。在卢梭看来，科学和工艺的进步是因为人文精神出现了衰败，认为科学和工艺会伤风败俗。胡塞尔则强调欧洲已经陷入了人性的危机，其原因在于"在 19 世纪后半叶，现代人让自己的整个世界观受实证科学支配，并迷惑于实证科学所造就的'繁荣'。这种独特现象意味着，现代人漫不经心地抹去了那些对于真正的人来说至关重要的问题。只见事实的科学造就了只见事实的人"①。显然，科学

---

① ［德］埃德蒙德·胡塞尔：《欧洲科学危机和超验现象学》，张庆熊译，上海译文出版社 1988 年版，第 5—6 页。

被认为是使人类落入一个不幸时代的根源,技术具有形而下气质的事物更是如此。

20世纪科学人文主义思潮也是高潮迭起。自萨顿(George Sarton)提出"科学人文主义"之后,这一主张得到了以社会科学家贝尔纳(John Desmond Bernal)、历史学家布洛克(Marc Bloch)等为代表的众多学科领域学者的赞同,并得到科学家波兰尼(Karl Polanyi)、人本主义心理学家马斯洛(Abraham H. Maslow)、后现代科学哲学家大卫·格里芬(David Giffin)等人的追随,科学人文主义思潮成为一种融合科学与人文最为引人注目的思潮。萨顿指出:"我们这个时代最可怕的冲突就是两种看法不同人之间的冲突,一方是文学家、史学家、哲学家,这些所谓的人文学者,另一方是科学家。"①萨顿认为,要使科学不至于失控,使之为人类的发展服务,就必须将之视为人类文化的一部分,而不能将之视为一种与人文文化结合起来的方法。他认为,在旧人文主义者同科学家之间只有一座桥梁,那就是科学史。但是,萨顿强调了科学中的主体性,从而也否定了科学是并且应该是追求"纯粹客观"的传统观念。罗蒂企图超越柏拉图主义传统,消解实证科学的理性与客观性,进而消除科学的权威性,降低科学的地位,使之与人文学平权,进而把科学归于人文学之中。费耶阿本德在阐发了他的无政府主义认识论后提出了"反规则"和"反归纳"的方法,以此冲击经典和经验的归纳法,消解科学和人文的矛盾。大卫·格里芬在《后现代科学——科学魅力的再现》一书中,指责现代科学观的错误,导致人的异化,意义的丧失,整个自然界的全面"祛魅",认为科学的"祛魅"是造成科学与人文两种文化分裂的根本原因。以整体有机论取代心物二分的机械还原论,以建设性或修正性的后现代观取代或超越现代科学观,以达到科学、人、自然乃至整个宇宙的"返魅"。

虽然科学的境况与技术不能同日而语,但科学和技术一体化的过程也是

---

① [美]乔治·萨顿:《科学史与新人文主义》,陈恒六译,华夏出版社1989年版,第49页。

伴随着人文主义的批判的历程。

科学社会学家莫顿(Robert King Merton)提出科学精神形成了 20 世纪科学家的共识,就是普遍性、公有性、无私利性和有条理的怀疑论。李醒民认为这些精神气质会内化为科学家的科学良心,而"科学良心是科学研究和科学进步的实体要素"①。在他看来科学良心是科学共同体代际传承的,向内是道德规范,向外是行为准则。科学家内心对科学所涉及的价值、伦理问题的正确观念和"对自己应负的道德责任的意识、反省乃至自责"②就是科学良心。

第二次世界大战时期,随着在日本广岛和长崎投下的两枚核弹的爆炸,技术应用的善与恶,开始纳入科学家和人文学者的视野。爱因斯坦就认为技术进步所带来的最大危害就是它能够摧毁人的生命以及人们创造的劳动果实,而更可怕的在于战争"强加给个人的卑贱的奴役"③。关于爱因斯坦在敦促美国政府开展原子弹的研制,给罗斯福建言的信上进行签名的行为引起很多争论,但学界根据《爱因斯坦文集》资料,认为"是为人类整体利益着想的,因而是正义的,符合爱因斯坦的道德和伦理原则"④。

爱因斯坦看到了在自由资本主义的状态下技术发展对个体的奴役,对于科学技术的态度,爱因斯坦代表了大部分具有人文情怀的科学家,他透彻地看到了科学技术给人类带来的悲剧性含义。科学技术是具有两重性的,在积极层面上,它无疑会促进人类劳动解放,使人们过上更加美好的生活;在消极的层面,它又会因为不法分子的非法使用,而给人们的生活带来危险和不安,其最大的危险就在于"为自己创造了大规模毁灭的手段"⑤。

技术,尤其是核技术等具有大规模杀伤性的战争技术形式,天生就具有不

---

① 李醒民:《科学家的科学良心:爱因斯坦的启示》,《科学文化评论》2005 年第 2 期。
② 李醒民:《科学家的科学良心:爱因斯坦的启示》,《科学文化评论》2005 年第 2 期。
③ [美]《爱因斯坦文集》第 3 卷,许良英等译,商务印书馆 1979 年版,第 78 页。
④ 周德海:《论爱因斯坦的科学技术与道德伦理思想——兼评学术界对爱因斯坦"科技伦理"思想的研究》,《伦理学研究》2014 年第 2 期。
⑤ [美]《爱因斯坦文集》第 3 卷,许良英等译,商务印书馆 1979 年版,259—260 页。

正义性,在科学家看来这也是违背科学精神和科学伦理的,而这自然也违背了正义原则。

二、 西方马克思主义学者的技术救赎

作为 20 世纪哲学反思的一个重大课题,科技发展与人的关系问题成为马尔库塞和哈贝马斯等学者专门探讨的问题。这和法兰克福学派的传统相关,法兰克福学派强调应当理智地使用技术,并构想了一种技术先进的未来社会。在这样一个社会里,技术不再统治人,也不去掠夺自然,而是真正服务于人类,为人类创造出富有创造性的社会。

马尔库塞认为在现代工业社会里,科学技术高度发展,人类的爱欲遭受压抑。针对人类困境,马尔库塞强调以人为本的和对人的终极关怀,提出了"新技术"理论。马尔库塞的新技术是一种促进人类走向解放和自由的新技术。是使技术爱欲化和和谐化的新技术,目的是促进人类爱欲的解放。马尔库塞的爱欲解放理论也是法拉克福学派批判理论的一种,是一种严肃的政治理论,并且因为他在本体论层面上讨论了关于存在的看法,因而也是"一种深刻的哲学本体论"①。但马尔库塞把人的本质归结为爱欲,实际上将人仅仅看作生物学上的人,在这点上对人本质这一基本问题的认识是错误的,理论再深刻,批判再激烈,也是无法为人类发展描绘现实性的蓝图。

对于哈贝马斯来说,其重要贡献在于揭示了当代资本主义社会内的复杂性和悖论性。"既不完全否认现代化的成就又不无视它的存在问题,从而避免陷入社会功能主义对社会现实的盲目肯定,也不陷入晚期批判理论和后现代主义对现代性的全盘否定。"②但哈贝马斯淡化了物质生产方式在人类历史上的核心地位。"他把社会生活还原为抽象的生活世界与系统的对立,是想

---

① 黄颂杰:《西方哲学名著提要》,江西人民出版社 2002 年版,第 702 页。
② 黄颂杰:《西方哲学名著提要》,江西人民出版社 2002 年版,第 855 页。

追求超阶级的人类解放理想。"①要建立和谐的无压抑的交往合理性社会,虽然具有很大诱惑力,但毕竟是水中月、镜中花,是个理想国,离现实世界太远。法兰克福学派的理论家们似乎仍然处在一种矛盾之中,一方面,他们对于资本主义的现状感到极为悲观,并进行了猛烈地批判,指出了资本主义存在的种种问题;但是另一方面,他们又没能找到切实可行的革命方法以打破这样的无奈的现实,而是充满着希望,设想着一种美好的社会,在这样的社会中,"自然获得了'安抚'和'救赎'"。②

芬伯格在《技术批判理论》一书中提出了"发展的两难困境"问题:按照西方政治理论的一种古老传统,社会不能同时实现公民道德和物质繁荣。所谓"发展的两难困境(the dilemma of development),即在公共领域和私人生活中所追求的两种最高价值之间的相互排斥"③,似乎人们能够自由地选择技术,但实际上,在人们选择的时候,人们的选择行为已经被技术所渗透、所干预,所以,这里的选择"不能按照工具理论所说的自由'使用'的意义来理解"④。"选择"一词带有主观价值倾向,与使用有巨大差别。但对两难境地的超越也是凌空之舞。

综上所述,无论科学人文主义者还是法兰克福学派,都是从外部化关系探讨技术与人的关系,尽管蕴含着正义性的追问,终究没有触及技术正义的核心内容。技术正义问题还是需要回到马克思主义语境。

三、 马克思对技术的审视

马克思技术思想主要集中在以下文献:《1844 年经济学哲学手稿》《政治

---

① 黄颂杰:《西方哲学名著提要》,江西人民出版社 2002 年版,第 855 页。
② 萧俊明:《关于法兰克福学派批判理论的重新思考》,《国外社会科学》2001 年第 1 期。
③ [美]安德鲁·芬伯格:《技术批判理论》,韩连庆、曹观法译,北京大学出版社 2005 年版,第 167—168 页。
④ [美]安德鲁·芬伯格:《技术批判理论》,韩连庆、曹观法译,北京大学出版社 2005 年版,第 15 页。

经济学批判》《机器。自然力和科学的应用》和《资本论》等作品里。技术思想在马克思的思想体系中也占有重要地位。因为马克思主要以广博的工艺学史为基础,以机器大工业为背景来分析和研究技术的,所以很多学者将马克思归为工程传统的技术哲学。① 米切姆把关于技术哲学的研究分为工程学和人文科学两种。对于这样的分法,米切姆也表示可能并不准确,认为或可再分出一个"马克思主义传统的技术哲学"②。卡普较为中肯地评价了马克思的技术哲学思想,把马克思列宁主义技术哲学作为一个特殊流派研究。

　　米切姆也说过:"我肯定……如果马克思在 1940 年还活着的话,他不会再研究经济学或资本主义结构,而是研究技术。"③这样的评价一点都不夸张,虽然马克思没有系统进行技术哲学的研究,但马克思具有重要的技术哲学思想。雅斯贝尔斯(Karl Theodor Jaspers)认为,马克思第一次站在广阔的角度上看待技术在人们整个生活中发生的变化。④ 俄国人文主义技术哲学家别尔嘉耶夫(Никоп'ай Апекса'ндрович Ъердя'ев)指出,马克思第一次把机器带入了人类生活,并且揭示了机器对于人类命运的重要意义。⑤ 国内学者乔瑞金认为马克思主义从三个维度展示了技术的重要地位:第一个维度是,技术在人与自然的互动关系中扮演着重要角色,可以说,没有技术,人与自然的互动将大打折扣。第二个维度是,从人类自身的生产活动看,技术也起着重要作用。没有技术的提高和发展,人类生产力就不能取得长远发展,因而人类的生存状况也会因此受到影响。第三个维度是,从人类社会关系来看,技术也是人们社会关系的衡量尺度,也就是说,技术发展的越好,人类社会关系也将更加丰富、更加牢

---

① 刘则渊:《马克思和卡普:工程学传统的技术哲学比较》,《哲学研究》2002 年第 2 期。

② 刘则渊:《马克思和卡普:工程学传统的技术哲学比较》,《哲学研究》2002 年第 2 期。

③ [美]卡尔·米切姆:《技术哲学概论》,殷登祥、曹南燕等译,天津科学技术出版社 1999 年版,第 35 页。

④ Ясперс Карл, *Смысл и назначение истории:пер. с нем*, М.:Политиздат,1991,p.125.

⑤ БердяевН, *Смысл истории*, *Опыт философии человеческой судьбы*, Берлин Обелиск, 1923,p.124.

固。总之,技术的生产力性质对于人类社会生活关系的有着重要作用和意义。① 吴国盛教授也概括了马克思对于技术哲学所作出的三点贡献:其一,马克思是实践哲学的创始者;其二,马克思指出了技术这一物质力量决定物质的生产方式;其三,马克思提出了异化劳动概念,开启了批判大工业时代人性困境的先河。马克思是最早关注到"压抑与解放""理性与权力"等现代性问题的,"对技术的革命性力量有深刻的理解"。②

马克思在不同时期以不同的研究向度对人类改造自然进行反思,形成了马克思主义辩证唯物主义和历史唯物主义的哲学内容,陈昌曙先生指出马克思技术思想与实践唯物主义的关系,认为技术哲学不能简单地归为一般原理在技术领域中的具体应用;相反,哲学的一般原理要依赖于技术哲学及其他分支学科的发展。的确,马克思哲学凸显并弘扬了实践这种人特有的活动而具有的目的性和规范性的因素,体现了人的主体活动的价值、取向和特征。把这种实践看成是客观性的人的生存和发展的活动方式,其中最根本的活动方式是人类的物质生产活动,只有在物质生产活动的基础上,人的其他一切实践活动才可能得以进行和发展。马克思从生产力和生产关系矛盾运动入手,也就是从生产方式这个层面来深入考察技术与人、社会、自然等所构成的整体,由此把握技术的本质。所以,马克思技术思想是生存论的,马克思生存论框架必然有技术思想的理论支撑。二者是一致的、自洽的。因此,马克思生存论既是本体论也是方法论。

马克思的技术思想很大程度是在关于机器的论述中体现的。马克思的机器思想非常丰富也具有体系性。马克思在《机器。自然力和科学的应用》中将机器列为资本主义生产方式下劳动生产力提高的三个阶段之一。三个阶段为协作、分工和机器。马克思深入探讨了资本主义应用机器的前提和后果,指

---

① 乔瑞金:《马克思技术哲学纲要》,人民出版社2002年版,第27页。
② 吴国盛:《技术哲学经典读本》,上海交通大学出版社2008年版,第6页。

出机器的发展是使生产方式和生产关系革命化的因素之一。马克思认为"机器是劳动工具的集合"①。马克思在概括英国 19 世纪工业生产的状况时说："在机器中从一开始就出现这些工具的组合,这些工具同时由同一个机械来推动,而一个人同时只能推动一个工具,只有技艺特别高超时才能推动两个工具,因为他总共只有两只手两只脚。一台机器同时带动许多工具。例如,一台纺纱机同时带动几百个纱锭;一台粗梳机——几百个梳子;一台织袜机——一千多只针;一台锯木机——很多锯条;一台切碎机——几百把刀子等。同样,一台机械织机同时带动许多梭子。这是机器上工具组合的第一种形式。"②但是劳动工具并非机器,成为机器是有条件的,马克思分析了机器的发展历程,起初是简单的工具,后来又有了合成的工具;之后经过发展,人作为工具的动力;然后是出现机器;再之后,便出现了有一个发动机的机器体系;再后来就是"有自动发动机的机器体系"。③ 马克思认为机器是由原动机、传动机构和工作机三个部分组成的。简单的机器或者说不纳入社会大生产的机器,所采用的是用一个单一的动力来推动许多同样的工具一起作业,"这里我们就有了机器,但它还是机器生产的简单要素"④。社会化大生产的形成不是一蹴而就的,而是通过一系列阶段过程,形成了机器体系,或者说机器体系的形成才成就了资本主义的社会大生产。只是当劳动客体依次通过连成整体的一系列不同阶段的过程的时候,并且这个过程的相互连接是由机器来完成的,那么真正的机器体系才得以出现。⑤

机器体系能够形成是因为背后有一个阶级的概念,机器一方面能够带来更高的生产力,另一方面它是资本主义用来剥削工人的工具。⑥ 因此仅仅看

① 《马克思恩格斯文集》第 1 卷,人民出版社 2009 年版,第 626 页。
② 《马克思恩格斯全集》第 47 卷,人民出版社 1979 年版,第 451 页。
③ 《马克思恩格斯文集》第 1 卷,人民出版社 2009 年版,第 626 页。
④ 《马克思恩格斯文集》第 5 卷,人民出版社 2009 年版,第 432 页。
⑤ 《马克思恩格斯文集》第 5 卷,人民出版社 2009 年版,第 436 页。
⑥ 徐丹、朱进东:《马克思对尤尔思想的超越及其理论意义》,《南京社会科学》2015 年第 6 期。

到机器本身这还远远不够,必须看到以机器生产为基础的社会生产关系以及相应的经济范畴。①

马克思通过机器观念的阐释,事实上体现出资本主义批判视域下技术的出场方式,技术是作为生产力,但技术更作为生产关系范畴,体现的是一种剥削方式和剥削关系。但毕竟马克思主义是具有广阔视角和丰富理论内涵的庞大体系,技术的关注也是基于对资本主义生产的研究和批判而进行的,在生产方式变革中分析了劳动资料从工具到机器的转变过程。这是在一定历史条件下的认识,因此也具有未竟性。但其中闪耀的真理光芒,让人们找到了理论的硬核,恰恰是马克思对资本进行完备的分析和揭露,让人们在马克思资本逻辑批判的语境中进一步发现和理解了技术与正义的关系,资本批判逻辑也统摄了技术逻辑。

---

① 《马克思恩格斯文集》第 1 卷,人民出版社 2009 年版,第 622 页。

第三章　理论分殊：从一般正义到技术正义

正义问题是伴随人类社会发展的一个古老话题，在这个意义上它超越了民族与种族、东方与西方、过去与现在。它有一般性、普遍性，无论是东方还是西方，在人类社会发展过程中都普遍存在对正义的诉求，因此，人们一直追寻能够具有更大说服力的正义观。正义问题也具有特殊性，不同的民族文化传统，不同的国家治理环境和生存方式在正义观念上有不同的特质。因此也为技术正义的探究留下很大的空间。

第一节　一般正义论及其正义原则

人类文明进步有两个重要维度：一是主体的向度，即人的发展；二是客体的向度，即社会进步，两者相辅相成。对于正义而言，也有两个维度：既存在整体社会的正义，也包含个人行为的正义，二者是个合力。作为整体的正义是抽象的，具有作为形而上学的一般规定性；对于个体的人和事而言，正义则是具体的，需要通过具体事物物化而呈现。因此，尽管关于正义问题的研究文献汗牛充栋，但对于正义问题的研究，不同的视角研究都会有不同的发现。超越性的、具有形而上学一般意义上的正义的研究是必须的，但具体的、物化的正义研究也是每一个社会阶段发展所必要的,这也是正义问题常议常新之所在。

一、 正义观在西方的发展

正义问题很古老,在有记载的文明中都具有历史痕迹,追溯正义概念出现的历史,在古埃及就出现了,但作为理性思考的正义概念则出现在古希腊。

(一) 自然哲学阶段

正义在古希腊哲学中最初是作为调整宇宙平衡的自然法则而存在的。罗素指出,在古希腊时期,便有一种认识说是每个人或者每件事物都有其规定地位与规定职务。这种认识是和命运紧密相连的。但只要是在有生气的地方,便始终有一种要打破正义界限的趋势,因此就产生了斗争……①罗素(Bertrand Russell)对古希腊正义观的描述体现了这种自然正义观。古希腊诸多哲学家的正义观基本上如同其自然哲学的诉求一样,是一种自然正义观。

从苏格拉底追问正义是什么开始,古希腊的正义观就有了理性的打开方式。借助自然哲学的方式呈现了古希腊人对这个世界平衡和谐的诉求。泰勒斯的水、阿那克西曼德的"无限"、赫拉克利特的"一团熊熊燃烧的活火"等都蕴含着恒定的宇宙法则。在阿那克西曼德那里正义与不正义的区别在于无限这一本体之间常驻不变的和谐关系为正义,反之为不正义,也就是超越这种规定性为不正义。这也体现了古希腊自然哲学的特点,包括毕达哥拉斯对"数"的概念和"数"的规定性的尊崇,都体现了古希腊早期自然哲学对正义问题朴素而抽象的思考方式。

(二) 政治哲学转向

哲学超越自然哲学转向人本身,哲学的政治转向最为突出,政治哲学是正

---

① ［英］罗素:《西方哲学史》上卷,何兆武译,商务印书馆1963年版,第54页。

义落脚的最好选择。政治哲学中善的观念、自由的观念、公平的观念与正义的观念等都成为核心概念。古希腊哲学就是通过概念、范畴进而通过逻辑的方式形成理论体系,正义的概念也是如此。在古希腊从野蛮时期进入到文明时期以后,人们关于正义研究的重心便从劳动转移到了私有财产,此后,正义与私有财产便紧密联系起来,任何关于正义的研究都很难绕开私有财产。"柏拉图和亚里士多德的正义观很大程度上体现了这一点,并且很大程度上反映了各自政治哲学的价值观念。"①

柏拉图的《理想国》就是通过城邦治理的方式构建各个等级有序并各司其职的理想国。在柏拉图看来,正义是城邦的支柱,各尽其能、各司其职就是正义。"正义就是只做自己的事不兼做别人的事……就是有自己的东西干自己的事情"。② 这是一种社会分工的正义,也是超越了具体事物而具有普遍规定性的界定。在柏拉图那里,正义也是由国家等级制度的实现而完成的。在他看来,建立国家之初所定下的那条总的准则实际上就是正义。③ 柏拉图认为正义是永恒的,不存在任何暂时性和相对性。

同样,亚里士多德也用总原则的方式考虑正义,"正义包含两个因素——事物和应该接受事物的人;大家认为相等的人就该配给到相等的事物"④。正义是一切德性的汇总,这种汇总就超越了法律、道德等具体规定,是一切德性的总体规定。"亚里士多德则在继承柏拉图的'国家正义观'之后,更加深入、详细地对正义进行了划分和研究,提出了正义就是国家至善,就是人类的至善,是中庸,是法律,是人们言行所遵守的模式。"⑤亚里士多德尤其把美德归结为正义,强调关系构架,强调正义的现实性和实践性,开启了正义的具象化研究阶段。尤其是德性正义,后来麦金太尔在这个路径上有积极的建构,为正

---

① 王岩:《西方政治哲学导论》,江苏人民出版社 1997 年版,第 58 页。
② [古希腊]柏拉图:《理想国》,郭斌和等译,商务印书馆 1986 年版,第 154—155 页。
③ [古希腊]柏拉图:《理想国》,郭斌和等译,商务印书馆 1986 年版,第 154—155 页。
④ [古希腊]亚里士多德:《政治学》,吴寿彭译,商务印书馆 1965 年版,第 148 页。
⑤ 王岩:《西方政治哲学导论》,江苏人民出版社 1997 年版,第 66 页。

义理论的丰富贡献了理论智慧。

（三）近代哲学正义话语的回归

基督教神学时期,哲学都是为上帝存在作注脚的,上帝意志就是正义的化身。从上帝存在的哲学三段论证明中就可以看出。近代哲学将人的自由、权利和尊严拉回到哲学视野,使这些成为正义的应有之义。自由主义正义理论也以自然为参考来考察人性和正义问题,在这种理论看来,永恒的人性只能从自然状态中去寻找,并强调符合人性的就是正义的,而人是追求自由、平等和私有权的,这是属于人性范畴的,因而符合这些人性尺度的就是正义的。①

洛克、卢梭对正义理论发展都有所贡献。正义理论发展到康德哲学时代具有积极价值。康德的正义论涉及三个方面:一是人与人之间的实践的外在关系;二是个人自由行为与他人自由行为的关系;三是不同意志相互之间发生的行为形式。② 一如康德哲学的先验论形式,其正义论也是先验的概念,而不是经验的总结。正义行为所遵循的原则是一种普遍的道德法则,这个道德法则作为“绝对命令”具有先验性,先验性的基本原则是自然权利说。与之相对应的是功利主义的正义观。以边沁(Jeremy Bentham)和约翰·穆勒(John Stuart Mill)为代表的近代功利主义哲学家提出实现最大多数人的最大幸福的原则。“公正观念的本质,即个人权利观念”③,与自然权利说相对立,认为坚持最大多数人的最大幸福原则是正义的。在自由主义正义理论路径下,关于社会正义的实现也并不容易,自由主义主张拥有个人财产是天赋权利,因而符合人性的做法就是保留个人私有财产,不去剥夺它,对它施加影响,这样才是符合正义的;不过,自由主义又主张要限制这样的权利,但是一旦对个人的私

① 林进平:《马克思的“正义”解读》,社会科学文献出版社 2009 年版,第20—21页。
② 洪汉鼎:《斯宾诺莎哲学研究》,人民出版社 1997 年版,第35页。
③ [英]约翰·穆勒:《功利主义》,唐钺译,商务印书馆 1957 年版,第54页。

有财产加以限制,那么就违背了权利保护的原则,①就成了非正义的了。

真正把正义纳入政治学视野的是马基雅弗利,他以"政治无道德论"为原则对国家、政体及政治统治加以论述,形成了其政治哲学基本特征。与古希腊以来追求德性与美德的正义诉求不同,他完全颠覆以往秩序而形成的自然和谐以及道德美德诉求的正义取向,认为权力与政治目的才是正义的准则,这样符合政治目的的就是正义的。在他看来正义的准则不必在自然中去找,因为并没有恒定不变正义原则。② 受马基雅弗利影响很大的霍布斯进一步深化了这一面,"何谓正义,何谓非正义,不根据行为来评价,而根据行动者的意图和良知来评价"③。正义不是康德的先验的前置存在,完全是目的论的一种证明方式。正义具有了目的性和相对性。

(四) 当代正义理论的发展

约翰·罗尔斯在正义理论发展过程中是一位承前启后的人物。1971 年《正义论》问世引起学界巨大反响。他以"作为公平的正义"将正义纳入社会正义层面,成为评价社会制度的首要标准。"正义是社会制度的首要价值"④。在罗尔斯看来,社会是按照一定的规则而形成的个人联合体,联合体的运行最重要的是要解决好利益分配问题,而正义原则就是关键要素。

他的正义理论的论证方式是引入理论预设,设定了"原初状态",这个"原初状态"不是现实世界的初始化状态,而是一种理论假设。并将"无知之幕"作为特点,"无知之幕"排除了任何引起利益之争的特殊情况,"无人能够设计

---

① 李育书:《从正义理论到关于正义的理论——论马克思对黑格尔正义理论的继承与发展》,《学术论坛》2018 年第 8 期。
② [德]列奥·施特劳斯:《自然权力与历史》,彭刚译,生活·读书·新知三联书店 2003 年版,第 182 页。
③ [德]列奥·施特劳斯:《霍布斯的政治哲学:基础与起源》,申彤译,译林出版社 2001 年版,第 29 页。
④ [美]约翰·罗尔斯:《正义论》,何怀宏等译,中国社会科学出版社 1988 年版,第 1 页。

有利于其他的特殊情况原则"①。在原初状态下设定了两个原则:第一个是每个人对基本的自由体系都拥有平等的权利;第二个是对于社会中的不平等,应当作一个合理的安排,这个安排就是使它们(1)被合理地期望适合于每一个人的利益;并且(2)依系于地位和职务向所有人开放。②

其中平等自由原则是前提,具有优先性,是正义的最重要价值体现。机会均等是在差别过于悬殊情况下保证底线。在原初状态下,并在"无知之幕"的保证下,"正义的原则是一种公平的协议或契约的结果"③。有了正义原则的确定,由个体形成的联合体也就有了正义标准。

当然,罗尔斯原初状态和"无知之幕"的设定太过于理想,在此基础上架构的两条原则就显得先天不足。对于罗尔斯正义思想批评得最为深刻的是G.A.科恩(G.A.Cohen)。科恩对罗尔斯把正义概念和其他概念融合在一起这一做法进行了批评,认为在一个分配正义占主导地位的社会中,物质方面的大体平等是人们所期望的。为了驳斥罗尔斯的公正社会,科恩证明了分配正义不能容忍罗尔斯所准备的"深层的不平等"。分配正义问题的出现,不仅仅是为了国家,更是为了日常生活中的民众。他在《拯救公平与正义》一书的导言中指出,要在该著作中重新将分配正义唤醒。在他看来,分配正义与一个社会中有少数人获得大量物质财富是不相容的,因为民众所期望的是大家能在物质方面大体平等。这样一来,科恩就与罗尔斯的观点不同,因为在罗尔斯看来,社会中出现的严重不平等仍然是公正社会的表现。他还进一步指出该著作的另一目的是尝试把正义概念从罗尔斯的建构主义处理中拯救出来。而这种对一个概念的更加原伦理学意义上的拯救又支持了对平等主义主题的拯救。④

---

① [美]约翰·罗尔斯:《正义论》,何怀宏等译,中国社会科学出版社1988年版,第10页。
② [美]约翰·罗尔斯:《正义论》,何怀宏等译,中国社会科学出版社1988年版,第56页。
③ [美]约翰·罗尔斯:《正义论》,何怀宏等译,中国社会科学出版社1988年版,第10页。
④ [英]G.A.科恩:《拯救平等与正义》,陈伟译,复旦大学出版社2014年版,导言第2页。

从科恩对罗尔斯的批判可以看出,在探讨一般正义理论的道路上西方学者的很多观点存在分歧,甚至对立。对此,阿拉斯戴尔·麦金太尔(Alasdair MacIntyre)概括得很精辟,在他看来,没有一个关于正义的真正的、上帝视角之类的评判标准,便很难对各个学者关于正义的看法作出明确的评断,这些关于正义的各种对立的理论,谁也无法说服对方,也很难找出一个最佳"答案",总之它们各执千秋。① 麦金太尔是从伦理学的角度架构正义的,与罗尔斯以规范伦理的范式诠释作为公平的正义的现代自由主义正义观不同,强调的是以德性为核心的正义,丰富了分配正义的内涵,但正义的理性思考仍然有很大的探讨空间,因为正义问题没有确立出核心的硬核。

二、 中国传统文化的正义观

在知网中按照"中国传统正义观"作资料检索,文献显示是从 2005 年开始有文章的,但从严格意义上讲,关于中国传统正义观的整体研究始于 2007年。2006 年有 1 篇涉及了中国传统法律正义观。这也并不奇怪,按照西方正义的观念,正义是现实的诉求,更是理性的产物,也是哲学致思方式的产物,东西方文化具有巨大的差异,很多人认为爱智慧的哲学在中国传统文化中是不存在的,自然也就没有正义的哲学概念。当然更主要的在于古希腊起始的民主政治与东方大一统的封建统治方式的差别。成中英先生认为,基于生活经验的文化的反思是价值理性的,而基于反省思考的文化行为则是工具理性的,两者存在不同。不过,反省思考还有一个作用:即通过对价值、工具进行评价,然后保持或改变行为模式。而在这样的评价活动中,主体一般会采取比较保守的姿态,容易自以为是,而不采取批判态度。更过分的是,在权力意志的支配下,这种评价通常会抬高自己而贬低异己,而这其实是文化优越性的产生过程。在这种评价的支配下,辅以文化宰制行为,那么"文化与文化之间的冲突

---

① [美]阿拉斯戴尔·麦金太尔:《谁之正义? 何种合理性?》,万俊人等译,当代中国出版社 1996 年版,第 1—2 页。

不仅是可能的而且是必然的"①。

但正义并非完全形而上学的哲学概念,而是关乎政治生活和个体感受的。尽管东西方文化的差异巨大,但根植于中国传统文化土壤的正义观念是存在的,只是其表现方式并非西方哲学反思式的。中国传统正义观是以私德、道德理想主义和群体本位为基本内核的,这三者构成有机结构,②成为中国传统正义观点核心,因而与西方的正义观是不一样的,这也是由中国传统文化所决定的。

的确,中国传统正义观根植的文化使正义的观念不是政治学向度的而是伦理学向度的。"正义"二字是偏正结构,落脚点是"义",这在汉代许慎的《说文解字》中有所体现:"义,己之威仪也。从羊,从我"。义与"仪"相通,是外在的价值判断。刘熙对"义"的解释是:"义者宜也,裁制事物使合宜也",这就有了正当性的意义,但这种正当性是建立在个体价值判断基础上的,具有"善"的指向。

但正义的观念并非能通过正义词条对应求解。实际上关注正义观在中国传统文化"理"与"礼"中得以体现。"理"着眼的是天与人之间的关系。"礼"则着眼的是人与人之间关系。

(一)"理":天人关系构架

"理"是中国古代哲学,特别是宋明哲学的重要范畴。"理"作为哲学概念最早出现于战国时期。以阴阳为"天地之大理"(《管子·四时篇》)。孟子以人心所具有的道德为理,"心之所同然者何也? 谓理也,义也"(《孟子·告子上》)。韩非提出理是事物的具体规律,"理者,成物之文也。长短大小、方圆坚脆、轻重白黑之谓理"(《韩非子·解老》)。《吕氏春秋》把理视作判断是非

---

① 李翔海、邓克武编:《成中英文集》一卷,湖北人民出版社 2006 年版,第 59 页。
② 刘祥乐:《中国传统正义观的现代转型与社会核心价值观的构建》,《理论与现代化》2017 年第 1 期。

的根据,"圣人之所在,则天下理焉"(《吕氏春秋·劝学》)。魏晋兴"辨名析理"之风。王弼认为理是事物的规律,是万物赖以产生和存在的根据,"物无妄然,必由其理"(《周易略例·明象》)。郭象将理理解为必然性。唐代佛教华严宗认为理是本体世界。

北宋时期,程朱理学获得很大发展,仅从"程朱理学"这一名称当中,就能知道理在这一学理分析学派中所占据的地位。张载认为"万物皆有理","天地之气,虽聚散攻取百涂,然为理也,顺而不妄"(《正蒙·太和》)。强调理的客观性,把理看成气化运动的规律,主张穷理。程颢、程颐建立理本论哲学。他们认为理是永恒不变的宇宙本体,在这一基础之上才有万事万物。朱熹认为理是天地万物的主宰,并指出太极是真理和道德的标准。"天地之间,有理有气。理也者,形而上之道也,生物之本也;气也者,形而下之器也,生物之具也"(《答黄道夫》)。陆九渊认为"心即理",把理从客观事物中转移到主观主体中,即转移到人身上。此外,王守仁也强调"心外无理"。除了把理归为客体事物和人的心以外,还有人将理认为是气所具有的规律,比如王廷相就认为理是气之理。宋儒对礼进行了哲学的本体论证明,确立"理也者,礼也"的命题。朱熹认为"理谓之天理皆文者,盖天下皆有当然之理,但此理无形无影,故作此礼文画出一个天理与人看,教有规矩,可以凭据,故谓之天理之节文"(《朱子语类》卷四十二)。宋明儒家沉浸在形而上学冥想的理和气之中,试图用理和气来解释人的善性,探讨人与天以及人和其他事物之间所存在的合一性。① 在成中英先生看来,"理并不是与人生有关的基本生活经验及其他人和事物相离的,理是成就社会和谐与行政上政治秩序之基础。"②明清之际的王夫之认为理是"物之固然,事之所以然也",理在这里一方面指自然规律;另一方面指道德准则。而在葛兆光先生看来,理实际上是人们利用理智、认知对世界进行归纳的观念,但人们由此建立起来的观念世界又与真实的世界有所出

---

① 李翔海、邓克武编:《成中英文集》一卷,湖北人民出版社2006年版,第8页。
② 李翔海、邓克武编:《成中英文集》一卷,湖北人民出版社2006年版,第18页。

入,也就是说它不能完全地、客观地反映真实世界。即使如此,这样的观念、这样的知识体系仍然会影响人们的经验,使它自身成为"精英与经典思想"。①

而"理"在西方文化中是理性、理智。是西方哲学一直探求的至高命题。在西方,哲学是爱智慧。是一种追求道理的方式。在西方哲学中真理的追求具有某种超越性。是蕴含在其他事物之中但超越于事物本身。真理自我具有自洽性和合逻辑性,自己能够解释自己、自己能够为自己的合法性存在性进行辩护并不断推动自身发展。这是一种哲学的内在,哲学就是在追求这种内在性而发展的。当然科学与哲学是具有共通性的,这种理性发展到一定程度就是本质主义方法论。哲学的本质主义支撑了整个甚至全部科学的发展逻辑。这是科技文化的逻辑基础所在。这种逻辑,面对的是客观世界本身,是面向自然而进行思考的逻辑。内在性的理路通过外在化的世界得以表现。无论中国还是西方在"理"的思考上都体现了内在化思维的外向化发展。只是西方的"理"通过"理性"的方式展示了自我的强大,形成显现的科技文化来改变世界。

(二)"礼":人与人关系构架

"礼"承载着中国古代人文文化丰富的内涵。"礼"泛指中国古代的宗法等级制度以及与此相应的礼节仪式和道德规范。②《左传》中对"礼"有所论述,"礼,经国家,定社稷,序民人,利后嗣者也"(《左传·隐公十一年》),这里阐明了何为"礼",也就是可使国家长久,使社稷安定,让人们尊卑有别,上下有序,对后代有益处的就是"礼"。可见"礼"具有深厚的理论基础,它不仅融合了哲学和伦理,而且寓意深刻。此外,它有着方方面面的制度设计,将源远流长的宗教、习俗等融为一体,最后形成令后人称赞的壮观的文化结晶。"礼是在社会和国家中安排和组织人的行为与努力的原则,在这种意义中的礼就

---

① 葛兆光:《中国思想史》第一卷,复旦大学出版社2005年版,第142页。
② 冯契:《哲学大辞典》上卷,上海辞书出版社2001年版,第800页。

是理性创造和人主要保存的美德。"①

"礼"的起源应该晚于技术,"礼"是人类从对宇宙和人生之困惑和探索开始的,是人类思维的产物,也是思想的开端。思想史开始的标志就是少量的社会精英垄断了这些思维和话语权。这样一些最能干的人把思想转化为知识和技术,并将之运用于社会现实,"如祈雨、禳灾、治病、避祸及沟通人与鬼……"②技术是社会发展的动力,而"礼"决定社会发展的秩序。秩序的观念在中国古代有着明显的历史发展轨迹。某种程度上可以说中国古代思想的发源就来自于人们对"天"的思考和想象,也就是说,关于"天"的神秘思考和感觉,是古代中国人推理的基础和依据。③ 在这点上,成中英先生的论述更直接,因为人与天紧密相连,人们便知道要通过修养身心来实现德和善。人的秩序建在自然秩序之上,因而当人们关注实际问题之时,就开始发展礼,将其视为是发展人和维持社会福祉最根本的价值。④

葛兆光认为:"秩序首先表现为一套仪式";宇宙的秩序体现于'礼'的仪式中,宇宙秩序不过就是人们对天地的思考和想象,⑤而基于此发展出来的关于礼的仪式,也是人们对这种秩序的敬畏和回应。中国古代的"礼"渊源古老,可触摸的最早秩序化来自商朝的甲骨文。"阴商时代已经具有了相当完整的空间秩序观念。"而甲骨文的卜辞中表现了祖灵崇拜及其王权结合产生观念的秩序化。⑥ 其基本定型是在周代。周代时期的"礼"已经蕴含了丰富的文化信息;而在春秋时期,"礼"便蕴含着实现自然和人伦秩序的完美合一,它包含有丰富的社会生活内容,甚至早期的宗教信仰也被它囊括其中。孔子为维护和改造"周礼"提出"仁"—"礼"统一的模式,认为"仁"是"礼"的心理基

① 李翔海、邓克武编:《成中英文集》一卷,湖北人民出版社 2006 年版,第 8 页。
② 葛兆光:《中国思想史》第一卷,复旦大学出版社 2005 年版,第 142 页。
③ 葛兆光:《中国思想史》第一卷,复旦大学出版社 2005 年版,第 19 页。
④ 李翔海、邓克武编:《成中英文集》一卷,湖北人民出版社 2006 年版,第 6 页。
⑤ 葛兆光:《中国思想史》第一卷,复旦大学出版社 2005 年版,第 54 页。
⑥ 葛兆光:《中国思想史》第一卷,复旦大学出版社 2005 年版,第 23 页。

础。"人而不仁,如礼何"(《论语·八佾》),"克己复礼为仁"(《颜渊》),荀子
是封建礼制的理论奠基者,在关于"礼"的理论方面有很多建树。"礼者,人道
之极也"(《荀子·礼论》),将礼看作人的最高道德准则。认为礼使"贵贱有
等,长幼有差,贫富轻重皆有称者也"(《荀子·礼论》)。管仲认为,礼、义、廉、
耻是国之四维。"四维不张,国乃灭亡"(《管子·牧民》)。管子曰:"礼者,因
人之情,缘义之理,而为之节文者也"(《管子心术上》)。在管子那里,"礼",
就是那些"条条框框",因为管子仅仅看到了"礼"之"仪"。

以礼序人伦,这是中国古代社会运行的基本所在。也是人文文化得以繁
荣的基础。人文文化在某种程度上可以说就是"礼"的文化,调整的是社会秩
序。用《礼记》中的一句名言来阐述,即是"德辉动于内","礼发诸于外"。辉
动于内的德,也就是我们内心的德行,才是我们言行举止合乎于礼的根本力
量,也是礼之所以合于理的根本原因。礼被视为是发展人和维持社会福祉最
根本的价值。[1]

正义在于天道和人道之间。"为天地立心,为生民请命,为往圣继绝学,
为万世开太平"是理想的人生构建,也是积极的社会理想生活,中国传统文化
的正义观不是通过概念体系进而逻辑推理而形成关系范畴和理论体系,更不
是通过理论预设,分析论证和反思平衡而实现的,而是自然而然的过程和结果
诉求,是现实生存的生态智慧、政治智慧和道德诉求。

三、 马克思的正义观

学界对马克思是否有正义观这一问题有非常激烈的争论。在国外有艾
伦·伍德与胡萨米的争论。艾伦·伍德在 1972 年发表《马克思对正义的批
判》一文,认为马克思没有以正义的标准批判资本主义。而胡萨米在其 1978
年发表的《马克思论分配正义》一文中,认为马克思在《共产党宣言》《资本

---

① 李翔海、邓克武编:《成中英文集》一卷,湖北人民出版社 2006 年版,第 6 页。

论》等著作中描述了资本主义社会中阶级对立和贫困分化,这也是以间接的方式批判了资本主义的不正义。对此,也有学者作了深入的批评:"为了阐释各自'自以为是'的马克思主义正义观,作者都不同程度地放弃了一个理论特质——唯物史观。"①

国内也有争论,其中段忠桥与林进平的争论最突出。林进平在 2017 年发表的一篇文章的摘要中非常直接并简洁地指出:"段忠桥先生认为马克思的正义观与历史唯物主义是互不相干的论断,不论是在立论的文本依据,还是在论证上都难以成立。马克思的正义观充分体现在他依据历史唯物主义对正义所作的剖析与批判之中。马克思对正义的批判与马克思对宗教的批判存在着一致性,透过马克思对宗教的批判,我们能够更好地理解马克思对正义的批判。"②而段忠桥的文章也在摘要中明确反击:"我在 2015 年发表于《哲学研究》的一篇论文中提出,'历史唯物主义与马克思的正义观念在内容上互不涉及、在来源上互不相干、在观点上互不否定'。对此,林进平在……文中一方面批评本文观点'不论是在立论的文本依据,还是在论证上都难以成立',另一方面提出了一种新观点,即马克思之所以批判、拒斥正义,是因为他'把正义视如宗教',认为'正义是人民的鸦片'。本文认为林进平的批评是基于偷换概念;他的新观点是基于主观臆断,因而它们都难以成立。"③两位学者的争论不在于马克思是否有正义观问题,而是正义观是什么的问题,或者从哪个角度看待马克思的正义观。

对这种争论出现的可能原因,有论者将其归纳如下:一方面是由于马克思并没有系统地、清晰地阐明其正义思想,这便给学者们留下了较为广阔地探讨空间,也就难免出现观点不一的情况;另一方面则是因为西方对正义的研究已

---

① 林进平:《论马克思正义观的阐释方式》,《中国人民大学学报》2015 年第 1 期。

② 林进平:《从宗教批判的视角看马克思对正义的批判——兼与段忠桥先生商榷》,《中国人民大学学报》2017 年第 3 期。

③ 段忠桥:《马克思认为"正义是人民的鸦片"吗？——答林进平》,《社会科学战线》2017 年第 11 期。

经较为成熟,因而难免有学者借用西方正义理论的研究视角来剖析马克思主义正义观,这样便有可能偏离马克思主义的本来方向。① 很多问题讨论的焦点在于马克思正义观的阐释方式。

在马克思那里,实际上也没有永恒不变的正义标准。对此,有人就批评马克思是相对主义者。不过,倘若就此问题而把马克思归入相对主义者阵营未免有些操之过急。事实上,马克思仅仅指出了一个事实而已,那就是确实没有固定不变的正义。正义本身是与一定的社会经济关系相适应的,假若把中国古代的一些正义观拿到当代来适用,势必会引起一些笑话。因此,只能就此得出的结论是,正义并没有固定不变的准则,它是"从属于社会经济关系"②的。众所周知,在 19 世纪 40 年代,社会矛盾不断凸显,在这些矛盾中主要有两大矛盾的现象不可忽视:一是财富的巨大创造和贫困的巨大发生两者同步出现,二是人的价值不断贬值与物的价值不断增值同步发生。与马克思同时代的哲学家和思想家也在积极寻求问题的求解和试图回应时代问题,但都没有超越阶级属性,作出令人满意的回答。而马克思和恩格斯站在人类整体历史演进的高度,把资本主义社会作为一种社会历史形态放到人类整体历史演进过程中予以批判性审视,从而回答属于整个人类的时代问题——现代无产阶级和人类的自由解放何以可能? 提出并回答了时代之问。习近平在纪念马克思诞辰 200 周年时的讲话中指出,马克思给人类留下的最有价值的财富就是马克思主义。在这个意义上马克思主义理论本身蕴含正义向度。

关于马克思正义观问题的研究还有非常大的理论探讨空间。但马克思开创的共产主义道路是通向正义的康庄大道。在共产主义社会的描述中,如果正义是一个过程性的寻求,在这之中就会有积极的要素和消极的要素。马克思对正义问题的批判,不是直接的批判,而是通过对资本主义制度批判、对资

---

① 张颖聪、韩璞庚:《从抽象到历史:马克思正义思想的嬗变》,《江汉论坛》2017 年第 5 期。
② 李育书:《从正义理论到关于正义的理论——论马克思对黑格尔正义理论的继承与发展》,《学术论坛》2018 年第 8 期。

本批判,呈现了社会发展的时代方向。尤其是马克思关于资本批判的道路是理解正义问题的钥匙,在技术正义问题上更是如此。

四、 正义的核心要素

关于正义的讨论存在很大的张力,因为正义问题既有超越民族、种族的一般规定性,也有基于不同民族国家的具体性。不同国家和地区对正义的要求、对正义的标准的认识都是可能存在不同的,正义也会随历史与环境而变化。[①]正义的一般规定性有以下四个方面。

第一,正义体现关系构架,正义体现的是一种平衡性的关系。也就是说符合一种关系及由这种关系构成的秩序的行为便是正义。这里所涉及的关系是一种理想性的关系。因而,对于正义的研究应该注重的是用什么样的规则来规范社会关系等问题。虽然人们对正义的理解差异极大,但正义所体现的关系总是一种平衡的关系。万物的平衡、"作为公平的正义"、"道法自然"等,其对正义理解的共同特点都是表现为某种范围、某种意义上的平衡。

第二,正义体现原则遵循,遵循的是一种普遍性的原则。正义尽管在不同民族种族中存在差异,但正义所诉求的基本原则是普遍的,无论是作为公平的正义,还是建立在道德伦理基础上的正义,分配正义、消费正义还是其他任何正义,具体呈现的是个性,个性中蕴含共性,每个具体问题都是个性与共性、特殊性与普遍性的统一。

第三,正义体现精神追求,追求的是一种道义性的精神。正义之"正"与"义"架起正义的核心要义,是道义精神。这在中国传统正义观中能够体现。从对"义"的追求到"义利"之辨,无不体现基于道义的一种诉求。西方正义观也是如此,尽管概念体系构筑了逻辑体系,但没有道义支撑的正义无所谓正义。罗尔斯的正义观差异的原则和机会均等原则已经考虑到了弱者的要素。

---

① [美]约翰·格雷:《自由主义的两张面孔》,顾爱彬、李瑞华译,江苏人民出版社2002年版,第20页。

第四,正义呈现价值推崇,推崇的是一种理想性的价值。正义的提出总蕴含着一个具有不正义的要素的现实。正义问题研究的凸显,恰恰说明社会离正义还有距离。所以正义推崇的一定是理想性的价值。

从正义的这四个核心要素可以看出,正义有实然状态,但正义更多的是应然状态。

第二节 技术正义提出的理论背景

如果说"正义"的形而上学一般性是通过理性的追问而实现的,那么技术正义必然蕴含着理性追问的逻辑,这应当是毫无疑义的。技术正义与一般形而上学的正义有相同之处,也有不同之处。技术正义不同于一般正义在于,技术正义是通过具体事物而呈现的,是个物化过程,也有实践要素。技术正义除了先验逻辑,如康德的正义观以及罗尔斯或科恩所言的无差别的平等条件等,还有经验逻辑,有现实的支配性条件的制约。一般正义早在古希腊就有了理性形式,但技术正义在今天仍然是有待深耕的领域。因为技术正义的提出有其特定的理论背景。

一、 技术的哲学反思

技术在今天是个不能逾越的存在,没有人能够无视技术,人类发展至今,没有技术的支撑是万万不可能有今日发展之成果的。如今我们的生活更是无法离开各种技术,智能手机、电脑、电视、冰箱、空调、互联网、汽车、飞机等科技,缺了任何一样,我们的生活质量都将大打折扣,变得极为不方便。此外,还应认识到,人类即使到了现在仍然没有放弃发展技术的努力,各个国家都在抢占技术高地,为新技术的研发投入了大量的物力和人力。如今,各国都把研发重点聚焦在了人工智能上,因而人工智能取得快速发展,近几年关于人工智能的哲学讨论也变得非常热烈,技术问题的哲学研究由此也日益升温。但放在人类思想史、哲学史的长河中来看,人们关注技术的历史并不长,也不久远。长期以来技术是远离哲学视野的,它在人们通常的认知中更偏向于自然科学。技术远离哲学视野,一方面在于技术本身的特点——自隐性。在卡普看来,技术是人体器官的延伸,这种延伸是将技术纳入人的身体一部分,使人忘记了技术的存在,就如同眼镜成为眼睛的一部分。在简单技术阶段,技术都是这种状态的技术。而随着技术的建制化、规模化和复杂化进程的加速,技术无法达到自隐,技术作为显性的存在,立于世人面前。另一方面在于哲学本质主义的哲学传统。哲学关注的是理性等内在性的事物,对于技术这种外化性的事物缺乏关注的传统。1877 年德国学者恩斯特·卡普的《技术哲学纲要》面世,标志技术哲学作为一个哲学学科而存在。荷兰技术哲学家 E.舒尔曼(Egbert Schuurman)曾指出,当考察技术哲学起源时,必须考察它原初所面临的严重困难。可以说,一般哲学没有给技术哲学留下一席之地。①

今天则完全不同,对技术的研究不仅仅是哲学学科的内容,包括法学、伦理学等相关人文学科都开始关注技术,对技术的研究呈现多学科态势。随着技术哲学的发展,人们对技术的认识是不断深化的,尽管技术中立论的观点不断被超越,但技术被当作人的目的性的工具至今仍然有很大市场。正如雅斯贝尔斯所指出的,技术本无善恶②,但是它会因为使用它的人而具有善恶,比如机器的资本主义运用,就使得机器有了剥削工人的性质。前文分析过海德格尔的技术思想,作为座架和解蔽的现代技术形式不仅是手段,而且是一种展现方式。③ 符合论的真理观不符合现代技术形式,现代技术绝不仅仅是工具,

---

① [荷兰]E.舒尔曼:《科技时代与人类未来——在哲学深层的挑战》,李小兵等译,东方出版社 1995 年版,第 7 页。

② [德]卡尔·雅斯贝斯:《历史的起源与目标》,魏楚雄、俞新天译,华夏出版社 1989 年版,第 142 页。

③ [德]马丁·海德格尔:《演讲与论文集》,孙周兴译,生活·读书·新知三联书店 2005 年版,第 7 页。

作为座架的技术是人的生存方式,也是人的命运。

　　但毕竟技术哲学还没有完成成熟的范式,需要对很多概念、范畴和相关问题进行进一步的探究。技术正义就是其中重要的方面。亟须作概念内涵和体系性建构研究。在这个领域之中,学者们还有许多工作要做,这是一个重要但并不容易把握的领域。

二、 政治哲学的发展

　　当代哲学呈现两个转向:"一是哲学的政治转向,政治哲学成为显学;二是哲学的技术转向,技术哲学成为热点。"①不管哲学政治转向还是技术转向说法是否成立,实际上政治学和技术哲学发展各自均有成熟的轨迹,技术哲学和政治学成为重要显学的确是"技术正义"问题成为重要关注对象的一大原因。从政治学角度来看,技术和正义不是外在性的相遇,而是内在化的嵌套。

　　政治哲学成为显学并持续得以繁荣发展,随之而来的就是正义理论具有了较大的理论探讨空间。政治哲学的研究在于抽象的事物,包括关于正义、自由等的研究,而这些都是政治生活的深层本质所在。② 正当性(justification)是"正义"理论的首要问题,也是政治学或者政治哲学追求的价值所在,因为政治哲学就是关于政治制度安排的正当性的研究。③

　　政治哲学在我国的发展同样有一个不断升温的过程。王岩教授在其2009 年出版的著作《西方政治哲学史》的后记中提及:"自拙著《西方政治哲学导论》于1997 年出版以来,迄今已有12 年了……对于当代中国哲学界而言,这12 年却是振奋人心与不可或缺的:政治哲学由无人问津的冷门学科拔

---

　　① 曹玉涛:《技术正义:技术时代的社会正义》,《浙江日报》2012 年 12 月 31 日。
　　② 王岩:《西方政治哲学史》,世界知识出版社 2009 年版,前言第 14 页。
　　③ 赵汀阳:《哲学的政治学转向》,《吉林大学社会科学学报》2006 年第 2 期。

高到众星捧月的'显学'位置。"①这一阐述可以说形象地描述了政治哲学在我国发展的状态,展现了政治哲学的升温过程。迄今政治哲学在中国发展的20多年,也是技术哲学不断被关注的20多年。技术正义问题虽然并不是政治哲学的核心问题,但由于政治哲学的发展,使技术正义问题成为学科拓展的一种必然,国内学者也有从政治学角度探讨技术正义问题。当然,即使从其他角度关注和研究技术正义问题,也不能无视政治哲学的视角。

第三节　技术正义提出的现实背景

随着技术化生存时代的到来,技术对人们的生产、生活、认知方式等发生着深刻影响。技术的正义性诉求不再只是技术伦理学、技术经济学、技术政治学、技术哲学等层面的学理探究,更规约着现实的具体的人在技术生活(日常生活)维度的应然导向。质言之,在新时代我国社会主要矛盾转化的背景下,技术正义为化解新时代我国技术发展难题作出了更高的价值研判,为推动中国特色社会主义建设树立了更高的价值规范,为共筑人们的美好生活确立了更高的价值旨归。

技术正义是人们对技术与人、技术与自然关系的一种价值诉求:一方面要求诉诸技术以"人性"发展,实现技术之于人的合理关切;另一方面要求技术发展须遵循自然律令,促进人与自然的和谐持久。对技术正义问题的关照具有时代性与历史性,特别是近代以来技术发展伴随着资本市场的扩张在其现实性中冲突不断,技术正义问题就愈显紧迫了。可以从三个向度把握技术正义问题的时代凸显:技术对生存的规约是其时代前提;技术与风险的共生是其现实困境;技术同资本的谋和是其历史溯因。

---

① 王岩:《西方政治哲学史》,世界知识出版社 2009 年版,第 420 页。

一、 技术对生存的规约

技术哲学界普遍认同的一种观点是:近代以来,人类的生存方式已经逐渐从自然生存转向了技术生存,"技术生存是人类主要依赖技术和技术物生存"①,技术的存在规约着人的存在,技术越来越成为人类存在的决定性要素。然而,作为人的本质力量的对象化,技术一方面使人类能动地摆脱了自然界的物性束缚,实现了自身多元维度的生存需求,另一方面也在满足人类更高欲求的同时深化了人类对技术的崇拜与迷思,导致人类生存场域的人性缺失。这种担忧在海德格尔看来,是作为技术本质的"集置"对人类命运的一种"促逼"。这种促逼使包括自然界在内的所有现存事物被迫作为技术系统中的持存物存在,更为严重的是,这种持存物与人对立,人类被迫被"摆置",由此失去了自身的"主体性"地位。

技术化生存时代,人对技术的依赖达到空前,与此同时,人与技术的矛盾、技术与自然的矛盾同样以不可调和的方式涌现在人类世界,技术走向了正义的背面。特别是随着技术在人类生存场域的纵深发展,技术的不合理性、非正义性伴随着技术负效应的显现不断被彰显,这似乎也预示着一次次脱离人类发展预期的技术开始在更高层次、更深领域、更大范围上深化并加剧着人类新的生存危机与现实困境。人类与技术的交织、技术与自然的纠缠使人类命运和自然命运刻上了技术的烙印并不断受制于技术的宰制。

二、 技术与风险的共生

从风险视角探寻技术发展脉迹,更易揭示人类生存的现实困境,凸显技术正义问题的时代紧迫性。自德国社会学家乌尔里希·贝克(Ulrich Beck)提出"风险社会"理念后,"风险"一词逐渐成为标志现代性的核心范畴之一,并由

---

① 林德宏:《从自然生存到技术生存》,《科学技术与辩证法》2001年第4期。

此发展出诸多领域的风险理论。尽管当前学界对"风险"概念的解释不一,但基本承认其具备以下两方面特点:一是风险指涉事物生成的负面效应;二是该负面效应具有不确定性。从某种意义上来讲,技术的创新与发展历程亦是技术风险不断加深与强化的过程,因为即使是"经过修整的风险本身仍然是风险的生产者,技术水平的升级不仅不会消除风险,反而会带来风险水平的相应升级"①。另外,风险社会很大一部分是由技术风险构成的,特别是在第一、第二次科技革命实现以后,伴随着经济的巨大飞跃,一次比一次更为沉重的风险性事故接踵而至。可以说,截至目前,技术引发的风险危机涉及了人类生产、生活的方方面面,并且"技术风险的发生机制开始逐渐从宏观转向微观,由显性转向隐形"②。

技术自产生之初就伴随着风险的生成,但技术的风险性关涉人的生存性却始于近代资本市场形成以后。后现象学家唐·伊德(Don Ihde)认为,技术的"具身现象"是技术与人的关系中最基本的形式,人类发明技术的初衷是通过扩展与强化人的身体机能实现对自然的改造以满足人类的生存需要。正是在这一过程中,技术不断渗透于人类的日常生活并逐渐规约着人类的生存方式。更有甚者,在以马尔库塞、哈贝马斯等为代表的激进的法兰克福学派成员看来,技术已然成为一种政治向度的意识形态,与作为经济生产力的技术一起实现了对人类的物质生活与精神生活的全面统摄。

事实上,技术风险的生成过程蕴含着技术自身的非正义性。技术风险是技术超越自身发展与应用限域的结果,而技术发展遵循求利原则,人的利欲无休止,技术发展就绝不会止步,技术就是以功利为目的的存在物,追求产品化并朝向市场。于是技术为求最大利益不断突破自身限域以获发展,进而催生

---

① N.Stehr & R.Ericson ed., *The Culture and Power of Knowledge*, Berlin: Walter de Gruyter & Co., 1992, p.220.

② 欧庭高、功红新:《现代技术风险的特质》,《武汉理工大学学报》(社会科学版)2014年第4期。

了更为严重的风险。概言之,技术风险是技术求利的必然结果,在技术风险的生成过程中进行着技术的正义性与非正义性间的博弈。

三、 技术同资本的谋和

技术的正义性诉求随着资本降世变得越发强烈,技术与资本仿佛被"拉刻西斯之线"①紧紧捆绑在了一起。事实上,技术与资本不断谋和,特别是在工业革命以后,资本逻辑逐渐成为技术发展的基本遵循,技术求利的天性在资本逻辑中获得最大化释放。

然而,这种释放在某种程度上也使技术求利的正义性因此失落。按照当前学界的普遍观点,资本对社会发展既有积极性也有消极性,尽管技术依循资本逻辑为现世创造了无与伦比的物质财富,但在资本主义的生产关系中,资本将劳动者作为增殖道具,以剥削为生,以掠夺为乐,它依然是恶之化身,它的每个毛孔都滴着血和肮脏的东西。由此,在资本逻辑的支配下,联结技术与资本的纽带不再是平等与合作,技术沦为资本增殖的附庸,技术的非正义性在资本的挟持下不断显现,人们对技术正义的诉求也随之呼之欲出。技术与资本合谋之后,技术就不可能具有中立性立场,它实际上已经受到资本控制,只能够作为增殖资本的工具,为了使资本增殖,它将无视对生态环境、对人本身的破坏。反过来,技术通过无节制的、非正义的掠夺自然和人本身而促使资本进一步增长、聚合,这些增大的资本又能够再次运用于科技研发,创造更加高效的技术,从而加大对自然和人的掠夺,由此,在技术和资本的合谋之下,技术最终走上了非正义这条不归路。所以,人们非常希望能够找到打破资本和技术合谋的方法,让技术摆脱资本的控制,让技术回归正义之途,真正为人类的发展服务。在这个问题上,马克思对资本主义中机器的应用的分析具有重要参考价值,这也是学者们所重点关注和研究的。

---

① 拉刻西斯(Lachesis),也译作拉克西丝,希腊神话众神之一,决定生命之线的长度。

第四章 技术正义的内涵：内核正义与外核正义

关于技术正义的研究，目前学界有多种分析路径。有人从技术政治学角度进行分析，这一维度的研究者也许是受莫顿科学四原则中无私利性和公有性原则的影响，认为技术是科学的应用，也应具有科学品格，以此来规约技术正义。但科学与技术完全是不同的事物，技术本性是求利的，技术政治学的路径似乎不适合技术与正义关系问题的研究。事实上，技术与正义的关系问题应属于政治经济学范畴，不能逾越资本和资本的逻辑，倘若不将技术与正义的问题放在资本和资本逻辑之下探讨和研究，则很可能脱离当前技术研究的时代背景，脱离鲜活的社会现实。

第一节 技术正义的核心要素

按照前文而言，正义体现四个核心要素：第一，正义体现的是一种平衡性的关系；第二，正义遵循的是一种普遍性的原则；第三，正义追求的是一种道义性的精神；第四，正义推崇的是一种理想性的价值。特殊性之中蕴含一般性，技术正义自然具有以上四个方面的核心要素，但技术正义有其特殊性。

一、 技术正义的两个考察向度

关于技术正义的研究滞后于技术的发展，对技术正义的理解学界并不一致，仍有很大讨论空间。可以说，技术正义蕴含一般正义的要素，但技术正义因技术的特殊性而具有不同于一般正义的特征。技术正义有多种分析视角，借助马克思对资本主义私有制的批判逻辑的语境或者说是对资本逻辑的批判语境进行研究，对技术正义是积极的建构。赵汀阳在为哈佛大学教授迈克尔·桑德尔《反对完美》一书撰写的导论中指出：金钱的神性体现在它是不自然的、超现实的，它意指着一切可能性。与此相类似，技术否定着自然所给定的秩序，它甚至可以根据人们的需求而"'万能地'改变自然之所是（the nature as it is），把自然变成它所不是的样子（what it is not）"①。同时他认为，在一个不公平的社会中，强势群体将是科技进步的直接受益者，而弱势群体则无法得到这样的收益，因而技术进步会扩大"强势群体和弱势群体的差距"②。因为这会带来社会的不公平，从而导致非正义。可以看出，正义既是代表永恒性、普遍性的伦理观念，更是具有历史性、辩证性的哲学范畴，当然也是非常现实的社会范畴。

基于此，技术正义有两个考察向度：一是技术与正义；二是技术正义。这是因为，技术正义与政治正义关于正义的研究是不同的。政治正义本身蕴含了正义之于政治的合理性规定，两者天然地内在契合。但一般认为，作为"器物"样态的技术与作为价值形态的正义归属于两个不同的维度领域。在马克思主义语境中，对技术正义的理解范式应该有两种认知路径：一是技术与正义，即技术作为生产和生活要素的应用性正义，这是技术的"外核正义"；二是

---

① ［美］迈克尔·桑德尔：《反对完美——科技与人性的正义之战》，黄慧慧译，中信出版社2013年版，第10页。

② ［美］迈克尔·桑德尔：《反对完美——科技与人性的正义之战》，黄慧慧译，中信出版社2013年版，第17页。

技术正义,即正义作为技术的内在价值与本质规定,这是技术的"内核正义"。

二、 技术正义的圈层结构

既然技术正义的研究是一个新问题,如何理解技术正义就存在挑战,需要分析技术正义的结构,技术内核正义与外核正义不是割裂的,技术正义结构是一个圈层结构。通过"技术正义"和"技术与正义"两个方面,形成了圈层构建,技术正义是内核部分,可称为"内核正义";技术与正义是外围部分,可称为"外核正义"。

这个圈层结构模型,形成了技术正义的解释和分层结构,对于具体技术正义问题有了反身性的解释工具。技术内核正义具有正义的一般要素,规定着技术何以可能的问题。技术与正义,作为外核正义,关涉着具体技术正义问题,蕴含着技术以何可能的问题。

对于技术正义而言,探究当代中国技术正义的核心范畴既是时代使然,更是民族发展的迫切诉求。我们既要致力于技术的"外核正义",更要力求实现技术的"内核正义"。马克思设想的共产主义阶段人的根本解放,必须建立在高度发达的物质生产力和高度文明的思想道德基础之上。因此,本质上,技术的"内核正义"是技术"外核正义"的最终归旨。也即是说,技术的"外核正义"与技术的"内核正义"是技术正义的两个不同层次,技术的"外核正义"指向技术在不同历史阶段发展与应用的正义性诉求,而技术的"内核正义"指向技术正义的最高境界,它规制了技术的"外核正义"在不同阶段的呈现样态并且只有通过技术"外核正义"的不断实现与辩证发展才能得到最终彰显。

当代中国的技术正义问题虽然在马克思主义正义理论的指导下朝着积极的方向发展,但仍无法完全避免市场经济推动下资本逻辑的渗透与挑战。由于当前仍处于并将长期处于社会主义初级阶段,社会发展不仅无法脱离资本的发展逻辑,相反地,还要借助资本优势快速发展生产力。因此,现阶段问题的关键在于,如何能够在充分发挥资本就激活技术创造财富作用的基础上,避免因为资本的过度膨胀导致技术发展发生偏离甚至异化，并最终致使技术的"内核正义"失落。为此，必须在坚定马克思主义基本立场的前提下、在充分吸收中外技术正义先进文化的条件下，在立足本国现实境遇的基础上，不断构建当代中国技术正义思想新样态。

第二节　技术正义核心要素的辩证关系

技术正义的相关要素中共有六对关系范畴需要探讨，这六对关系分别是公平与效率、创新与安全、人类与自然、权利与责任、专利与共享、工具与价值。在此基础上，不断探求当代中国技术正义思想的合理性样态，进而为化解新时代我国技术发展难题、共筑人们的美好生活，确立更高的价值旨归。

一　公平与效率的博弈权衡

寻求公平与效率的协同发展是实现当代中国技术正义理想的现实诉求。效率原则是技术发展遵循的首要原则，在经济时代，科学技术作为第一生产力，技术的效率性被无限放大，从某种意义上讲，人们对技术创新性的孜孜以求本质上预设了对技术效率性的探索。而在现实性上，公平原则体现了正义原则最低的价值向度，它在更多情况下指涉社会对技术效益成果的正义性分配。随着技术效率性的提升，技术的公平性问题不断凸显。新时代，如何在学理上正确评判、在实践上科学处理公平与效率的关系问题成为推动社会长久发展、实现人民美好生活的重要课题。

公平与效率是历史性范畴，在不同的历史阶段和时代条件下，人们对公平与效率及二者的关系问题往往呈现出不同的界定方式、认知取向与评判标准。沿着改革开放的历史流脉，我国领导人在处理公平与效率的关系问题上，渐进式地提出了三种不同的关系理念：从邓小平提出"先富与后富"到党的十四届三中全会提出"兼顾效率与公平"的"效率优先论"，再到党的十七大提出"初次分配和再分配都要处理好效率和公平的关系,再分配更加注重公平"的"强化公平论",最后到党的十九大习近平提出"让改革发展成果更多更公平地惠及全体人民,朝着实现全体人民共同富裕不断迈进"的"突显公平论"。不难发现,公平问题在国家领导人心中的分量越来越重,事实上,对公平问题的关注也是对彰显社会主义之本质的积极响应与回归。

在这里,绝对不能顾此失彼地认为,对公平问题的凸显就是对效率问题的轻视,注重效率就意味着忽视公平。习近平指出,要"加快建设现代化经济体系,努力实现更高质量、更有效率、更加公平、更可持续的发展"①。效率是根本,公平是保证。不讲求效率的公平是倒退的"平均主义",不讲求公平的效率必然加剧社会的两极分化。因而,只有在更具效率的维度上促进公平,在更具公平的维度上谋求效率,在新的更高的历史与实践维度上实现公平与效率的动态平衡,才能真正体现新时代中国技术正义的核心要义与价值旨归,才能真正推动中国特色社会主义事业的发展。

二、 创新与安全的携手联动

在技术创新体系总环节中融入对技术安全性的考量是使技术彰显"人道主义"正义性的必然抉择。创新是民族之魂,是引领国家发展的核心动力,一个缺乏创新的民族,是很难应对多变的世界格局,很难解决多重复杂的问题的。技术创新能够实现国家对经济效益的核心诉求,因而位于整个创新体系的首要位置。经济学家多西认为,技术创新最基本的特质是"不确定性"。随着技术时代的纵深发展,技术创新的不确定性制造了诸多风险性事故,由此也引发了人们对技术安全性的关注。技术安全要求人们在研发与运用技术的过程中不造成对自身的伤害,达到人—技和谐共存的实然状态。然而,创新与风险是技术不确定性的一体两面,理论上,创新技术必然也创新着技术的新的风

---

① 《习近平谈治国理政》第三卷,外文出版社 2020 年版,第 186 页。

险形式。因此,技术创新与技术安全成为人们在探究技术发展过程中相生相伴、不可分离的命题。

"重技术创新,轻技术安全"一直是人们在技术研发与应用过程中"不言自明"的潜在性认知结构。这种认知形成的主要原因有二:其一,由于利益回报机制,创新成为人们主动追求的事物,安全则成为创新背后技术的副产品。人们把更多的经济成本掷于技术创新环节以求高效益回报,而对技术安全性的投入程度却仅仅是为了保证技术创新的结果不至于被安全性事故毁坏。因此,对于技术安全的投入,总是被认为是投资大,却没有回报的。其二,由于人的思维的逻辑先在性,技术的安全事故必然发生于创新技术之后。由此,技术的安全性被理所当然地归置于次要位置。因而是常常等出现了一定事故之后,方才更加重视技术安全问题。

技术创新不能止步,技术安全更须重视。正所谓"安"居方能乐业,技术安全关系到每个普通百姓的幸福生活。习近平也多次强调,新时代党和国家要不断增强人民群众的获得感、幸福感与安全感。按照马斯洛需求理论,人的安全性需求仅仅是较为低级的需求层次,但在技术化生存的"和平时代",技术安全却又再次成为亟待考量并需根本解决的现实性问题。当然,只有在技术创新体系中逐步构建技术安全机制,才可能实现人类价值与技术价值和谐统一的美好境界。

三、 人类与自然的和谐共生

技术的天平一端承载着人类利求,一端承载着自然重负,技术对任一方的偏颇,都将造成另一方的伤害,因而必须要让技术"不偏不倚"地维持两者的平衡,实现两者的和谐共生。马克思认为,在人—自然的关系中,自然具有本体性地位,人首先是作为自然存在物存在于世,"连同我们的肉、血和头脑都是属于自然界和存在于自然之中的"[1],自然的存在是人类存在的前提。然

---

[1] 《马克思恩格斯文集》第9卷,人民出版社2009年版,第560页。

而,随着技术资本化的发展与应用,技术异化现象丛生,人逐渐从自然的存在物变成自然的对立物,掠夺和破坏自然变得愈发厉害,生态危机越发凸显,然而当人类过分地陶醉于每一次对自然的胜利时,也终如恩格斯所预言,受到了自然的疯狂报复。事实上,人来自自然,自然是人生存和生活的基础,这种基础如果遭到毁灭性的破坏,那么人也将不复存在。这种再浅显不过的道理,却总是受到人们的忽视。人与自然和谐相处,才是人类发展的正途。

工业革命之后,技术的无限度发展与自我膨胀分裂了人与自然的关系,二者开始从和谐走向分离。技术原初作为工具性存在的质的规定,在技术理性的支配下"变质",以近乎疯狂、残虐的方式不断掠夺自然、征服自然,最终造成自然秩序的失衡,生态危机的恶化。然而,人类在这场"暴动"中获得短暂欢愉之后,却失身于技术,失身于自然——人类陷入了前所未有的全球性自然危机之中。人类终于意识到,过去在面对自然时的所有骄横与理所当然,不过只是劣童般的无理取闹。人类从无可能因为高新技术的发展而凌驾于自然、超越于自然,恰恰相反,唯有推动技术更好地顺应自然逻辑、尊重自然规律,人类才有实现更高层次、更加幸福的生存样态的可能。

因而,必须要通过重塑技术发展理念不断建构人与自然的新型关系,使人与自然在短暂分离后能够回归和谐与统一。习近平生态文明思想强调绿色发展,所谓"绿色发展",就是在坚持"尊重自然、顺应自然、保护自然"的原则下实现永续发展。绿色发展把保护环境、节约资源视为发展的内在机制和基本诉求,"就其要义来讲,是要解决好人与自然和谐共生问题"①。绿色发展理念赋予技术以人性化发展、生态化发展,不仅为实现中华民族的持久发展提供了根本保障,也为解决全球性的自然危机贡献了中国方案。

四、 权利与责任的明晰规范

明晰权利与责任的法制规范体现了当代中国技术正义的制度逻辑。当

---

① 《习近平关于社会主义生态文明建设论述摘编》,中央文献出版社 2017 年版,第 32 页。

前,人们关于权利与责任的释义纷繁多样,不同释义又产生了对两者关系截然不同的辩理路径。从最宽泛的法学意义上讲,权利代表主体正当利益的获取,责任代表主体利益的支出,它们具有相同的目标指向,即维护每个合法公民的正当合法性利益。1871 年,马克思在《国际工人协会共同章程》中提出了著名命题:"没有无义务的权利,也没有无权利的义务。"①权利与责任之间最重要、最一般的关系就在于两者的完全对等性,即公民享有多大权利就须承担同等责任。需要特别说明的是,在技术法权领域,由于技术主体借助技术手段实现了对自然的谋利,因此技术主体的责任对象不仅包括现实的人,也包含现实的自然界。

权责对等是评判技术主体正义性的重要尺度,但现实结果却常常与理想背道而驰。特别是在技术安全性事故频发、生态危机、环境污染现象凸显的当下,责任主体的认定问题就愈显重要。"权责对等难题"产生的主要原因如下:其一,责任主体的逃避。在法制建设不健全、思想道德观念缺失的条件下,技术主体往往只强调权利享有,而逃避责任承担。其二,责任主体认定不清。在技术化生存时代里,技术主体参与技术研发与应用形式的多样性、多元性,参与人数的不确定性,技术自身的复杂性,风险事故产生的不可预测性、滞后性、隐蔽性等,加之种种情况的排列组合效应都将大幅提升国家对责任主体认定的困难等级。

从根本上来讲,化解"权责对等难题"要依靠完善的法制体系建设。习近平强调,"我们要完善立法规划,突出立法重点,坚持立改废并举,提高立法科学化、民主化水平,提高法律的针对性、及时性、系统性……"②技术的发展要受到法制的规约,法制的建设要追上技术的发展速率。新时代,面对复杂多变的技术发展环境,必须要坚定法制建设的信心,用制度建设之"稳"积极应对技术发展之"进",让制度的权威性成为维护技术正义最厚重的底色。

---

① 《马克思恩格斯全集》第 16 卷,人民出版社 1964 年版,第 16 页。
② 《习近平关于全面依法治国论述摘编》,中央文献出版社 2015 年版,第 43—44 页。

五、 专利与共享的对立统一

处理好专利与共享之间的对立统一关系是彰显当代中国技术正义思想的应有之义。技术专利是技术的专有权利与利益,它体现了技术发明创造者依法拥有受保护的独享权益。技术专利的私有性激发了技术主体的创造性与能动性,促发了技术创新活力的涌流。但与此相对,法律对技术专利的过强保护,又极易导致技术壁垒与垄断的形成、阻碍新技术的创生,技术的公益性也会因此受挫。

在当代视域下,技术专利体现了前共产主义阶段技术的合法性与正义性。但当前仍须注意两点:一是完善专利体制缺漏。《中华人民共和国宪法》第13条明确规定"公民的合法的私有财产不受侵犯。"①技术专利作为一项法律制度,体现了国家对作为劳动成果的技术的保护与尊重。目前国民的产权意识虽有加强,但技术抄袭、剽窃现象仍屡见不鲜,影视盗版现象还未绝迹,这些都在一定程度上破坏了我国的原创生态环境。因此必须要用法制强权严防"借'走捷径'之名,行'谋私利'之实"现象的发生。二是警惕技术专利走向技术霸权。专利制度一旦被用于强权,技术专利的正义性便会失色。正如当前资本主义世界制定的一系列不平等贸易版权公约,本质目的是想借助本国的技术优势与政治强权规避国际间的公平竞争,从而巩固本国跨国公司的全球垄断地位。

可喜的是,专利共享逐渐成为时代新风尚。专利共享是技术专利走向技术共享的中间过渡,它预示了技术正义从现阶段的实然样态通往高阶段的应然诉求的必然转向。专利共享使专利所有者在平等与合作的基础上,通过专

---

① 《中华人民共和国宪法》(2018 年修正版)第 13 条,2018 年 3 月 11 日,见 https://duxiaofa.baidu.com/detail? searchType = statute&from = aladdin_28231&originquery = %E4%B8%AD%E5%8D%8E%E4%BA%BA%E6%B0%91%E5%85%B1%E5%92%8C%E5%9B%BD%E5%AE%AA%E6%B3%95&count = 100&cid = febc490f0c5df76f774ce8620f489505_law。

利的交流与共享实现了彼此间的互利与共赢。专利共享避免了侵权争端、消除了技术壁垒、推动了技术的传播速率、加快了技术的创新周期，体现了共享经济下技术正义在现实维度的新常态。

从技术专利走向专利共享到最终实现技术共享是共产主义正义理想在历时态上的必然趋势。习近平将"共享"作为推动新时代中国特色社会主义建设重要的发展理念，恰恰因为它体现了共产主义最高的价值理想，因而坚持"共享"发展理念也必将引领我们迈入真正意义上的"共享时代"。

六、 工具与价值的冲突统合

坚持技术理性中工具性与价值性的辩证统一，是推动技术走向正义的根本遵循。工具理性与价值理性是社会学家马克斯·韦伯（Max Weber）提出的人的"合理性"范畴。工具理性体现了技术以"客体"为中心的合功利性，是技术实现客体目标的最高有效性。价值理性体现了技术以"主体"为中心的合意义性，是技术对实现主体价值的终极关怀。过去很长一段时间，工具理性与价值理性之间的断裂不断深化着技术的悖论发展，特别是近代以来，技术的急功逐利导致种种负效应突显。人类在自然、社会、生存等不同维度陷入前所未有的困顿，这不得不促逼人们对技术进行"人性"拷问。

然而，"厚此薄彼"的认知取向是当前人类在对待技术理性时的"二次舛讹"。所谓成也"工具理性"，败也"工具理性"。近代工具理性的持续膨胀相继催生了技术乐观主义与技术悲观主义两种截然对立的技术派别，前者沉浸于技术胜利的欣喜不能自已，后者颓丧于技术危机的悲痛欲罢不能。随着人类生存危机的加深，人们寻求价值理性以遏制工具理性恶性膨胀的愿望愈发强烈，价值理性似乎成为拯救人类生存的最后一根稻草。一时间，"推崇价值理性的回归，鞭笞工具理性的彰显"又成为学界新潮流。实事求是地看待，人们不同时期对待技术理性的两种情感倾向具有历史合理性，但这种"捧一贬一，泾渭分明"的决绝态度只会让人类陷入两者博弈的新的困境之中。

　　必须清醒地认识到,工具理性与价值理性不是完全敌对性的存在,它们辩证统一于技术理性之中,是技术理性不可分割的整体。从价值向度上看,不能极端地对待技术的两种理性倾向。工具理性"求利""求真",没有工具理性,技术就无可能实现人类的利益诉求。价值理性"求善""求美",没有价值理性,技术就会僭越人性底线,反噬人与自然。从实践向度上看,必须要处理好工具理性与价值理性的辩证统一关系,实现两者在技术发展过程中的和谐共存。过往种种经验教训已验明,工具理性的膨胀必然导致价值理性的式微。反之则亦然。因而,必须要克服技术理性片面化的发展倾向,实现技术理性之于人性价值与工具价值的内在统一。

　　当前中国正处在关键发展时期,技术的持续有序、健康快速的创新与发展将直接决定我国真正从"全面建成小康社会"到"基本实现社会主义现代化"再到最终"把我国建设成为富强民主文明和谐美丽的社会主义现代化强国"的中国梦的实现。因此,必须要走出对待技术的误区,实现技术的合理性、合人性发展。

第五章　关系架构：资本
逻辑与技术正义

无论如何界定技术,都无法逾越两个问题:一是技术是如何产生的? 二是技术的动力机制是什么? 换句话而言,今天技术发展速度之快、作用之大、应用之广、效率之高,其中的原因究竟何在呢? 在笔者看来,技术与资本二者具有同构性,都具资本逻辑。这种同构不是天然形成的,而是在历史发展过程中不断呈现的。技术内在地包含资本逻辑,因此,技术、资本与正义之间就构成了某种错综复杂的关系。

第一节　内在共契:技术本性与资本逻辑

马克思在《资本论》中将资本总公式表述为 G—W—G',其中 G' = G + △G。这一公式体现了资本不断追求剩余价值、不断追求增殖扩张的本质。资本逻辑就是资本寻求增殖的逻辑,毫无疑问,资本的本性是求利的,而且追求利益最大化。

一、　技术与资本的谋和

技术本性与资本逻辑趋同,同样具有求利性。众所周知,利益有广义和狭义之分,狭义的利益单指物质利益。广义的利益实际上是指人生存和发展条件的综合,不仅包括物质利益也包括精神利益。早在甲骨文中就出现了"利"字,"利"是禾与刀的结合,是会意字。中国古代经济以农业为主,禾为主要农作物,从字面上诠释,以刀割禾,意为收获,以此获利。实现"利"一般有两个条件:一是必须以"刀"即工具作基础和条件,而工具必须锋利,引申为利器;二是必须有所收获,借助工具带来需要之物。因此,"利"既有人欲之需,又有获取之径。获取途径需要借助各种方式和方法,其中重要的途径之一就是技术。林德宏教授认为:"人既然是一种动物,其存在就必然要消耗物质资源,就必然要追求效率。人与其他动物的区别在于:只有人能够理性地认识到资源的短缺,并自觉地力求用尽量少的精力与时间获得尽量多、尽量好的物质资源,尽量提高有限物质资源的使用效率。人类的成功在于发现与创造了一种极其高效的手段——技术。"①人类历史的发展与进步就在于找到了技术作为自己谋取生存利益的工具。

技术是人类精神创造的产物,通过物化为生产力从而成为改变世界的物质力量,从这个意义上讲,技术是以最直观的形式展示人的创造性的存在。在一定程度上而言,人类生存与技术发展是因果互为的过程。柏格森认为:"意识是为了制造而制造,还是不知不觉地、甚至无意识地追求另外的东西? 制造就是把形式给予物质,使物质服从,使物质变样,就是把物质变成工具,以便把物质占为己有。正是这种有益于人类的控制,比发明本身的具体结果更有力量。"②在人追求利益过程中对技术发展形成正反馈机制,人的需求、欲望越强,技术发展速度也就越快。这也是当前技术发展速度越来越快、技术应用越来越广,技术作用越来越大的根源所在。因此,推进技术进步是符合人类社会发展需要的。也有学者认为,技术是作为经济生活的侍仆而存在的,"技术常常被发现处于经济力量的支配之中。在这样的情况下,劳动的经济价值逐渐

---

① 林德宏:《物质精神二象性》,南京大学出版社 2008 年版,第 521 页。
② [法]亨利·柏格森:《创造进化论》,姜志辉译,商务印书馆 2004 年版,第 153 页。

贯彻为生产过程的唯一规范,因为这一标准是能提供最大利润的标准"①。通常人们关注技术创新都是与经济发展相联系的,对技术创新的研究也是从经济学角度居多。20世纪初,美籍奥地利经济学家熊彼特(J.A.Schumpter)首次将"创新"视为经济增长的内生变量,认为"创新"就是把生产要素和生产条件的新组合引入生产体系,从而建立一种新的生产函数,其目的是为了获取潜在的利润。现代管理之父彼得·德鲁克(Peter Ferdinand Drucker)认为创新是赋予资源以新的创造财富能力的行为。而美国经济学家迈克尔·波特(Michael E.Porter),把创新纳入国家发展的驱动要素,使用了"创新驱动"这一概念。

二、 技术资本的生成

让-弗朗索瓦·利奥塔(Jean- Francois Lyotard)在《后现代状况》一书中认为:"18世纪末第一次工业革命来临时,人们发现了如下的互逆命题:没有财富就没有技术,但是没有技术也就没有财富……过去正是对财富的欲望大于对知识的欲望,强迫技术改变行为并且获得收益。技术与利润的'有机'结合先于技术与科学的有机结合。"②经济活动中的交换对技术的发展产生不可思议的影响。"被普遍性的趋势贯穿的种族的分化,就是技术本身分化的根源。趋势切实地实现于这种分化之中,也就是说,趋势在分化中通过最优技术形式的选择得以完成。"③与科学相比,技术体现了功利的本性,因为科学往往诉诸理性的追求和逻辑的魅力。"一旦经济主义主宰了技术,利润取得了核心的意义,商品的生产就不再受到消费者的当前需要的支配。相反,需要是为了商业性的原因而通过广告创造出来。技术的产品甚至不经过人们的追求而强加

---

① [荷兰]E.舒尔曼:《科技时代与人类未来——在哲学深层的挑战》,李小兵等译,东方出版社1995年版,第358页。

② [法]让-弗朗索瓦·利奥塔:《后现代状况》,车槿山译,生活·读书·新知三联书店1997年版,第93—94页。

③ [法]贝尔纳·斯蒂格勒:《技术与时间——爱比米修斯的过失》,裴程译,译林出版社2000年版,第60—61页。

于人们。"①技术只有以功利为目的,追求产品化,占领市场,才能不断进步。在这个意义上讲,没有功利的追逐就没有技术,当然,没有技术也就没有社会的进步。

马克思认为,除了人的劳动异化这种形式,人的劳动的交换以及人的产品的交换其实都是类活动、类精神的体现。人的本质是人所处的社会关系,因此,在实现自己的过程中便会进一步创造出这种社会关系。这种社会关系是由于个人的需要和利己主义的出现才跟着出现的,"也就是个人在积极实现其存在时的直接产物"②。在其资本理论中,马克思不断强调资本的商品性与增殖性,有学者总结了马克思资本理论的三重逻辑:其一,资本是一种生产资料需求;其二,资本是一种财富或权利;其三,资本是生产要素与财富的具体结合。③ 这种总结是非常精辟的,揭示了资本的真实本性。

综上所述,完全可以明确地揭示技术与资本之间的内在的共契性,技术本性与资本逻辑是同构的,二者殊途同归于增殖和求利的市场行为之中,在相互支撑与共谋过程中实现共契。

第二节　历史驱动:技术走向资本逻辑的历程

尽管技术与资本在逻辑上具有内在一致性和同构性,但二者并不是天然地结合的,而是有一个历史发展的过程,其中体现了技术的资本化和资本的技术化的内在需求。但技术是如何具有资本逻辑的呢? 这是支撑本文观点的核心所在,必须进行详细论证。技术转为资本形式的前提是,技术首先要成为

---

① [荷兰]E.舒尔曼:《科技时代与人类未来——在哲学深层的挑战》,李小兵等译,东方出版社1995年版,第359页。

② 《马克思恩格斯全集》第42卷,人民出版社1979年版,第24页。

③ 罗福凯:《论技术资本:社会经济的第四种资本》,《山东大学学报(哲学社会科学版)》2014年第1期。

"技术资本"。一般而言,技术要想成为技术资本,一般要经历三个步骤:首先要通过生产劳动成为现实生产力;其次要通过财产权确认其归属;最后要进入流通领域实现价值增殖,尤其是第三步最为关键。因为劳动力、货币资本、劳动对象等只有进入到市场上,经过流通领域,才能真正实现价值增殖。如果这一过程被不可抗力因素阻断,就还有可能引发经济危机。因此,"技术转变为现实生产力的过程,实际是技术生成资本的过程"[1]。技术从马克思而言的"自然的肢体"延伸的工具属性到具有价值增殖意义的资本属性,这个历程体现为三个阶段。

一、 分离阶段: 表现为"技术与资本"形式

在人类文明发展过程中,最重要的一步是原始农业的出现,因为原始农业的出现促使了工具需求的产生。在农耕文明时期,技术的对象是农作物、猎物和水产品等自然之物,技术进步体现在工具的发展方面,技术产品多是被消耗掉的生活必需品,在这个过程中,不断凸显的是工具的功能而淡化了技术产品的形式。在手工劳动中,原始技术同劳动者不可分离。采集、狩猎、农业和手工业劳动都是手工劳动。手工劳动是劳动者的技能,是最原始的技术。[2] 当人们开始越来越关注制造机器来代替人的手工劳动,使人从手工劳动中解放出来的时候,机器便取得了较大发展。这个时期的工具技术体现了对人的依赖。

人类是从游牧文明走向定居文明的,并在农业发展的基础上建立起国家,可以说,农耕技术是人类历史对自然的首次利用与实践。相当长的一段时期,土地是主要的生产生活资料,人类技术的发展着眼于如何在一定的土地上收获更多的农产品,农民根据自身长期对土地耕作的主观体验来经营生产生活

---

① 罗福凯:《论技术资本:社会经济的第四种资本》,《山东大学学报(哲学社会科学版)》2014 年第 1 期。

② 林德宏:《科技哲学十五讲》,北京大学出版社 2004 年版,第 235 页。

资料。在这种情况下,技术更多体现为一种经验知识、意会知识和地方知识,这样的知识是靠主观感受获得和传承的,不可被编码。严格地讲,农耕文明这种自给自足的经济形式是不利于资本增殖的,因为资本增殖的前提是,资本一定要进入流通领域,在这个意义上,资本增殖开始于工场手工业时代,因为工场手工业生产产品的目的是为了进入流通领域而获取利润。由此,在农业社会,技术与资本实际上仍是分离的,拥有生产技术者与土地拥有者不一定同一,这种不同一使技术和资本即使在本性上具有共契性,但因职业分工而造成技术与资本的分离。从另一个角度讲,在这段时期内,人类技术的发展也是比较缓慢的,生产力的发展也是如此。二者体现为外在化的关系,表现形式是"技术与资本"形式。

二、 结合阶段:表现为"技术—资本"形式

由于科技发展推动航海业的进步,新兴的资产阶级通过新航路的开辟打开世界市场,标志科技与商业活动开始结盟,商业贸易开始对技术有了特定的需求,技术不断有效地参与一系列现实问题的解决。从 16 世纪重商主义开始,技术与资本的关系愈发密切,尽管农业仍然占据经济主体地位,但手工业和商业的发展使社会流动性提高,从这个时期起,资本开始分化,土地不再是唯一资本形式,专业分工程度的提高使劳动力开始成为一种新的资本形式,并与机器结合进入生产力发展过程,开始创造剩余价值。近代技术的特点,是机器取代了手工工具。近代机器一般由三部分组成:动力机、传动机和工作机。① 马克思在《机器。自然力和科学的应用》中将协作、分工和机器列为资本主义劳动生产力提高的三个阶段。马克思深入探讨了资本主义应用机器的前提和后果,指出机器的发展是使生产方式和生产关系革命化的因素之一。机器是简单工具的组合,马克思在概括英国工业生产的状况时说:"在机器中

---

① 林德宏:《科技哲学十五讲》,北京大学出版社 2004 年版,第 235—236 页。

从一开始就出现这些工具的组合,这些工具同时由同一个机械来推动,而一个人同时只能推动一个工具,只有技艺特别高超时才能推动两个工具,因为他总共只有两只手两只脚。一台机器同时带动许多工具。例如,一台纺纱机同时带动几百个纱锭;一台粗梳机——几百个梳子;一台织袜机———千多只针;一台锯木机——很多锯条;一台切碎机——几百把刀子等。同样,一台机械织机同时带动许多梭子。这是机器上工具组合的第一种形式。"①

到了产业革命时期,马克思的"作为剩余价值的"资本和劳动力资本开始取代土地资本成为主要的资本形式,与此同时,实现了生产技术与生产资本的结合。近代工业社会,以大机器生产为代表的技术成为了一种可复制、可编码的知识,技术与资本开始合谋,资本借助技术愈加资本化,技术借助资本开始普及化。二者形成一体化的"技术—资本"关系。

三、 交叠阶段: 表现为"技术资本"形式

现代技术,尤其是以信息技术为核心的技术形式,将技术与资本合二为一,形成合谋之势,二者呈现"你中有我,我中有你"的交叠状态。海德格尔对现代技术有深刻论述,海德格尔用"集置"一词来呈现技术本性。"集置意味着那种摆置的聚集者,这种摆置着人,也即促逼着人,使人以订造方式把现实当作持存物来解蔽。集置意味着那种解蔽方式,它在现代技术之本质中起着支配作用,而其本身不是什么技术因素。"②技术是去蔽意义上,而非制造意义上的一种产生,即"将某物从遮蔽状态带入无遮蔽状态"③。在海德格尔看来,集置本身不是什么技术因素,而是现实事物作为持存物而自行解蔽的方式,显示出现代技术的本质。换句话说,技术本质居于集置之中。技术的集置是一

---

① 《马克思恩格斯全集》第47卷,人民出版社1979年版,第451页。
② [德]马丁·海德格尔:《演讲与论文集》,孙周兴译,生活·读书·新知三联书店2005年版,第19页。
③ [德]马丁·海德格尔:《人,诗意地安居:海德格尔语要》,郜元宝译,上海远东出版社1995年版,第124—125页。

切存在者,包括人自身,都无法逃避的基本规律,是命运。海德格尔从存在论原理出发,阐述了他独特的技术思想,揭示了技术通过物质化、效用化、对象化等方式完成了对世界的集置,是人类的必然境遇。

从资本逻辑来看,现代技术把人推向"集置"的过程,是现代技术利润取向的必然。资本蕴含的求利性,它必然要实现资本生产方式的全球化,以扑向任何一个可以赚取高额利润的角落。"一旦资本生成为社会关系的本质,包括技术在内的一切,都必然转化为资本。技术转化为资本,就是技术被'抛入'到资本的社会关系里去,在资本关系的总体性'蒸馏'中,生成为资本'结晶',从而表现为资本的属性。"①因此,进入现代信息社会,技术与资本开始深度结合。一方面,技术日趋资本化。技术创新成果通过进入市场而转化为资本。另一方面科学与技术一体化,因技术创新与科学创新一样需要设备和实验室等方面的投入,这些离不开资本的支撑。资本在技术渗透的过程中见利则现,技术沦为资本获利的工具,资本也支撑技术不断发展,二者深度结合,二元交叠,形成"技术资本"态势。

第三节　合理同构:技术与资本的双重属性

基于以上分析可以看出,技术与资本走向同构与合谋,是由资本的本性决定的,也是由技术本性决定的,是二者历史发展的合力。资本成为一种有效的资源配置方式和技术成为一种集置,这是整个社会发展的一种必然趋势。既然技术与资本具有同构性,这就引出资本逻辑框架下,技术与正义的关系问题。

一、　技术的双重属性

技术与资本在正义问题上有两种表达路径:一种是正义,另一种是非正

---

① 转引自尚东涛:《技术的资本依赖》,《科学技术与辩证法》2007 年第 2 期。

义。两种路径悖论性地共同存在,而且二者是相互博弈的。这种状态也是由技术和资本本身属性决定的,因为技术和资本都具有双重属性和双重品格。技术有两种属性,即自然属性和社会属性;资本同样具有两种属性:既是生产要素又是生产关系。技术和资本的这两种属性对立而又统一。

技术是自然属性与社会属性的统一体,技术的自然属性体现为对自然规律的遵循。技术的物质性本身已经揭示了技术必须依赖天然自然所提供的物质、能量、材料等实现自身,因此,技术的发展必须符合自然规律。"人类所创造的和未来要创造的一切技术都和自然法则相一致。"①技术的社会性体现为对社会规律的遵循,社会规律区别于自然规律的一个特点在于,人的活动对于社会规律具有先在性。如果说自然规律的产生与作用的发挥同人的活动无关,社会规律则相反,社会规律必然存在于人的活动之中,因为社会的主体是人。技术就是兼具自然属性与社会属性的一种特殊存在,这种特殊存在既要遵循自然规律又要遵循社会规律。

二、 资本的双重品格

资本也具有双重品格,资本一方面属于生产要素,另一方面属于生产关系。

在经济学中,生产要素指所有用于生产商品或提供服务的资源。当然,资本作为生产要素出现是经历了不同的时期,而且不同时期有不同的内涵。现代西方经济学一般认为生产要素包括劳动力、资本、土地和企业家才能四个方面。随着科学技术发展和各国知识产权制度的建立和完善,技术及信息也作为相对独立的要素投入生产环节之中,成为生产要素的一员。

资本同时也作为关系要素出现,属于生产关系。对于资本属于生产关系的问题,马克思指出,现实财富倒不如说是表现在已耗费的劳动时间和劳动产

---

① [德]F.拉普:《技术哲学导论》,刘武等译,辽宁科技出版社1986年版,第102页。

品之间惊人的不成比例上。① 资本不是从来就有的,而是随着人类社会的发展而渐渐出现的,它实际上是资本主义社会的特有现象。马克思强调:资本是一种社会生产关系,"这是资产阶级的生产关系,是资产阶级社会的生产关系"②。当然,这种生产关系也是由生产力和技术状况决定的:手推磨这种生产方式产生出封建主社会,而蒸汽磨这种生产方式则产生出工业资本家的社会,因此,随着生产力的发展,人们会改变他们的生产方式,从而"也就改变自己的一切社会关系"③。资本不仅仅是机器、原料、储备等一系列死的东西,它还表现为资本获得的利润,是对增殖的一种渴望。资本是一种由剩余劳动堆叠形成的社会权力,它体现了资本家对工人的剥削关系。马克思指出生产力和社会关系是资本用来进行生产的手段。④

三、 技术与资本的内在共契

技术与资本都具有双重属性和双重品格,这双重属性和双重品格具有博弈性,当然也具有可统一性。资本的逻辑是追求其增殖的逻辑,而技术的逻辑也是追求利益的最大化,这样它就和资本一样具有追求利益的本性,两者就很容易形成共谋。如此,技术将在资本逻辑的推行下更加快速的发展,然而当技术取得空前发展之后,这里有些东西在发生着悄然地改变,那就是技术的这种发展会使得更多的个别劳动被扬弃为社会劳动,使得更多的私人资本转化为社会资本。这样,资本逻辑与技术的合谋就将违背自己的初衷,由逐利转为追求正义。这种悖论式的发展,在马克思关于机器体系的论述中有所体现,在后面章节中将充分论证这种转化的机制何在。技术都有求利性因子,资本构架下技术加速了非正义因素,但每一种技术都体现出不同的情况。

---

① 《马克思恩格斯文集》第 8 卷,人民出版社 2009 年版,第 196 页。
② 《马克思恩格斯文集》第 1 卷,人民出版社 2009 年版,第 724 页。
③ 《马克思恩格斯文集》第 1 卷,人民出版社 2009 年版,第 602 页。
④ 《马克思恩格斯文集》第 8 卷,人民出版社 2009 年版,第 197 页。

下 篇

第六章　数据与正义：数字资本与数字资本主义

信息技术如同电力技术的使用一样,让人类社会进入一个全新的时代,可称之为信息时代或者数字化时代。早在 20 多年前尼葛洛庞帝(Nicholas Ne-groponte)在《数字化生存》一书中就说过:"计算不再只和计算有关,它决定我们的生存。"①以数字信息技术引领的科学技术大变革对全球产生重要影响,改变了生产方式、生活方式、交往方式。如同尼葛洛庞帝所言,计算的确不仅仅只与计算有关,人工智能技术的计算方式,通常称之为算法,可以模拟人的思维,一切都和计算有关。我们的生存就在计算之中,在"人工智能与正义"一章中会全面探讨算法与正义问题,本章关注的是数字劳动、数字资本以及数字与正义问题。

第一节　关于数字资本主义的研究路径

如今,随着世界科技的发展,互联网技术、数字化网络取得高度发展,传统的商业模式、消费模式、市场模式都已经或多或少的被转移到了数字化网络平

---

① ［美］尼葛洛庞帝:《数字化生存》,胡泳译,海南出版社 1996 年版,第 15 页。

台上,现代人的生存生活可以说已经完全沉浸在了数字化网络之中,购物、办公、人际交往、点餐等鲜有离开网络的。这种变化,某种程度上标示了资本主义发展进入了一个新时期,资本主义的发展有了某种新变化,因而对于资本主义的批判需要紧紧跟随这种新变化而加以展开。国外学者抓住了数字化网络这个维度,对资本主义进行批判,力图从这一角度分析资本主义的新变化以及它面临的新挑战。国内在这方面的研究则相对较少,近几年才开始逐渐增多。

一、 数字资本主义的时代背景

随着物联网、大数据、云计算等技术的兴起和广泛使用,全球化进程出现崭新的面貌。尤其是关于"第四次工业革命"的提法,值得关注。第四次工业革命有其特有的标志,那就是互联网、大数据和人工智能。特别是人工智能在当今取得了高度发展,标志着智能化来临。人工智能也受到各个国家的极大重视,被列为重要的竞争科技领域之一,可以说,谁掌握了人工智能,谁就获得了主动权,所以说"人工智能是第四次工业革命的主要推动力量之一"[1]。

当然,"第四次工业革命"也不是一个新概念。最早是国外学者于20世纪60年代提出的,国内学者关注第四次工业革命最早的文章集中在1984年,尤其是钱学森对第四次工业革命的关注的相关文章,即使在今天看来,还有借鉴意义,他预判了知识和智力在未来社会中的重要地位[2],此后学界似乎忘掉了这个概念。在知网检索数据中,直到2010年才有"第四次工业革命"字眼,这是胡鞍钢在总结以往大工业革命之后提出的:第一次工业革命是蒸汽机革命;第二次工业革命是铁路和电力革命,其主要能源是石油和天然气;第三次工业革命是信息革命。在这三次工业革命的基础上,他提出,进入21世纪,

---

① 陈海波:《第四次工业革命智能化来临》,《学习时报》2020年1月10日。
② 钱学森:《评第四次工业革命》,《科学学与科学技术管理》1984年第5期。

"最大的机遇就是绿色能源革命"①。胡鞍钢着眼的"第四次革命"是绿色革命,并没有结合信息技术发展的内涵。

2016年,世界经济论坛创始人兼执行主席克劳斯·施瓦布(Klaus Schwab)的专著《第四次工业革命:转型的力量》由中信出版社出版,通过提出德国工业4.0等提出"第四次工业革命来了"。对于"数字化身份""视觉成为新的交接界面""普适计算""万物互联""数字化家庭""无人驾驶""人工智能""比特币与区块链"等一系列与信息技术发展的新技术形式进行了探讨。至此,很多文章开始用第四次工业革命作为时代背景来思考今天所处的时代。

当然,数字资本主义兴起不仅是基于科学技术的时代背景,而且是一个复杂的综合体。数字资本主义的出现也有其特有的历史、社会背景。除了互联网技术的蓬勃发展之外,人类对于人工智能的发展以及相应的政治意识形态等思维模式的辅助,极大地推动了数字资本主义的发展。并且数字资本主义是以数据和通信等的私有化为其经济底色的,而它的政治体制则是以监视工业复合体为其特点。数字资本主义在经济和政治上的这两个特点,使得它与资本主义意识形态相伴,由此更加助长了"以猜疑、竞争和个体化为特征的控制文化的流行"②。

被数字化笼罩的时代,在斯蒂格勒看来是负人类纪的时代。万维网的成功实现是数字经济网络化得以开启的关键,而它同时也开启了人类纪的新纪元。这是万维网这种基础设施,由于它建立在解释学的数字科技之上,并为非自动化服务,因而它是一种负人类学基础设施。也就是说,只要它负载着人类创造的相关知识和价值,那么它就可能引导人们如何去行动和思考,并且创造新的价值。要知道,这样的价值是能够凭借它的力量打造一个新的时代的,而

---

① 张焱:《中国应成为第四次工业革命的领导者——访清华大学国情研究中心教授胡鞍钢》,《中国经济时报》2011年6月9日。

② 宋建丽:《数字资本主义的"遮蔽"与"解蔽"》,《人民论坛·学术前沿》2019年第18期。

这便是"被我们称之为负人类纪的时代"①。

二、 数字资本主义概念的提出

伴随着经济社会发展,尤其是信息技术发展,20世纪90年代末,美国传播政治经济学者丹·席勒(Dan Schiller)在《数字资本主义:全球市场体系的网络化》一书中提出"数字资本主义"概念,但这个概念在提出之初是含混的,席勒没有对这个概念作细致的解释。后来,他在《数字化衰退:信息技术与经济危机》这一著作中指出,数字资本主义是资本主义的延续,是资本主义的一个最新发展,本质上还是属于资本主义范畴,是一种"信息通信技术密集型产业的资本主义体系"②。

对于数字资本主义本身的探讨席勒着墨并不多,但体现了数字统摄了商品化和商业化的进程:"一些长期无法依照市场经济规律运作的活动现在正在逐步实现商业化",这是因为"资本正迅速打破我们做游戏、受教育及相互规定的许多社会习惯"③。在席勒看来,数字资本主义跟以往的复合型制度形式比较起来,它显得更为普遍、更为纯粹。并且这种变化不但不会减少,反而会加剧"市场制度的不稳定性"④。对于数字资本主义,席勒是持悲观态度的:数字资本主义并没有改善社会不平等现象,反而加重了这一现象,也就是说数字资本主义并没有为社会公平带来益处。事实上,数字资本主义本身造成了"社会富裕程度的差异"⑤。

最近几年,席勒又出版了两本著作,分别是《数字化衰退:信息技术与经济危机》和《信息拜物教:批判与解构》。在这两本著作中,他从理论、历史和

---

① [法]贝尔纳·斯蒂格勒:《论数字资本主义与人类纪》,张义修译,《江苏社会科学》2016年第4期。

② [美]丹·席勒:《数字化衰退:信息技术与经济危机》,吴畅畅译,中国传媒大学出版社2017年版,第6页。

③ [美]丹·希勒:《数字资本主义》,杨立平译,江西人民出版社2001年版,第280页。

④ [美]丹·希勒:《数字资本主义》,杨立平译,江西人民出版社2001年版,第280—281页。

⑤ [美]丹·希勒:《数字资本主义》,杨立平译,江西人民出版社2001年版,第281页。

现实三个维度更加透彻地批判和剖析了"信息"的历史及其相关的社会关系。此外,他还重点阐述了互联网、移动电话等信息传播领域内的商品化过程,由此进一步指出即使不在信息传播行业内的资本,比如美国的农业、制造业、金融业等资本同样助长了信息的商品化这个过程。可惜的是,在这两本著作里,席勒还是没有对数字资本主义给出明确定论,不过他指出,数字资本主义有它自身的问题,无论它取得如何发展,都不会造福于人类。

三、 关于数字劳动及数字剥削

在如今的互联网时代,由于资本同样没有离开过在这一领域的投资,因而在这个领域内也一样存在有剥削。学者们为了更精准地把握和剖析这其中蕴含的剥削,提出了数字劳动概念。数字劳动与以往人面向物理空间的劳动不同,物理空间的劳动更多体现的是体力的支出和空间延展面对劳动对象,数字劳动是在网络平台,凭借计算机等电子设备,从事的以智力创造为主的活动。最早关注这方面的多是传媒领域的学者。

首先是达拉斯·斯麦兹(Dallas Smythe),他是来自加拿大的学者,他在1977 年出版的著作《传播:西方马克思主义的盲点》中,首次提出了"受众商品论",认为在受众那里表面是闲暇的时间,是他享受的时间,但只要在广告受众之中,这些时间其实对于广告投放者来说确实为他们工作的时间。他批判当时的传播学没有注重经济基础方面的研究,而一味地局限于文化层面研究和探讨,并没有将研究思路打开。由此,他开始以媒介工业的传播学视域的政治经济学视角来考察和研究受众,因而提出了"受众商品论"。他想要通过这样一把钥匙,揭开"传媒产业为资本担负了怎样的经济功能?"这样一个问题的答案。在这之后,他还进一步分析传播学在"资本主义生产关系的延续过程中所充当的角色"[①]。

---

① Smythe D.W.,"Communications:Blind Spot of Western Marxism",*Canadian Journal of Political and Society Theory*.1977,Vol.1(3),pp.1~27.

毫无疑问,他这样的研究方式具有积极的批判意义。斯麦兹仍然以马克思关于资本主义社会是商品化社会的概念为基础,不过他并不认为传播的商品仅仅是信息、图像之类的,他通过提出受众和阅读也是商品这样的概念极大地拓展了传统的传播学领域的商品概念。① 这一提法最重要的价值在于:在斯麦兹看来,所有的时间都是劳动时间。这样,他就把人们本来是认为自己在休闲、在享受的时间都纳入工作时间当中了。这是如何可能的呢? 他认为即使人们在休闲、在享受,他们也在为某人工作。比如他们看电影享受美好时光,但电影片头、电影里面都会有广告,他们看电影这样的浏览行为,本身就是在为广告付费,也就是说在为广告之后的巨大利益工作。问题还在于,他们的这种工作并不是有偿的,他们在无偿地做着这样的事情。② 这个观点在当时惊世骇俗,在今天也依然非常深刻,因为仔细分析广告投放者的目的就会发现,通过投放广告,受众无意识间看到广告,就会在日后的消费中不自觉地买自己曾经在广告之中看到的商品。这其实是如此多企业花费巨资为产品制定、投放广告的原因,因为它确实能够为产品打开销路。这样受众在享受闲暇时光的时候,就已经为广告投放者“工作”了。事情还不止于此,这里还有一个获利者,那就是广告投放平台。实际上广告投放平台是要通过广告的阅读量、点击量这些量化指标来收取广告投放者的广告费的,并且这种浏览量越高,这个平台能够接到的广告量就越大,且价钱越高。这也是为什么一些网络主播在拥有了千万级粉丝之后便具有了非常大的商业价值一样。因此,受众的观看、享受时间,其实都是在为这背后的人服务,为他们工作。他们实际上也是瞄准了这一点,才不断地将广告深入到受众所乐于享受的电视剧、电影、图画、小说等信息之中。因而,可以说对于数字时代人们所从事的一系列网上活动都可以按照斯麦兹的分析框架来加以分析。

当然,他的分析只从传媒产业经济学视角切入还是过于片面,对于这一问

---

① 郭镇之:《传播政治经济学理论泰斗达拉斯·斯麦兹》,《国际新闻界》2001年第3期。
② 郭镇之:《传播政治经济学理论泰斗达拉斯·斯麦兹》,《国际新闻界》2001年第3期。

题,作为西方传媒政治经济学的主要开创者格雷厄姆·默多克(Graham Murdock)便指出了只关注传媒产业的经济学是简单和片面的,他认为,除此以外还应当研究资本主义意识形态方面的运作机理,不过他还是积极肯定了斯麦兹提出的"盲点"问题。① 这也是基于对传播政治经济学学科的认识而言,传播政治经济学主要以对各种转型进行结构性分析为目标。不过,传播是人们日常生活中都会接触的事物,它是由一系列象征符号构成的系统。对于传播的研究因而有其特有的优势,可以通过分析人们如何利用语言、图像、文字来创造意义,也可以通过研究民族志以了解那些象征符号是怎样融入人们日常生活的过程之中的。②

数字化时代的劳动的界定存在很大的探讨空间,无论是从"受众商品论",还是从工作的角度界定传媒的受众,在互联网与用户之间也还有着更为复杂的关系,甚至是剥削关系。"免费劳动"这一概念是由英国学者蒂兹纳·特拉诺瓦(Tiziana Terranova)率先提出的:它有两层内涵,第一层,意指用户在互联网搜索信息、评论互动是免费的;第二层,意指用户为互联网所付出的劳动是免费的。在他看来,研究传播领域的经济学应当首先关注和解答这样一个问题,即"传媒产业为资本担负了怎样的经济功能"③? "免费劳动"表面上是免费,但暗含着被消费和被剥削。甚至有学者指出"粉丝(fans)"行为,也是一种隐形剥削与出售。对数字剥削进行了更系统的研究。这些"i 奴"包含了富士康工厂中生产 iPhone、iPad 的电子制造工人,也有使用电子产品不能自拔的"低头族"以及"微博控"等。他将 17 世纪"大西洋三角贸易"中的奴隶制体系来对照"i 奴"的境遇,在 17 世纪的时候,资本主义世界将奴隶标示为"人类

① Murdock Graham,"Blind Spots About Western Marxism:a Reply To Dallas Smythe",*Canadian Journal of Political and Society Theory*,1978,Vol.2(2),pp.109-119.

② 姚建华、李兆卿:《重返历史的起点:刍议传播政治经济学的学科化——格雷厄姆·默多克(Graham Murdock)教授学术访谈》,《新闻记者》2017 年第 12 期。

③ Tiziana Terranova,"Free Labor:Producing Culture For The Digital Economy",*Social Text*,2000,Vol.18(2),pp.33-57.

货物",这是对奴隶的剥削和压榨。而到了 21 世纪,在互联网世界中,资本主义世界则将用户标示为"数字劳工",这是表示对这些用户的剥削。在他看来,今日的互联网与那时的大西洋并无二致,它们都是资本积累和剥削劳工的领域。当然这也是工人反抗的领域,蒂兹纳希望通过这种抵抗能够让社会进入"一个更公正的、超越资本主义世界体系的新时代"①。

曹晋等通过利用民族志这种研究方法,考察了中国大陆网络字幕组与都市学龄前儿童的网络活动,尤其是儿童的网络活动,被称为"玩工"(play labor),儿童被 iPhone、iPad 等智能产品吸牢,进而成为智能产品消费终端的低龄劳工——"玩工"。"玩工"概念的提出,非常形象地刻画了网络对儿童的统摄,揭示出数字剥削连儿童也不放过的现象。资本与技术可以说是无孔不入,以至于儿童也不能逃离由它们所主导的社会。曹晋等的研究提出,儿童是一个社会建构的概念,而资本逻辑驱动下的技术已经渗入各个家庭。② 他们的这一研究成功地将"玩工"概念引入儿童与媒介研究这一研究议题之中,对资本如何将儿童纳入其控制体系作了深入阐发,在一定程度上对"科技力量与市场经济侵蚀都市儿童的成长"③作了反思。娱乐与工作的界限变得模糊,也就意味着资本主义的剥削行为更加隐秘。"媒介生产者的数量已经在很大程度上与消费者数量有关,导致一种新的'产消合一'的劳动形式。"④

在数字劳动方面的研究理论最成体系的当属英国马克思主义理论家、互联网政治经济学领域代表人物克里斯蒂安·福克斯(Christian Fuchs),他在著作《数字劳动与卡尔·马克思》中提出的"数字劳动"概念是当前研究数字资

---

① 邱林川:《告别 i 奴:富士康、数字资本主义与网络劳工抵抗》,《社会》2014 年第 4 期。
② 曹晋、庄乾伟:《指尖上的世界——都市学龄前儿童与电子智能产品侵袭的玩乐》,《开放时代》2013 年第 1 期。
③ 曹晋、庄乾伟:《指尖上的世界——都市学龄前儿童与电子智能产品侵袭的玩乐》,《开放时代》2013 年第 1 期。
④ 曹晋、庄乾伟:《指尖上的世界——都市学龄前儿童与电子智能产品侵袭的玩乐》,《开放时代》2013 年第 1 期。

本主义不可逾越的概念。

福克斯提出"数字劳动"这一概念,并在此基础上,阐发了关于数字媒体的研究范式。他想要借此达到的目的是,在数字技术时代引入马克思主义的基本方法,比如剩余价值、受众商品化等等。[①] 福克斯从词源学的角度,考察了马克思"工作"与"劳动"概念的区别:工作能够自我满足,其功能是满足自身基本需求。相反,劳动在阶级社会中是工作的异化形式,劳动不是自足的。用福克斯本人对数字劳动解释的说法就是,数字劳动是把握互联网政治经济学的关键。通俗地说,互联网平台的发展同样受制于为它提供运转资金的资本,因而为了实现资本增殖,那它也必然会对互联网的使用者进行剥削。不过,互联网用户在网上的大多数行为,发布文章、发表感想、上传图片、发布动态等都是无偿的,因而上述这些劳动其实都"成为了互联网公司利润的直接来源"[②]。福克斯还是对数字共产主义有期待的,当然,这需要以信息的去商品化为前提,人不被工具化和资本化。

四、 对数字资本主义的批判

最近几年国内学者对数字资本主义的研究呈趋热态势,且以对数字资本主义批判为主。杨松等撰文指出,虽然现在的资本主义通过完善国家创新体系而获得了生产力的进一步发展,但它仍然没有超出资本主义的基本矛盾范围。只不过其矛盾的主要表现形式较马克思那个时代有所变化,不过是体现为"知识的公有性与知识创新的私人占有之间的对立统一"[③]。蓝江勾勒了数字资本主义的三重逻辑:一般数据、虚体、数字资本。在他看来,数据和云计算所形成的关联体系是本体论意义上的,这是一般数据,是数字资本主义

---

① 常江、史迪凯:《克里斯蒂安·福克斯:互联网没有改变资本主义的本质——马克思主义视野下的数字劳动》,《新闻界》2019 年第 4 期。

② 常江、史迪凯:《克里斯蒂安·福克斯:互联网没有改变资本主义的本质——马克思主义视野下的数字劳动》,《新闻界》2019 年第 4 期。

③ 杨松、安维复:《"数字资本主义"依然是资本主义》,《思想战线》2007 年第 2 期。

的基础和内容。而这些数据正像货币一样在建构着一个庞大的关系网,把人和物等都囊括其中,只不过数据所建立起的关系网更加虚无缥缈,因而它是在互联网上建立起来的,但这并不影响它对现实的影响力。所有对象可以说都必须经过这些数据的中介才能呈现出来。此后,他便开启了数字资本主义的政治经济学批判。一般数据能够为数字资本家带来巨大利润。但是,这些一般数据大部分其实都是由用户来生成的,而资本家却无偿占有了这些数据,"以实现数字资本的最大增殖"①。在这个层面上,驳斥这种占有乃是批判资本主义的一个重要方向。夏莹试图揭开"共享观念"之下隐藏的资本主义属性,她把目光主要聚焦在了当前十分流行的经济模式——共享经济上,指出现行的共享经济模式其实带有剥削原罪的资本。② 还有学者指出:"数字资本作为一种支配性力量,推动了资本积累,制造了数字拜物教。从生产关系视角看,数字资本主义不仅没有放弃剥削,并且通过生产受众,在日常生活领域进行再生产。"③

此外有学者客观地指出数字资本主义也有积极面:"伴随着数字资本主义时代的到来,当代资本主义经济运行条件和方式,诸如生产要素构成、市场数字化、资本形态、资本剥削方式等都发生了深刻的变化,这使得资本主义生产的盲目性以及生产与消费之间的矛盾在很大程度上得到缓解,延缓了资本主义危机的周期性爆发。"④但同时也认识到这只是表象,"在数字资本主义条件下,资本追求剩余价值的内在本性并没有发生根本性变化,它所引发的危机正以新的面貌和形式出现。马克思在《资本论》中所揭示的资本自我否定的

---

① 蓝江:《一般数据、虚体、数字资本——数字资本主义的三重逻辑》,《哲学研究》2018 年第 3 期。

② 夏莹:《论共享经济的"资本主义"属性及其内在矛盾》,《山东社会科学》2017 年第 8 期。

③ 袁立国:《数字资本主义批判:历史唯物主义走向当代》,《社会科学》2018 年第 11 期。

④ 杨慧民、宋路飞:《数字资本主义能否使资本主义摆脱危机的厄运》,《马克思主义理论学科研究》2019 年第 5 期。

辩证法依然具有很强的解释力"①。在这个意义上,马克思资本逻辑批判的视角对于数字劳动仍然适用,"尽管数字劳动是数字资本驱动的人类劳动新形式,但它并没有脱离资本逻辑的统治,依然隐匿着异化和剥削。基于此,以马克思的政治经济学批判为参照,构建人工智能时代的正义原则,倡导有酬数字劳动,坚持数据共享原则,推进数字资本公有化,有利于化解数字劳动与数字资本之间的矛盾。"②

第二节　数字平台:数字资本滋生的场域

第四次工业革命的启动使资本主义国家由工业文明向信息文明转变,计算机技术由于人工智能技术的发展使技术在生产力结构中变得越发重要,"数字"成为一种不可或缺的生产要素。技术、资本与数字三股力量合流,在数字资本主义的形成过程中起到支配性作用。资本与数字技术进行强大结合,并凭借全球范围内的绝对统治权和压倒性资本优势,创造出无数个数字平台,使之成为资本进一步滋生的土壤。数字资本的滋生的重要环节是数字劳动,数字劳动无论主动还是被动的行为,都为数字平台生产和储备了大量数据,这些数据是数字资本产生的温床。资本家的本性在数字平台上的剥削并没有减少,而且更加隐蔽,通过榨取数字劳动的剩余价值而实现数字资本的增殖。数字资本主义不是一个学术概念,而是真实发生的现实场景,是哲学需要批判的现实。

一、　互联网平台的发展

互联网早期主要是为了适用于军队发展才开始研制的,它作为一种技术

---

①　杨慧民、宋路飞:《数字资本主义能否使资本主义摆脱危机的厄运》,《马克思主义理论学科研究》2019 年第 5 期。

②　张雯:《数字资本主义的数据劳动及其正义重构》,《学术论坛》2019 年第 3 期。

形式,是冷战思维的产物。那时的使用者就是少数特定人群。"因特网出现与自由市场机制毫无关系,而与冷战时期的军事工业联合集团关系重大。"①20世纪80年代后,互联网不再局限于军队使用,而是大规模铺展开来,成为普通人容易接触的基础技术。而随着互联网的普及和发展,信息共享的商业化需求也在增加,表现在:第一,企业内部信息共享所需;第二,不同企业之间也需要信息共享;第三,公司和个人之间也需要信息共享。不过这些信息共享的需求都取决于互联网技术的进一步发展,当互联网技术有所突破之后,"新的信息共享方式才能得以推广"②。20年前,席勒对于网络共享就有如此认知。近20年来,互联网蓬勃发展,共享经济的出现,无不是由于网络平台建设和网络交互机制的拓展。网络之间建立新的流动连接方式是各个互联网商家着力做的工作。

当然,随着互联网的普及和建设升级,网络的每个节点建设都非常重要。"没有公司内部网络的大规模发展,根本就不会出现今天的因特网。"③互联网的建设力量和服务对象开始发生变化,需要更大的通信系统支持,电信业开始与互联网业结合,就如席勒的专著《数字资本主义》是对数字资本主义集中阐述,但他不是从概念开始的,而是从数字资本主义的工程师们的目标开始的:"建立一个泛经济网络,以支持规模不断扩大的企业内部以及企业之间的商务活动。这一目标涵盖了从生产调度、产品开发到财务、广告、金融以及培训等诸环节。只有一种可以把各种信号——包括语音、图像及数据发送到地球远端的网络才能担负起这项向电子商务大举进军的艰巨任务。"④达到这一点需要构筑世界电子信息基础设施,带来了计算机公司与电信运营商的大规模结盟,美国因此形成了空前网络系统建设规模,并建成新型大容量系统。席勒用

---

① [美]丹·希勒:《数字资本主义》,杨立平译,江西人民出版社2001年版,第12页。
② [美]丹·希勒:《数字资本主义》,杨立平译,江西人民出版社2001年版,第12页。
③ [美]丹·希勒:《数字资本主义》,杨立平译,江西人民出版社2001年版,第18页。
④ [美]丹·希勒:《数字资本主义》,杨立平译,江西人民出版社2001年版,第3页。

大量的实际案例和数据探讨了美国网络发展的自由化进程。席勒探讨了互联网的发展起源,指出了军用起源向普及化发展的过程,自此,互联网的发展速度超出了人们的预料,以蓬勃之势迅速扩张。随着计算机信息技术的进步,1 与 0 的逻辑调奏唱出了一个新的技术时代的强音,数字化时代迅速拉开了大幕。

当然,系统维护和升级都需要资金注入,银行业开始和互联网结合。与此同时,随着社会经济发展,互联网渗透到各个行业,商业领域对计算机效率的提升开始青睐并日益依赖,计算机网络与商业集团又开始联手。计算机网络走向商业化道路是资本逻辑的必然要求。数字化市场指的是与传统的线下实体市场相比,数字化市场的买卖交易是在互联网数字平台上完成。也就是说,消费者可以足不出户便能完成他的消费活动。这样一来,凡是互联网的用户都可能成为商品生产者的潜在消费者。总之,市场数字化的作用不容小觑。[1]资本家正是看到随着互联网的普及和发展可能创造巨大价值的潜力而紧紧盯住了互联网行业。互联网不仅能使商品市场得到极大拓展,其本身积聚的客户数据以及互联网用户通过使用互联网所创造的数据都有着巨大的市场资源,甚至数据本身就是具有交换价值的商品。由此,商业力量就开始争夺更多的网络平台和空间,资本开始渗透这些圈地范围。近些年,各种数字平台集群式上线,某种程度上反映了资本对这一领域的高度青睐。详细情况可查看2018 年全球社会化媒体概览图。[2]

二、 互联网平台的资本渗透

资本的本性就是追求利益,并力求利益最大化。在网络平台的拓展和圈地过程中,资本的嗅觉相当灵敏。有论者指出,当前,在互联网这一领域,或者

① 杨慧民、宋路飞:《数字资本主义能否使资本主义摆脱危机的厄运》,《马克思主义理论学科研究》2019 年第 5 期。
② Fred Cavazza:"Panorama des médias sociaux 2018",2018 年 5 月 5 日,见 https://fredca-vazza.net/2018/05/05/panorama-des-medias-sociaux-2018/。

Social Media Landscape 2018

2018 年全球社会化媒体概览图

准确地说,在数字资本主义这一领域,各大资本正在激烈的抢占资源,以期更好地从互联网上获取利益。该论者还指出,此时还无法看到资本主义会在数字资本主义那里终结,不过数字资本主义的发展倒是符合资本主义工业社会历史发展的轨迹。①

20 世纪 90 年代,互联网开始普及之时,对于数字化进程,人们还可以做看客,还有可逃避的空间,因为智能手机还未普及,数字化是一种附加模式。而根据 Kantar Media CIC 发布的 2017 年中国社会化媒体格局概览图②,可以直观地看到,按照功能和属性划分的话,社会化媒体主要包括电子商务平台和社交平台以及视频媒介等。当然现在这些平台还在拓展,比如现在抖音、快手等自媒体主播平台,进一步打破了商业和个体的界限,人人可以做商家,人人都是网络平台。

---

① [德]菲利普·斯塔布、奥利弗·纳赫特韦:《数字资本主义对市场和劳动的控制》,鲁云林译,《国外理论动态》2019 年第 3 期。

② 徐凌蓓:《2017 年中国社会化媒体格局概览》,2017 年 7 月 17 日,见 https://www.sohu.com/a/157968879_665157。

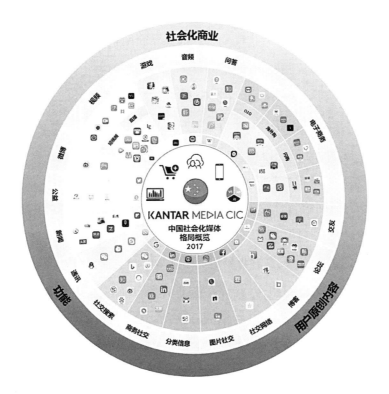

2017 年中国社会化媒体格局概览图

We Are Social & Hootsuite 发布了 2019 全球数字报告（Global Digital 2019 Reports），披露了最新的数据：2018 年 1 月到 2019 年 1 月共 1 年的时间内：全球共有 51. 1 亿独立移动用户，增加了 1 亿（2%）。2019 年互联网用户为 43. 9 亿，比 2018 年 1 月增加 3. 66 亿（9%）。2019 年有 34. 8 亿社交媒体用户，比上一年全球总数增长了 2. 88 亿（9%）。2019 年 1 月，32. 6 亿人在移动设备上使用社交媒体，新用户增加 2. 97 亿，同比增长超过 10%。①

这种境况下，人们深深地卷入其中，无处可逃。大大小小的数字平台不仅为买家或卖家提供了一个交易平台，更是架构了一种新秩序，甚至是一种消费

---

① 《We Are Social & Hootsuite：2019 全球数字报告》，2019 年 2 月 14 日，见 https://baijiahao. baidu.com/s？id=1625417735758826177&wfr=spider&for=pc。

方式、生活方式,甚至变成一种生活方式。对于任何一个卖家而言,不能忽略网络平台,如果无视网络平台,也就味着远离互联网秩序,也就意味着被市场所忽视,甚至被淘汰。随着支付宝、微信支付等一系列电子支付方式的应用,互联网秩序得到进一步强化,数字交易变成街头巷尾贴出的二维码,简单粗暴,但你我注定无处可逃。

数字平台通过让利宣传、广告说辞等手段来美化数字平台,开展网上圈地运动,进而建立数字平台的控制权。数字平台成为数字技术与资本的联结、商业化与数字化的联结的场域。数字平台完成了资本的原始积累后开始推动数字平台积极转向盈利模式,为新一轮的资本增殖储备力量。实际上,现在APP、网站、电商平台等都具有收集用户使用互联网上网的习惯、爱好、喜欢浏览的商品信息等数据,可以说,用户在网上的"一举一动",只要商家愿意,就可以将你的个人相关信息记录在案,而后根据你的个人喜好,给你作精准推送,从而实现"'诱导'用户消费"①。在这个意义上,数字平台就相当于工业资本主义时期的工厂,通过资本渗透和逐利模式推动数字资本主义的资本积累与流通,是资本主义在数字化时代新的逐利场。现在几乎就没有不盈利的大的互联网平台,像百度通过竞价排名、通过广告收费、通过用户自己生产知识数据,已经获得较为高昂的利润,成为中国互联网巨头之一,与阿里巴巴、腾讯并称"BAT"。实际上,人们在互联网上的任何举动,比如搜索、美食评价、社交服务等,都有可能为相应平台背后的资本作出贡献。②

如今,淘宝、京东、亚马逊等网站已经成为人们经常购物消费的地方;而微信、微博等即时通信软件则越来越取代人们面对面的交际活动;支付宝支付、微信支付等支付终端也越来越成为人们支付钱款的首选。出门只需要带一个

---

① 杨慧民、宋路飞:《数字资本主义能否使资本主义摆脱危机的厄运》,《马克思主义理论学科研究》2019年第5期。
② 杨慧民、宋路飞:《数字资本主义能否使资本主义摆脱危机的厄运》,《马克思主义理论学科研究》2019年第5期。

手机,已经成为现在的流行生活方式。事实上,伴随着人们生活的便捷化,互联网领域却在逐渐上演追逐大戏,各大互联网企业都想在互联网领域形成垄断,由此独自占有该领域的利润。比如一些领先的互联网企业如亚马逊、谷歌、微软等已经在垄断之路上取得了一定的成功。①

人们表面上被互联网带入一个自由、美好的美丽新世界,事实上,网上的逐利行为更加隐蔽甚至血腥,将一切个体都卷入其中,上演了网络技术和商业资本的合谋大戏,数字技术自然成为一种非常重要的生产力要素,成为捕获商业利润的有力工具,但这种捕获不是直接的,而是通过数字劳动实现的。

三、 数字劳动：数字资本形成根源

大量的平台不断地吸引商家和个体用户,很大程度是在吸纳"网上劳动力"。通过网上劳动力主动或者被动的"劳动"行为带来资本增殖。前面探讨数字劳动问题,如意大利学者蒂奇亚纳·泰拉诺瓦于2000年发表的《免费劳动:为数字经济生产文化》和英国学者克里斯蒂安·福克斯在《数字劳动与卡尔·马克思》一书中对数字劳动的论述。蒂奇亚纳·泰拉诺瓦与克里斯蒂安·福克斯两者的研究路径是不同的,前者是基于后结构主义者的文化研究这一线路,而后者则是基于马克思主义者的政治经济学线路。在泰拉诺瓦那里,数字劳动和物质劳动是不同的,数字劳动其实是一种免费的劳动,意指本来是人们在消费知识文化所产生的劳动却被转化成了额外的生产性劳动,并且这种劳动还被资本家所无偿地占有了,因而数字劳动的承担者实际上是被剥削了。② 这样的数字劳动可以说已经普遍存当前的资本主义社会中。福克斯认为数字劳动也是一种生产性劳动,在他眼里,数字劳动是异化劳动的一种

① [德]菲利普·斯塔布、奥利弗·纳赫特韦:《数字资本主义对市场和劳动的控制》,鲁云林译,《国外理论动态》2019年第3期。

② Tiziana Terranova, "Free Labor: Producing Culture for the Digital Economy", *Social Text*, 2000, Vol.18(2), pp.33-58.

表现形式,而这体现为与自身异化、与劳动对象异化、与工具异化、与劳动产品异化等,异化存在,剥削必然存在。

着眼于数字劳动的增殖过程,关于数字劳动有不同的界定。有人按照马克思的劳动价值理论,认为"数字劳动可以分为生产性劳动和非生产性劳动。生产性劳动是以数字化的知识和信息作为关键性的生产要素,与其他生产资料和劳动力一起创造出有形产品或无形产品的劳动"①。有人根据劳动过程特征差异性的大小,将其"划分为传统雇佣经济领域下的数字劳动过程、互联网平台零工经济中的数字劳动过程、数字资本公司技术工人的数字劳动过程和非雇佣形式的产销者的数字劳动过程四种类型"②。

综合上述分析,可以归纳出目前学界关于数字劳动研究的三种形式:第一种无酬数字劳动,它指的是互联网用户在互联网上发布信息,但却并没有获得一定的补偿,反而这些信息被资本家无偿占有,那么这些用户所付出的就是无酬数字劳动。第二种是互联网专业劳动,它指的是那些拥有互联网知识的专业人员为互联网的开发、维护、设计等所付出的劳动。第三种是受众劳动与玩劳动,它指的是互联网用户虽然可能在通过互联网娱乐、消遣,但即使是这样一种极度自我的消费活动仍然是在为某个媒介生产提供劳动。

用户在互联网平台上的任何一次搜索、浏览、购买等行为,都在为庞大的数据资源的形成作贡献。一旦消费者提供的这些数据通过一定的信息处理方法来加以利用,便可形成巨大的价值,形成可共享的社会资源。在数字平台隐私条款及用户协议等契约性的安排下,用户获得一定的使用权,却把一些私人信息转让给了数字资本家,用户的网上行为足迹和产生数据被监控和获取,最终归数字资本家使用。数字资本家对数字劳动者的剥削很难被发现,数字劳动者甚至察觉不到自己被剥削了,因而这种剥削活动是被隐藏在劳动者生产满足自身需要的使用价值背后的,他们不用为数字劳动支付任何工资,资本控

---

① 韩文龙、刘璐:《数字劳动过程及其四种表现形式》,《财经科学》2020 年第 1 期。
② 韩文龙、刘璐:《数字劳动过程及其四种表现形式》,《财经科学》2020 年第 1 期。

制和占有的是数字劳动者创造的所有价值,数字劳动成为数字资本主义社会一种新的剥削形态,是数字资本形成与积累的根源。

第三节　数字资本:资本主义的数字形态

那么,数字如何形成资本? 数字资本主义又是如何生成的? 这个逻辑轨迹值得探讨。

一、 数字化的基础是数据

数字化的基础不是数字,而是数据。数据是人类生产生活过程记录的摹写,是事物存在方式与形式的信息化。近几年国内学者对数据的关注度不断升温,有学者系统地研究了从数据到大数据的历史演变,对于数据有系统的认识:"数据不仅限于表征事物特定属性,更为重要的是成为推演事物运动、变化规律的依据和基础。"①给数据下个精准的定义很难,基于计算机视角,数据就是与事实、事件对应的数字和资料。可以把数据分为几个层次,首先是对客观对象加以描述的数据,就像用画笔将某个人的形象绘制到画布上一样,而这便是通过数据将对象刻录到计算机里。其次是对事实、规律等进行数据化处理的数据。再次是对事件,尤其是用户使用互联网时对其相关活动予以记录和描述的数据。最后是使计算机正常运转的数据,其实就是计算机语言,它能够随着载荷它的物理设备的形式而改变。② 以上关于数据的界定,基本涵盖了数据的所有内涵。大家关注数据问题,并非源于数据本身,而是以"大数据"为落脚点。早在 1980 年,阿尔文·托夫勒(Alvin Toffler)在《第三次浪潮》

---

① 刘红、胡新和:《数据革命:从数到大数据的历史考察》,《自然辩证法通讯》2013 年第12 期。

② 刘红、胡新和:《数据革命:从数到大数据的历史考察》,《自然辩证法通讯》2013 年第12 期。

一书中便提出"大数据"的概念,指出"大数据是第三次浪潮的华彩乐章。"宣告大数据时代到来的是全球知名咨询公司麦肯锡公司。由于物联网、云计算技术的发展,数据正以整体集合的形式改变着人的生产与生活方式。

大数据实实在在地、飞速地在我们的日常生活中累积和增长。以谷歌公司一天处理的数据量来看,其每天处理的数据量已经成千倍的超过美国国家图书馆所有藏书的数据量。① 从全球整体存储数据累计量来看,有论者在那时通过计算,认为预计到 2013 年,全世界所有的存储数据将达到 1.2 泽字节(ZettaByte),如果把这些数据记录到纸质版上,那么这些纸张将把美国覆盖52 次。② 这还是 2013 年的数据测算,那么到了当下,这一存储数据简直已经多得不可想象。

大数据一方面数据数量巨大,但其"大"的内涵并非数量能够解释的。大数据最先是指数据已经多得计算机的存储无法容纳了,这样,计算机根本就无法系统而全面的处理、分析这些数据。此后,为了能够应对如此庞大的数据,计算机专家便进一步改进了电脑技术,包括增加计算机内存、改进算法、增加计算机的运行速度。这样围绕着如何处理这些大数据,计算机专家便开发了一些新的处理方法,比如"谷歌的 MapReduce 和开源 Hadoop 平台"③等。大数据另一方面是一种技术形式,需要基本的技术载体。当前金融行业、电商行业都对大数据有高度的关注。而关于大数据带来社会生产生活方式的改变,人文社科领域也形成足够的研究热度。维克托·迈尔-舍恩伯格(Viktor Mayer-Schönberger)的《大数据时代——生活、工作与思维的大变革》一书从人文社会科学的视角来看待大数据对人类认识方式、思维方式和生活方式的改变问

---

① [英]维克托·迈尔-舍恩伯格、肯尼斯·库克耶:《大数据时代——生活、工作与思维的大变革》,盛扬燕、周涛译,浙江人民出版社 2014 年版,第 11 页。

② [英]维克托·迈尔-舍恩伯格、肯尼斯·库克耶:《大数据时代——生活、工作与思维的大变革》,盛扬燕、周涛译,浙江人民出版社 2014 年版,第 13 页。

③ [英]维克托·迈尔-舍恩伯格、肯尼斯·库克耶:《大数据时代——生活、工作与思维的大变革》,盛扬燕、周涛译,浙江人民出版社 2014 年版,第 8 页。

题。在舍恩伯格看来,大数据还是一种方法。也就是说,通过大数据,人们可以完成一些平常无法做到的事情,比如分析一亿人的网络使用详细情况等。总之,大数据为人们解决一些当代的难题提供了可能。它或许还能够帮助人们改变市场、组织机构,甚至改进"政府与公民关系"[①]。这种方法的出现,却对社会整体与个人都产生巨大现实的影响。

对于大数据的特点的认识还在不断挖掘之中,目前公认有四个"V":一是数据体量巨大(Volume);二是数据类型繁多(Variety);三是价值密度低(Value)(价值密度的高低与数据总量的大小成反比);四是处理速度快(Velocity)。在舍恩伯格看来,大数据与三个重大的思维转变有关,它们分别是:第一,要从分析某事物的少量相关数据样本向其所有相关数据样本转变;第二,要从追求数据的精确性向接受数据的纷繁复杂性转变;第三,要从探求事物的因果关系向探求其相关关系转变。[②]

数据规律打破了通过因果关系探讨事物真相的方式,转入相关性分析,通过相关规律来揭示事实真相。恰恰是相关性分析,给了数字资本逐利的空间。

二、　数字资本的形成

现实生活、人际交往、产品的生产与交换、消费甚至货币存储本身都集聚在数字平台上,海量的数据通过大数据方式不断重组,通过相关性不断进行计算或者交换。数据本身虽然重要,但单纯的数据本身不具有支配作用,真正起到支配作用的是随着数字平台的发展而兴起的数字资本。

数据的价值只有在其被有效利用并被商品化的过程中才会展现出来。因此,使用各种计算方法把数据进行最大规模的开发和利用,使其不断商品化,

---

① 〔英〕维克托·迈尔-舍恩伯格、肯尼斯·库克耶:《大数据时代——生活、工作与思维的大变革》,盛扬燕、周涛译,浙江人民出版社 2014 年版,第 9 页。

② 〔英〕维克托·迈尔-舍恩伯格、肯尼斯·库克耶:《大数据时代——生活、工作与思维的大变革》,盛扬燕、周涛译,浙江人民出版社 2014 年版,第 28—29 页。

是数字平台的主宰者数字资本占有者的核心目标。在数字平台逐利秩序的精心安排中,数据积累、数据流通、数据处理、数据分析、数据共享、数据商品化等得以实现,由此打破了只是统计性的纯数据形态,并形成了能够给资本家带来巨大利润的数字资本。

为了抢夺更多的数据资源,为了形成更加完善的数据处理、数据商品化产业链,数字资本家往往投入巨额资本以抢夺互联网空间,尤其抢夺互联网用户。事实上,每一个人一天就只有二十四小时,可供休闲、享受的时间更是十分的少,如果互联网用户被其他数据产品吸引,比如沉浸在支付宝上,那么其他数据产品,比如微信就势必不能吸引到这样的用户,从而与支付宝相比就处于劣势。这也就是为什么支付宝会在猴年除夕夜,以天价广告费拿下中央电视台春晚合作权了,这实际上就是在抢夺互联网资源。当然,其竞争对手也没有"缴械投降",比如腾讯也在不遗余力开发红包、转账功能,以优化自己产品功能,进而吸引用户。资本从来不会做慈善事业,资本的目的就是逐利。但资本能够在前期先舍本地抢占网络空间,可以看出网络空间作为资本滋生的温床的诱惑性。资本主义的一个重要特征就是能够建立起以相等的劳动量来衡量的生产和交换的经济体系,在这个体系之中,一切自然事物和社会事物都被加以衡量。① 这些积聚起来的大数据也是如此,也是被放到这个由资本主义建立起来的经济体系来衡量。因而,资本家抢占互联网领域,想以此独占和垄断一般数据,进而实现数字资本的积累。互联网公司包括巨无霸型的大公司,在私有业务范围内内置程序盗取用户和机构产生的海量数据,构筑私有数据池,通过对数字资源的垄断获取利益。

数据即是资本,数据的交换和流通即可获利,占有数据也就占有财富。一般数据之所以如此重要,如此受到数字资本家的看重,其原因至少体现在如下两个方面:首先,数据拥有者能够通过数据分析快速、精准地把握用户的爱好

---

① 蓝江:《一般数据、虚体、数字资本——数字资本主义的三重逻辑》,《哲学研究》2018 年第 3 期。

和特点,进而能够异常精准地实行点对点的商品推送,以此增加商品销售概率,这样一来,一方面节约了广告成本,另一方面还大幅度提升了商品销售的数量。其次,数据拥有者还可以从数据当中分析出自己产品哪一款更受消费者青睐,进而调整其生产方向。[①] 这种调整是非常及时、高效地,如果竞争对手不具备这样的能力,那么竞争对手就会在这一竞争中被打垮。而大数据拥有者将不仅能获得巨额利润,甚至能够成为称霸某一领域的"老大"。来自 2017 年中国媒体/媒介行业发展趋势分析资料:"从腾讯的广告业务来看,社交媒体广告带动腾讯广告业务收入增长。腾讯的广告业务主要为效果广告及品牌展示广告,根据显示,2016 年腾讯的网络广告收入为 269.7 亿元,同比增长 54.4%;2017 年一季度网络收入为 68.88 亿元,同比增长 46.5%。其中,社交媒体广告是广告业务的主要增长点,2017 年一季度,社交及其他广告收入为 43.79 亿元,同比增长 67%,占广告业务总收入的 64%,而媒体广告业务收入为 25.06 亿元,同比增长 20%,收入占比降至 36%,远低于社交广告收入规模。"[②]

就互联网巨头"百度"而言,平台通过用户的搜索关键词、爬虫抓取的网页、图片和视频数据而掌握大量数据,这些由用户通过浏览网页、搜索等行为产生的数据,一方面是技术提升之用,确实可以改善百度平台搜索的效度,因为数据资源集聚的越多,搜索的效率和服务的效果会越好;当然,不为人知的是,这些数据还可以二次开发,可作为商品卖给广告主获利;当然还有技术一点的方式,也是更具市场潜力的方式,将数据挖掘形成数据产品,或者平台直接销售或者卖给第三方公司进行获利。

三、 数字资本对数字劳动的压榨

现实的资本获利过程,就是对劳动剥削过程。马克思在《1844 年经济学

---

① 蓝江:《一般数据、虚体、数字资本——数字资本主义的三重逻辑》,《哲学研究》2018 年第 3 期。

② 《2017 年中国媒体/媒介行业发展趋势分析》,2017 年 9 月 22 日,见 http://www.chyxx.com/industry/201709/566431.html。

哲学手稿》中对资本和劳动的关系作过深刻的论述:"资本是对劳动及其产品的支配权力"①,资本不仅是物,还是一种生产关系。是资本家对劳动力的支配、占有和剥削,也是对劳动的压榨。对此,在前文资本逻辑一章中有详细的论述。这里探讨数字资本与数字劳动之间的关系,仍然要回到马克思关于资本和劳动的关系上。

数字资本和数字劳动二者的关系是把现实物理空间的关系架构搬到网络空间,实现空间转化,二者的表现形式发生了变化。

数字资本获利方式主要有以下几种。

一是利用各种数字平台优势,通过圈占网络空间,获取用户数据方式占有资源,通过数据资源进入交换和流通市场获利,前面作过分析。

二是同时将非劳动力转化为劳动力,压榨剩余价值。前面探讨免费劳动概念以及"玩工"问题,本来不构成劳动力资源的人群被互联网转化为"劳动力"人群。在工业化生产中,成为劳动力是要有准入条件的,但网上的数字劳动,不限种族民族,不限年龄大小,无论耄耋老人,还是呀呀小童,都是压榨对象。

三是通过模糊工作和生活时间界限达到利润最大化。将劳动者的非劳动时间转化为劳动时间。在传统的工业资本主义中,一天工作结束也就意味着工人为资本家劳作的时间结束了,他们回家可以照顾妻儿,可以自我休闲,可以说,那时的工人的工作时间和休闲时间是界限分明的。但是在数字资本主义时代,人们的工作时间和休闲时间也就不再那么泾渭分明了。人们只要手指划过屏幕,人的数字劳动就开始了,就在为网络平台创造剩余价值。因此,可能你觉得自己是在休闲、在娱乐,但在某种意义上,你还在为某个资本劳动,并且这种劳动是免费的。

当然,还有这种情况,就是人工智能取代了人的劳动,这种剥削更为残忍,

① 《马克思恩格斯文集》第 1 卷,人民出版社 2009 年版,第 130 页。

会让大量人员失业。早在 2014 年的时候,比尔·盖茨就曾宣称,随着人工智能的进一步发展,工厂当中的许多需要工人操作的机器,甚至许多需要人来做的工作都将由具有高智能的机器来取代,也就是说,未来机器的使用会越来越普遍。他大胆预言说在未来的 20 年中,消费者—雇佣模式将不再占据常规性的地位。①

现在数字化生存带来积极的便捷,人们深深地陷入网络之中无法自拔,越对网络依赖性强,网络形成的剥削性就越大。除了无形的隐性剥削、有形的失业剥削外,还有一种是斯蒂格勒提出的"心灵无产阶级化"式的剥削。当象征符码经由大众传媒所控制进而成为工业技术操控的对象后,人的一切关注都将被掏空,人的感性生活也将成为虚假的景观产品机械投放地。这是一种彻底的本体论意义上的象征性贫困。这种象征性贫困又将导致人们系统性愚昧,从而使得资本主义社会中的人的心灵无产阶级化。② 由体力劳动的无产阶级化上升至"心灵无产阶级化",人彻底沦为数字化的附庸。这也就是迈克尔·佩雷尔曼(Michael Perelmanm)所预言的,信息技术给人们带来了一定的自由,但它也将压制真正的自由。③

需要强调的是,数字劳动实际上是资本主义剥削形式在互联网领域的体现,因为数字劳动本身就标示了互联网用户在为数字资本家提供数据资源的时候没有获得一丝补偿,因而数字资本家是无偿占有了用户的数字劳动。所以,这里包含了剥削,也正是在这里,剩余价值产生了。而这正是数字资本家疯狂掠夺互联网领地的关键原因。斯蒂格勒指出,在数字化资本主义基础上

---

① 〔法〕贝尔纳·斯蒂格勒:《论数字资本主义与人类纪》,张义修译,《江苏社会科学》2016 年第 4 期。

② 张一兵:《心灵无产阶级化及其解放途径——斯蒂格勒对当代数字化资本主义的批判》,《探索与争鸣》2018 年第 1 期。

③ Perelmanm, "Class Warfare in the Information Age", *Capital & Class*, 1998, Vol.23（3）, pp. 187–190.

的大规模自动化过程,已经造成了人们心理的和集体的个性短路,[①]已经让人们陷入了一种新的"异化"状态中,这样,就需要对这样的数字化进程有一个深入思考和细致分析,最好能从数字技术毒药这一自身中寻找其解药,类似于"解铃还须系铃人"这种感觉。一句话,不能仅仅对数字化技术作简单的批判,而需要对其进行"革命"式地改造,让其真正服务于人,而不是奴役人,使人畸形发展。由此,亟须超越数字资本主义的架构,打破这种垄断,充分借助互联网技术所包含的潜在的共产主义元素来真正实现人的解放。数据是网民和用户共同参与的累积物,网络本身就蕴含着共享的机制,互联网的商业化模式越深入,资本逻辑的统摄会越疯狂,劳动摆脱资本的铁律就是破除物化的藩篱。在马克思看来,要实现人的自由全面发展,集体的发展也是必须同步跟进的。马克思曾指出:"只有在共同体中才可能有个人自由。"[②]受马克思的启发,或许可以看到这样一种路径,即通过共享数据,每个人的智能就有可能较为广泛的联系、联结起来,从而形成强大的集体智慧,由此远远超越个体智慧,从而为推动共同体的发展铺平道路。然后,进一步构建共享共建共治的互联网空间,推进数据的共享机制,人人充分享有劳动成果,最大限度地体现最广大人民群众的根本利益,如此才能最大限度地激发创造力,成为真正意义上的"自由人联合体"。

---

① 张一兵:《心灵无产阶级化及其解放途径——斯蒂格勒对当代数字化资本主义的批判》,《探索与争鸣》2018 年第 1 期。

② 《马克思恩格斯文集》第 1 卷,人民出版社 2009 年版,第 571 页。

第七章　空间与正义：智慧城市及其核心要素

　　空间就是人们赖以生存的存在场,人们对环绕自己的空间一直是有认识的,在中西方宇宙观的形成中,尽管差异很大,但就对空间的认识前置这一点而言,应该是一致的。杞人忧天的故事如果从正面解读,人们会对故事的主人公充满敬意,因为在他的观念中有积极的空间认知。也正是由于人们对周围环境的感性认识逐渐被抽象,形成了关于“空间”的概念。在古希腊,德谟克利特的“虚空”概念是朴素的,但也是具有创建性的。到了亚里士多德那里,他发挥理论体系建构的特长,建立起第一个较为完备的空间理论体系。牛顿的空间概念主导了物理学的大成,通过绝对空间概念对机械力学运动现象进行了有效的解释,通过牛顿的解释体系,人们可以足不出户就完成宇宙空间的可计算性;爱因斯坦将时空概念相连,他的空间概念是 20 世纪物理学最重要的突破,颠覆了人们对时空的认识,在这个意义上,空间既是科学的也是哲学的。当然提到哲学关涉空间的思考,逾越不了康德,康德提出“纯直观形式空间”理论,接着,黑格尔提出了“精神空间”概念,并以他强大的思辨哲学展现。在物理学意义上的空间,越来越多地在形而上学意义上被发现。

　　谈到哲学关涉空间,马克思的思想非常成体系,在很多著作中都有所体现。但与以往直接探讨“空间”本身不同,马克思立足唯物史观,在唯物史观意义上将历史与空间结合,认为城市从来就不是先在的自然空间,而是具有"人"的印记的"人化自然"。将置于空间问题的认知放置于社会历史领域,尤其通过资本主义城市发展过程中空间问题进行探讨,具体体现在资本主义城市空间资本化问题。

第一节 马克思城市空间思想的语境

理解马克思城市空间思想,需要按照马克思唯物史观的方法,将马克思的分析置于社会历史情境中。马克思正是从城市问题和相关现象入手,把空间问题引入城市研究视野,因此关注马克思对城市的分析,也就把握住了空间问题的分析。马克思的分析思路:一是在历史视野中抓住城市发展过程并挖掘内在依据;二是通过批判视野,聚焦资本主义工业发展所处的城市空间,揭露城市问题根源,通过对城市问题的批判,达到对资本主义社会整体的批判,因此城市问题也是资本主义问题的缩影。因为城市是资本主义资本积累的载体和平台,是无产阶级与资产阶级进行阶级斗争的斗争场。

理解空间逻辑,要基于马克思对资本主义批判的现实语境、经济学语境和哲学语境三个层面,其中包含了人的生存、资本逻辑和现实矛盾三个层面。

一、 马克思城市空间思想的现实语境——人的生存与实践

城市的历史与人类文明的历史具有共构性,在新石器时代就有原始城市的萌芽。在《礼记·礼运篇》中记载:"城,郭也,都邑之地,筑此以资保障者也"。《吴越春秋》中谈道:"鲧筑城以卫君,造郭以守民"。从历史记载看来,中国城市最初就是空间概念,"市"的特点并不明显。但近代工业城市确实是与市场结合最为明显的,后面谈资本集聚与流通时会探讨。

马克思和恩格斯对城市问题的探讨体现在多个文本之中,《德意志意识形态》对资本主义城市的起源、功能与发展作了较为集中的论述。城市的发

展源于社会分工发展,尤其是商人这一特殊阶级的形成,是随着分工的进一步扩大,生产和交往的分离而出现的。马克思有一段商人与城市之间关系的论述,他指出商人会促成一座城市同另一座城市之间通商的扩大,这样随着两座城池之间商人交往的介入,生产和交往也会发生相互作用。城市之间通过商人交往而彼此建立联系,两城之间交往着它们所制造的劳动工具,这样生产和交往间的分工便会引起新的分工,"不久每一个城市都设立一个占优势的工业部门"①。

城市是人化自然的集中体现,"人的感觉、感觉的人性,都是由于它的对象性存在,由于人化的自然界,才产生出来的"②。在这个意义上马克思认为,只有人参与的自然界才有价值和意义,而"被抽象地理解的、自为的、被确定为与人分隔开来的自然界,对人来说也是无"③。空间是人化自然,也就意味着空间具有物质的一面,也有人为的一面,蕴含着物理空间和社会空间双重意蕴,具有物质性和社会性。马克思指出:"人在肉体上只有靠这些自然产品才能生活,不管这些产品是以食物、燃料、衣着的形式还是以住房等等的形式表现出来。"④城市空间的物质性包括城市中各类建设设施等各类物质载体,物质空间是人对象化活动创造的,为人类生产、生活等一系列活动提供物质承载。城市空间是被人化和人工化的物理空间,是人的现实生存参与的空间。同时本身也是"一切生产和一切人类活动的要素"⑤。空间与物质之间是互为存在的关系,不存在缺乏物质的空间,也不存在远离空间的物质,物质性是空间的基本特性,空间性是物质的存在方式。马克思把空间看作人类一切生产和活动所需的要素。城市空间既是人基本的生存空间也是生产空间。

城市空间的社会性也是社会关系的承载,人在进行物质生产活动的同时,

① 《马克思恩格斯文集》第1卷,人民出版社2009年版,第559页。
② 《马克思恩格斯文集》第1卷,人民出版社2009年版,第191页。
③ 《马克思恩格斯文集》第1卷,人民出版社2009年版,第220页。
④ 《马克思恩格斯文集》第1卷,人民出版社2009年版,第161页。
⑤ 《马克思恩格斯文集》第7卷,人民出版社2009年版,第875页。

也在既成的社会关系结构中形成新的社会关系。是人们社会交往的实践场域。马克思和恩格斯关于城市空间的关注在多个层面上有所表达,其中住宅问题最为集中。住宅问题关注非常具体,也体现出非常现实性的一面。城市住宅在马克思和恩格斯视野下,是一种"生活资料",但绝不是单纯的生活资料,它与生产资料相对应,影响着生产资料。在《英国工人阶级状况》《资本论》和《论住宅问题》等著作中,马克思与恩格斯对英国、德国,尤其是英国的无产阶级居住状况作了非常详细的调查与分析。城市住宅蕴含多种空间形态,包括工人居住的房间、地下室等各种居住场所,还有工厂、仓库等工人每天进行劳动所在的生产场所。"城市建筑形式本来就阻碍了通风。呼吸和燃烧所产生的碳酸气,由于本身比重大,都滞留在街道上。"①在《英国工人阶级状况》中恩格斯对工人的居住条件描述用了相当的笔墨,因为"城市中条件最差的地区的工人住宅,和这个阶级的其他生活条件结合起来,成了百病丛生的根源"。②

城市住宅不仅是物理空间,是商品存在,而且是劳动力生存的直接场所,影响劳动力的再生产。但这个条件在当时无论英国还是德国都很难保障,尤其德国作为后发的资本主义国家更为明显。普法战争后的德国,大工业迅速发展带动城市发展,老的城市格局与大工业发展的要求不能相适应。大工业发展吸纳了大批工人集聚,住房条件很难保障生活需求,德国工人阶级住宅问题如同恩格斯在《英国工人阶级状况》中描述的一样,住房短缺、环境恶劣等问题日益凸显。乡村的城市化是有代价的,"城市和乡村的分离还可以看作是资本和地产的分离,看作是资本不依赖于地产而存在和发展的开始,也就是仅仅以劳动和交换为基础的所有制的开始"③。城市向大工业城市演变也是有代价的,城里的工人遭受着恶劣的居住环境以及劳动的剥夺,乡村劳工因城

---

① 《马克思恩格斯文集》第1卷,人民出版社2009年版,第410页。
② 《马克思恩格斯文集》第1卷,人民出版社2009年版,第411页。
③ 《马克思恩格斯文集》第1卷,人民出版社2009年版,第557页。

市化被迫大量进城，"结果工人从市中心被排挤到市郊；工人住房以及一般较小的住房都变得稀少和昂贵，而且往往根本是找不到，因为在这种情形下，建造昂贵住宅为建筑业提供了更有利得多的投机场所，而建造工人住宅只是一种例外"①。英国是较早完成工业革命的国家，当时生产力水平远远超过德国。英国是把住宅纳入资本增殖范畴的，因为修建工人住宅可以带来收益，工人住宅紧邻工厂建造，一方面缓解了工人住宅困难，另一方面提高了生产效率。当然，这更体现了资本主义的剥削本质。

城市不仅为生存提供空间，还为实践提供场所。实践即人的根本存在方式，因为人的生存需时空条件，并且是随时空条件变化而变化，在时间上有量度，在历史上有坐标。马克思、恩格斯通过创立历史唯物主义，也构建了对"生活与生产"和"现实的个人"的认识。城市作为物理空间承载，是人们生活与生产的空间，也是"现实的个人"的安身立命之所在。

二、 马克思城市空间思想的经济学语境——资本的流动与集聚

城市空间与人的生产、生活、交往等息息相关，是人的现实生存空间，必然包括诸多要素，这其中最活跃和最凸显的就是资本的流动与集聚。

资本运行需要城市空间作为载体，当然，城市空间也是资本积累的重要环节，不能逾越，因为工厂和市场的主体在城市。"城市空间不仅仅是容纳资本主义生产的巨大'容器'，其本身就是资本积累的一个内在的重要环节。"②

当城市空间作为资本运行载体时，就为资本累积提供了巨大的安身场所，在这个意义上，资本主义工业城市就是诸多生产要素空间积聚的落脚点。

一方面是为资本增殖创造的基础条件完备。城市尤其是大的工业城市，

---

① 《马克思恩格斯全集》第18卷，人民出版社1964年版，第239页。
② 李春敏：《城市与空间的生产——马克思恩格斯城市思想新探》，《中共福建省委党校学报》2009年第6期。

集聚了完备的工业体系和生产基础设施,各种工业化生产的物质基础为生产要素的生产性组合提供了条件,生产和交换的成本极大降低,利润率必然增加。

二是创造剩余价值的劳动力群体庞大。由于城市化,大量过量人口涌向城市,这些大量劳动力人口可以创造剩余价值,又由于人口庞大,带来劳动力价值的贬值,购买劳动力的成本降低,为资本累积带来活水源泉。

三是工业革命带来新兴的技术的发展创造了积极的生产力。大工业需要科学发展和技术创新,最初的科学和技术要素必然依据空间基础好的环境,城市就是最重要的载体。城市具有一种空间聚合力,使所有有利于发展工业的科学技术等重要生产要素集中起来,于是就形成特有空间优势,为资本累积创造条件。

城市空间为资本积累作出重要贡献,而资本又会反哺城市空间的建设与发展。资本的本质就是不断增殖,资本善于通过各种力量达到自身增殖的目的。空间资本化实际上是资本逻辑发展的必然结果,自身为了达到自身增殖的目的,会把世上所有的一切商品化,就连人自身都无法逃脱这种过程,更何况空间了。空间也是一种资源,无论是人的生存生活,还是资本家的工厂生产、货物储存等无不需要一定的空间,因此人对空间的需要是一直伴随着人的生产生活的,而这也成为资本家抢占空间资源的重要原因。有论者认为空间资本化也是资产阶级意识形态的结果,他们在追求最大利益的裹挟下,力图实现空间资源的最大增值。① 人们已然看到,城市空间资本化不仅改造了传统狭小和简陋城市空间形态,比如英国资产阶级在 19 世纪改造工人住宅状况,不仅为生产集聚活劳动,还塑造了更加广阔的市场经济,因为住宅也商品化了,由此拓宽了商品经济。空间资本化进程实际上打开了一个空间创造的时代,这种空间的创造、改造和主导者就是资本,城市形象是被资本塑造了。城

---

① 孙江:《"空间生产"——从马克思到当代》,人民出版社 2008 年版,第 140 页。

市空间资本化带动城市经济的发展,也增加了社会财富。当然,资本对城市空间的主导也会带来各种社会问题,以当下为例,城市高房价,尤其是一线城市的高房价让住宅问题变得尤为凸显和敏感。今天的住房问题不仅仅是物质空间问题,也是资本流动和集聚问题,更是社会问题。

三、 马克思城市空间思想的哲学语境——意识形态与社会关系

马克思在 19 世纪对城市活跃的无产阶级的关注,关注点是现实生存,但落脚点是其解放。其中意识形态和阶级关系是城市空间思想的哲学语境。

马克思认为人不是孤立的个人,在其现实性上是一切社会关系的总和。人必然会处在一定的社会关系中,并且他的活动也将塑造和改变他的社会关系。城市空间当然是一种物理空间,它具有实实在在的使用价值,可供人居住、生活、生产等,不过它也是人与人交往的空间。城市空间一方面是人们生存生活、人际交往的空间,另一方面也是资本流动和聚集的容器,这样它其实已经潜在地为阶级关系架构了基础。"城市作为一种因变量,是人的发展、空间的扩充以及资本和技术积累的结果。城市作为一种'自变量'对阶级关系、社会关系的性质具有特殊影响,是人类自然环境与生产活动特殊关系的产物。"①在马克思的分析语境中,城市空间中先后存在着两对矛盾:一是资本主义与传统的封建主义的矛盾,城市空间首先是资产阶级战胜封建统治的场所。随着资本主义取代封建主义,第二对矛盾就出现了,这就是资产阶级与无产阶级的矛盾。市民阶级的出现,是从各个城市很多地域性市民团体中产生的,当然,这个过程十分缓慢,资本主义通过工业生产方式创造了巨额财富,为实现资产阶级专政提供了必备的物质基础。资产阶级为了巩固统治,服务于资本增殖目的,按照利润最大化原则,构建和拓展新的城市空间,城市空间的拓展,

---

① 高鉴国:《新马克思主义城市理论》,商务印书馆 2007 年版,引言第 1 页。

也扩大了和进一步容纳了无产阶级。"随着各城市间联系的产生,这些共同的条件发展为阶级条件。……资产阶级本身开始逐渐地随同自己的生存条件一起发展起来,由于分工,它又重新分裂为各种不同的集团,最后,随着一切现有财产被变为工业资本或商业资本,它吞并了在它以前存在过的一切有财产的阶级(同时资产阶级把以前存在过的没有财产的大部分和原先有财产的阶级的一部分变为新的阶级——无产阶级)。"①在马克思的视野中,正是在这样的背景下,城市空间是工人阶级形成的必要条件。

一是城市空间的拓展带来了资本发展空间的扩大,资本对活劳动的需求不断增长,工人的数量急剧扩展并促进了工人阶级的集聚。"较多的工人在同时间、同一空间(或者说同一劳动场所),为了生产同种商品,在同一资本家的指挥下工作,这在历史上和逻辑上都是资本主义生产的起点。"②资本主义工业发展把大量的工人聚集在生产厂房里,而无数的企业为了降低运输成本也积聚在一座城市里,这样,城市中就必然有大量的工人积聚,而这恰恰也为工人阶级的联合创造了条件。

二是无产阶级和资产阶级的对立在城市空间中交锋。大城市作为工人运动的发源地,具有重要意识形态价值。马克思指出,在城市中,工人将会思考如何为改变自己被压迫的状况而斗争;由此也会出现无产阶级和资产阶级的对立;再进一步便会产生工人团体、宪章运动和社会主义。③ 城市越大无产阶级力量就越壮大,革命影响力就越大。法国的巴黎、俄国的彼得格勒、中国的上海都是具有工人革命传统的大城市。"资本主义国家工人运动的主战场是在城市,工人运动的主要形式也表现为城市运动或城市革命,这是由资本主义生产方式的城市性决定的。"④

---

① 《马克思恩格斯文集》第 1 卷,人民出版社 2009 年版,第 569—570 页。
② 《马克思恩格斯文集》第 5 卷,人民出版社 2009 年版,第 374 页。
③ 《马克思恩格斯文集》第 1 卷,人民出版社 2009 年版,第 436 页。
④ 牛俊伟:《德意志意识形态的城市思想及其现代意义》,《国际城市规划》2012 年第 1 期。

　　城市空间的主体矛盾性是城市发展的一种悖论,城市发展需要资本的力量,但又要克服资本带来的剥削,城市发展的路径也是马克思对未来社会发展设定的路径,资产阶级和无产阶级所代表的资本和劳动的对立的矛盾,需要在城市空间中解决。在不断扩大的城市空间中,资产阶级终将无法控制其创造的"庞大的生产资料和交换手段"①。因为资本主义生产空间的扩大终将带来生产过剩,生产过剩就会导致经济危机,最终带来资本主义危机。无产阶级要实现自身解放就要确立主体性,创立自由发展的客观条件,担负起人类解放的伟大使命。马克思指出,无产阶级要拿起哲学这一精神武器,通过革命的手段,打碎旧世界,建立共产主义社会。而城市空间就是斗争场,也是建设场,城市空间必将成为无产阶级赢得胜利、实现共产主义的场所。

　　尽管马克思、恩格斯没有为自己的理论贴上"城市空间理论",但"城市空间"从没有走出历史唯物主义的视野。深入马克思的经典文本,进一步挖掘其中城市空间的理论逻辑,并多角度、多语境的阐释,对于理解当下城市空间的建构、城市发展的矛盾、城市对社会发展的意义都有着积极价值。尤其是去库存以及供给侧改革背景下,为人们认识和解决城市空间问题提供了较为丰富的思想来源和思考素材。智慧城市问题的思考,虽然与 19 世纪马克思、恩格斯所处的城市时代不同,但马克思对城市空间问题的历史唯物主义视野以及不同语境的分析结构,都有重要方法论意义。

第二节　智慧城市核心要素分析

　　在 2008 年金融危机的影响下 IBM 率先提出的应对全球金融危机的一个智能项目——智慧地球,智慧城市作为智慧地球的重要结构组成迅速兴起。智慧城市旨在智能地感知、分析和集成城市所辖的交通、消防、城市服务、医疗

---

① 《马克思恩格斯文集》第 2 卷,人民出版社 2009 年版,第 37 页。

资源、社会组织、公共安全等的运作情况,然后通过智能分析为政府智能的决策提供具有重要参考价值的信息。总之,它的目的就是要让城市系统能够更迅速、更智能、更有利于居民的生活而良性运转。① 在智慧城市建设方面,我国起步并不晚,早在 2014 年,《国家新型城镇化规划(2014—2020)》出台,这个文件由中共中央、国务院印发,其中提出,为了更好地促进城市的可持续发展,把智慧城市的建设作为一种重要选择。同年 8 月,《关于促进智慧城市健康发展的指导意见》面世,至此,我国进入了建设智慧城市的时代,标志着智慧城市被正式纳入国家建设体系。

如果说如何建设智慧城市是政府治理行为问题,但是如何认识和看待智慧城市,探讨智慧城市的核心要素和发展路径对人类未来意味着什么,却是一个宏大的哲学命题。智慧城市与传统城市根本区别何在? 智慧城市能否解决传统城市发展面临的困境? 从技术、人、空间与资本的维度,探讨基于智慧城市发展这些核心要素及其相互关系问题具有一定价值和意义。

一、 智慧城市建设的基础与前提——技术要素

技术是城市建设的基础要素,对于智慧城市而言,区别于传统城市就在于"智慧"二字。智慧不是城市先天的自变量,而是技术赋予的因变量。对于智慧城市而言的技术不是一般意义上的技术,而是通过物联网、大数据、人工智能等的合成技术,统称智能技术。"智慧"基于字面意义,一般与人有关,是来源于神经器官的理解、记忆、计算、联想、判断、感知等综合能力,是人精神方面能力的表征,智慧城市也正是平移这一理解,也应具备理解、记忆、计算、联想、判断、感知等处理城市问题的能力。"智慧"是"智慧城市"中的一个关键词,正是它将智慧城市与传统城市相区别开来。智慧城市的实现是需要科学技术的支撑的,只有将智慧和智能联合起来,智慧城市才有可能实现,并真正为人

---

① 史璐:《智慧城市的原理及其在我国城市发展中的功能和意义》,《中国科技论坛》2011年第5期。

类生活带来实质性的改变，从而优化人们的城市生活。在城市全面数字化基础上建立的可观、可测量、可感知、可分析、可控制的智能化城市管理与运营机制，涵盖了城市的网络、计算资源等基础设施，以及相应的数据实时处理和分析的支撑等平台，被广泛地应用和被需要于人们的工作、学习、生活、生产、消费等各方面、各领域之中。[①]智慧城市这些类人化的智慧能力是通过技术支撑的，智慧城市的支撑技术不是某一种技术，而是技术的集合，其中物联网、大数据和云计算三大技术最为基础。

所谓大数据，首先基于数据数量的巨大，但其"大"并不单指数量巨大，如果仅是数量巨大，技术创新力并不值得称许，大数据主要在于计算的算法。"大数据并非一个确切的概念。最初，这个概念是指需要处理的信息量过大，已经超出了一般电脑在处理数据时所能使用的内存量，因此工程师们必须改进处理数据的工具。这导致了新的处理技术的诞生。例如谷歌的 MapReduce 和开源 Hadoop 平台（最初源于雅虎）这些技术使得人们可以处理的数据量大大增加。更重要的是，这些数据不再需要用传统的数据库表格来整齐地排列——一些可以消除僵化的层次结构和一致性的技术也出现了。"[②]大数据作为新兴的技术形式，是一个技术群的概念，也包括技术协同学概念。形成大数据分析的数值的前提是首先要占有数据，然后整合数据，接着分析数据，还要研究创新，最终用来指导实践。数据来源于各个平台，也来自个体建构，计算机网络催生了诸多社交媒体和自媒体发展，个体建构数据能力在智能手机大面积普及情况下不断凸显。每个手指滑动屏幕增加的浏览量和转发量等不经意的网络行为都极大地增加了大数据的存储，建构了基础数据库，为智慧城市建设提供了数据基础。

---

① 李德仁、姚远、邵振峰：《智慧城市的概念、支撑技术及应用工程研究》，《跨学科视野中的工程》2012 年第 4 期。

② ［英］维克托·迈尔－舍恩伯格、肯尼斯·库克耶：《大数据时代——生活、工作与思维的大变革》，盛扬燕、周涛译，浙江人民出版社 2014 版，第 8 页。

物联网技术对于智慧城市建设而言也是一种重要的技术形式。"物联网技术是系列技术的组合,但以传感技术为基础。随着通信技术、嵌入技术和微电子技术的快速发展,微型智能传感器得到了现实应用,这种传感器同时拥有感知、计算和通讯能力。传感器节点的网络化就是传感网技术,物联网就是传感网技术在物与物、物与人之间的应用。"①关于物联网技术与正义的关系问题将有专门一章论述,所以不再过多探讨技术形式。

云计算是网络计算的提升,是一种新型计算方式。Gartner 早在 2011 年 1 月发布的 IT 行业十大战略技术报告中就将云计算技术列为十大战略技术之首。② 如果没有云计算,智慧城市的发展就缺乏了编程基础。云计算通过模型化使海量数据的处理更加便捷,提高了计算效率。

当然智慧城市建设还离不开人工智能技术,关于人工智能技术在后面章节中会详细探讨,也正是由于人工智能技术的发展,统合了大数据、物联网和云计算等技术,形成了技术融合体,让城市朝着更加智慧的方向发展。

二、 作为城市居民生产与生活的场所——空间要素

关于空间问题,在探讨马克思城市空间理论时有所涉猎。作为城市也是一个社会结构,经济、政治和文化等多要素形成了空间整体,也共同支撑和维系城市空间正常运行,而城市空间是人在社会、经济、政治、文化等要素面前最直接的运行载体,各类城市活动所形成的功能区则构成了城市空间结构的基本框架。它们伴随着经济的发展,交通运输条件的改善,不断地改变各自的结构形态和相互位置关系,决定着城市空间结构的演变过程和演变特征。城市空间的功能是城市空间存在的本质特征,是城市空间系统对外部环境的作用和秩序,早期的城市空间的功能主要是生产功能、资本积累功能、集散功能。但智慧城市的发展,打破了一直占主导地位的物理空间结构,物理空间与智能

---

① 王治东:《物联网技术的哲学释义》,《自然辩证法研究》2010 年第 12 期。
② 参见江媛媛:《2011 年十大战略技术:云计算居首》,《今日科苑》2011 年第 5 期。

技术实现的虚拟空间相互渗透与影响,使城市空间理论有了更多值得探讨的方面。

20 世纪 20 年代,芝加哥学派对城市空间展开了全面系统的探索,如伯吉斯(Ernest Watson Burgess)的同心圆理论、霍伊特(H.Hoyt)的扇形理论、哈里斯(C.D.Harris)等的多核心理论。在 20 世纪中期,资本主义国家出现很多社会问题,其中城市问题成为重要问题之一,甚至成为其他诸多问题之源。以现实问题为着眼点的西方马克思主义者自然不能忽略城市问题,在资本主义生产方式理论的框架下提出了新马克思主义城市空间理论。代表人物主要有大卫·哈维(David Harvey)、卡斯泰尔(Manuel Castells)和列斐伏尔(Henri Lefebvre)等。在列斐伏尔的《空间的生产》一书中,他概括了资本主义空间的功能特性。"空间是一种生产资料和生产力,利用空间如同利用机器一样,都有使用价值,并能创造剩余价值。同时他认为空间也是一种政治工具,国家利用空间以确保对社会的控制,阶级斗争已介入空间的生产;空间既是斗争的目标又是斗争的场所。"①

在马克思的经典理论中,体现了马克思和恩格斯强烈的地理和空间直觉,在《共产党宣言》和《德意志意识形态》里体现得最为充分。空间尤其是城市空间被马克思视为"现实的人"进行物质生产的容器和载体。马克思认为人不是孤立的个人,而是必须与他人进行各种交往中形成的社会关系的集合体。城市空间不仅仅是物理空间,更重要的是人与人之间的交往关系空间。智慧城市空间要素集聚的不仅是现实世界空间,同时也是虚拟世界空间,是二者之间的交互与联系,这种联系对以往传统社会形成了颠覆性的冲击,城市资源得到充分整合,城市运行更加有效,居民生活品质得到提升,生产生活的模式都朝着智慧的方向发展。"米切尔曾断言,21 世纪的人类不仅居住在钢筋混凝

---

① 高峰:《城市空间生产的运作逻辑——基于新马克思主义空间理论的分析》,《学习与探索》2010 年第 1 期。

土构筑的'现实'城市中,而且还同时栖身于数字通讯网络组建的'软'城市中。"①

智慧城市代表了更加全面的要素流动、更加紧密的时空联系,成为当前新的城市空间范式。这种新的城市空间范式,最终达到科学技术、社会经济、城市空间、法律制度、人文思想等之间的相互联通、多元融合与协同发展。"对城市活动空间组织结构和对应的实体空间结构产生影响,并使得城市发展由单核聚集向多核离散的转变。"②智慧城市中的人们逐步摆脱了时空距离产生的问题。不仅仅是交通,更是人们生产、生活的方方面面。这种智慧的规划理念也正是规划学界城市空间运作目标实现的进一步体现,"这种基于智能技术的空间范式,有助于提升整体社会服务和管理水平、形成绿色高效的能源和空间利用方式,从而实现城市的可持续发展"③。

三、 作为城市空间运行的动力与血液——资本要素

对于资本与空间的关系问题,马克思的分析路径具有积极价值。马克思和恩格斯一以贯之地认为,工业城市就是资本主义生产方式的空间表达,没有城市空间发展,就没有资本的注入载体,而没有资本的大量注入,城市空间也无从发展。资本的建设力量极其巨大,"资产阶级在它的不到一百年的阶级统治中所创造的生产力,比过去一切世代创造的全部生产力还要多,还要大"④。

资本的逻辑运动是遵循规律的,其不断榨取剩余劳动的方式和条件,是有利于更高级的社会形态出现的,⑤因为它能够为这样的社会的到来创造各种

---

① 赵渺希、王世福、李璐颖:《信息社会的城市空间策略——智慧城市热潮的冷思考》,《城市规划》2014年第1期。
② 沈阳:《浅谈"智慧城市"与智慧城市空间布局的关系》,《上海城市规划》2013年第1期。
③ 席广亮、甄峰:《基于可持续发展目标的智慧城市空间组织和规划思考》,《城市发展研究》2014年第5期。
④ 《马克思恩格斯文集》第2卷,人民出版社2009年版,第36页。
⑤ 《马克思恩格斯文集》第7卷,人民出版社2009年版,第928页。

要素。从规则维度来看,资本逻辑是有利于生产力发展的。马克思进一步指出,资本的发展一方面迫使劳动超越自身需要界限,另一方面正是这种超越才有可能为丰富的个性发展"创造出物质要素"①。

资本充满活力也会催生城市空间的不断拓展,资本配置资源的能力显而易见。资本在这个意义上就是城市空间运行的血液,资本的积极作用的发挥会为城市发展注入深层动力。因此,对于智慧城市而言,资本要素的合理配置是城市更具活力的基础。事实上,城市建设和规划所需资本异常巨大,仅仅依靠政府单独的投入是不够的,因为政府的资金是要合理的运用于全方位的事业,而能够花在智慧城市建设上的资金就必然不多,这样,民间资本也需要被调动起来服务于智慧城市建设,以免由于资金缺乏问题,而"影响到整个智慧城市的建设效果"②。

资本的逐利性促成了其流动性,便于汇聚和流动,引导资本流动,利于智慧城市建设成为重要命题,有人提出城市资本化经营模式,这种经营模式将使城市资产以货币形式运作,城市也将通过这种运作模式得到健康持续发展。③尽管这是属于操作层面的问题,但对于智慧城市建设如何引导资本流动,还是有启示意义的。

四、 智慧城市建设的活动主体——人的要素

无论是技术、资本还是空间,前提和落脚点都应该有人的要素,因为人是智慧城市建设的主体。马克思与恩格斯无论是对费尔巴哈的自然唯物主义的超越,还是对实践唯物主义的延伸与展开,都离不开对现实的个人的把握。马克思和恩格斯正是通过对城市中活动的主体人的研究,成就了对未来社会的

---

① 《马克思恩格斯文集》第8卷,人民出版社2009年版,第69页。
② 沈阳:《浅谈"智慧城市"与智慧城市空间布局的关系》,《上海城市规划》2013年第1期。
③ 陈仲伯、沈道义、段睿:《城市资本化经营策略分析》,《财经理论与实践》2003年第7期。

积极探讨。资本主义创造的生产力为城市发展奠定了基础,反过来城市又进一步成为资本运作的场所、成为资本积累的重要载体。一句话,随着资本主义的发展,资本和城市两者进入了相互促进的关系模式。当然,在资本和城市之间还有一个重要中介,那就是人本身,资本和城市的发展最根本的还是人。倘若一个城市中缺乏劳动者,那么这座城市注定会没有"活力"。不过,资本主义的生产会为城市吸引大量的工人,用马克思的话来说就是"资本主义生产使它汇集在各大中心城市的城市人口越来越占优势……"①城市也将随着这些人口的增加而越来越富有活力,越来越发展和壮大。更多的人口去满足工业生产的需求,对于物质工资的需求又反过来使得工人从农村走进城市,城市因为工人们的到来人口数量迅速膨胀。

马克思时代对于城市活跃阶级无产阶级的关注,落脚点是关注其解放和现实生存,马克思主义通过历史唯物主义的创立,构建了对"生活与生产"和"现实的个人的认识"。城市正是生活与生产的物理空间,也是"现实的个人"的安身立命之所在。"现实的个人"是处在"自然关系"和"社会关系"双重关系中的人,包括三个方面:有生命的个人的存在、现实的人的物质生活条件和现实的人的活动,三者不是分割的关系而是密不可分的,有内在的一致性。人是历史性的现实存在,人的生存随历史和环境等时空条件而变化。正如马克思所论述的,人"使自己的生命活动本身变成自己意志和自己意识的对象"②,有意识的生命活动是人和动物相区别的标志。

一般而言,人是通过其劳动来维持生存的,不管这个人身处什么地方,不管这个人从事什么职业,他要生存总还需要一定的劳动。而劳动和技术则是紧密联系的,在目前,人的劳动可以说没有不需要技术的,因而某种程度上可以认为技术生存是人的一种存在方式。技术是人们改变客观对象的中介,没有它,人们将很难与自然"抗衡",其生存将会受到严重影响。人通过技术改

---

① 《马克思恩格斯文集》第5卷,人民出版社2009年版,第579页。
② 《马克思恩格斯文集》第1卷,人民出版社2009年版,第162页。

造对象,证实了人是一种有意识的类存在物,也正是这种实践"使人真正成为历史的社会的文明的存在物"①。因此智慧城市建设一定要基于生产与生活的统一性。

　　智慧城市与一般层级的信息城市是不同的,它更加注重"'人本'与'技术'智慧所给予城市发展的推动"②。智慧城市一般包括以下维度:智慧交通、智慧经济、智慧环境、智慧管理、智慧生活、智慧运行、智慧居民等,其中智慧居民和智慧生活是智慧城市的最终目标。"IBM 同样指出,智慧城市是运用先进的 ICT 技术,将'现实的人'、商业、运输、通信、水和能源等城市运行的各个核心系统整合,从而使整个城市作为一个宏大的'系统之系统',以更为智慧的方式运行,进而为城市中的人创造美好的生活,促进城市可持续发展。综合看来,智慧城市就是城市各子系统协调运行而形成更'智慧'的城市——依托但不止于技术主义,更为重要的是贯穿其中的城市人文因素。"③马克思在《1844 年经济学哲学手稿》中就已明确指出,自然科学已经进入并改造着人的生活,并且为人的解放做了相应的准备,"如果把工业看成人的本质力量的公开的展示"④,那么所谓自然界的人的本质,也就可以由此得到理解了。因此,智慧城市建设不仅仅是要重视技术要素、空间因素和资本要素,更重要的核心要素是人的要素。

第三节　城市发展与正义寻求

　　城市也是人们按照自己心愿改造客体的结晶。智慧城市的建设一样依赖于集体力量。要高效地运用这种集体性力量,就需要合理、有序地统合各个部

---

① 肖玲:《马克思主义人学思想对技术哲学元问题研究的价值》,《马克思主义研究》2012年第 11 期。

② 孙中亚、甄峰:《智慧城市研究与规划实践述评》,《规划师》2013 年第 2 期。

③ 孙中亚、甄峰:《智慧城市研究与规划实践述评》,《规划师》2013 年第 2 期。

④ 《马克思恩格斯文集》第 1 卷,人民出版社 2009 年版,第 193 页。

分和要素。智慧城市当然能够给人们的生活带来极大便利,因为它能够更加及时的反馈城市中发生的问题,并提交给政府部门加以解决,这样就能形成城市系统运转的良性循环。不过,智慧城市也有诸多问题,这种问题甚至比传统城市面临的问题的难度还要大,特别是智慧城市中资本逻辑的不可控因素,这一因素很可能为城市发展带来灾难性的结果。智慧城市建设有可能会形成城市建设的悖论。

一、 资本要素的合理运用

马克思主义唯物辩证法认为,事物其实是其各部分组成要素整合在一起形成的系统,这种系统不是其组成要素简单机械的堆积,而是有机地组织与构成,系统能够超越要素简单的堆积而具有全新的性质和功能。一个系统的优化需要要素的合理构成,倘若一个系统中有不合理的构成要素,那么这个系统就无法发挥出优异的功能,反而可能产生严重的内耗,导致系统崩溃。比如在一个社会系统中,如果只单独注重追求金钱利益,那么这个系统对处于其中的要素:人、环境等,都会产生极大的破坏作用,如此一来,这些构成要素的破坏反过来也会是整个社会系统崩溃。因此,对于智慧城市的建设也要特别注意,对其中要素,无论是技术、空间还是资本等都要进行合理整合,服务于人的目的。否则对人会形成压迫和奴役。就如马克思所指出的:"所有这些人愈是聚集在一个小小的空间里,每一个人在追逐私人利益时的这种可怕的冷淡、这种不近人情的孤僻就愈是使人难堪,每一个人的这种孤僻、这种目光短浅的利己主义是我们现代社会的基本的和普遍的原则……这种一盘散沙的世界在这里是发展到顶点了。"①随着城市中资本和人口的聚集,生活其中的人将在追逐利益的同时变得极端自私自利。这种思想和意识上的改变是非常可怕的。

资本之所以如此,在于资本既具有价值,又具有使用价值,资本既表现为

---

① 《马克思恩格斯全集》第 2 卷,人民出版社 1957 年版,第 304 页。

社会财富,也是一种生产关系。资本所表现出的生产关系,是资本和劳动的对立关系,是有产和无产的对立关系,因而进一步演化为资产阶级与无产阶级的对立关系。但资本最不可忽视之处在于,资本一旦产生,其发展的逻辑很难为人所控,甚至资本具备了控制人的能力。因为资本的本性是求利,并且追求利益最大化,求利本性使资本对任何想要试图阻碍资本追求剩余价值、实现价值增殖的行为,会不遗余力、不择手段、不顾一切代价地去阻止,道德、文明、人性等在资本面前不堪一击。

智慧城市建设既需要发挥资本集聚和流动作用,又要克服资本对社会关系的统摄。因此,只有将智慧城市的整体建设和其基本构成要素技术、空间、资本方方面面与人的发展要素协调起来,智慧城市才会彰显积极的意义。因为建设对象是城市本身,但最终目标是让人的生活更美好,也就是要实现马克思与恩格斯在《共产党宣言》中提出的目标——实现自由人性的发展。

二、各种要素的协调发展

智慧城市建设面临比传统城市更严重的问题,尤其是信息产业的发展,快捷的联络和信息沟通方式,没有让彼此的心灵更近,甚至某种程度上疏远了人与人之间的距离。不得不承认,手机网络等信息时代的产物在以惊人的速度改变着人们的生活,带来了空前的便利,但是随之而来的一些问题跃然纸上,面对面真心的交流减少,人与人心灵的鸿沟越来越深,人情愈加冷漠。因此,需要将智慧城市的整体建设和其基本构成要素技术、空间、资本方方面面与人的发展要素协调起来。

在诸多要素中,智慧城市的核心要素不是简单的组合,而是具有一定的序列层次和统摄关系的。其中人的要素是起点也是归宿;但资本在其中是最活跃的要素,被人统摄,反过来也制约和支配着人,技术、资本与空间为条件,形成一个循环的三角结构,反过来与人的要素形成相互关系。如下图所示。

在这个图中人的地位是最重要的,但在潜在的结构中资本的要素很容易

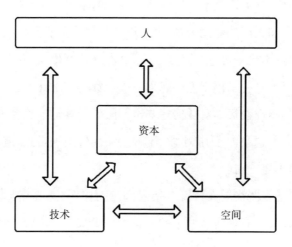

智慧城市核心要素之间的关系图

僭越,换句话说,资本的统摄地位也不容忽视。实际上在前文分析马克思物化理论的时候,就已经指出资本具有的自我增殖能力,是公式 G-G' 出现在现实生活中,在人们的头脑里,似乎资本天生就能增殖自身,而不用进入生产流通领域。资本所具有的这样的能力,恰恰让它很可能将人置于它的控制之下,这里的人不仅包括工人,实际上还包括资本家,因为,无论如何,这两者都是为资本的增殖服务的,只不过资本家的境遇比工人的处境要好很多。因而,如何控制好资本,如何利用好各个要素,形成为人所用的格局,是智慧城市建设的重中之重。虽然智慧城市建设对象是城市本身,但最终目标是让人的生活更美好,也就是要实现的是马克思与恩格斯在《共产党宣言》中提出的目标——实现自由人性的发展,也正是城市发展之道,更是智慧城市诉诸的正义之道。

第八章　感知方式与正义：物联网时代的技术正义

"物联网技术"是互联网借助传感技术由虚拟空间向现实物理空间拓展的一种新的技术形式，也是各国力图抢占的信息技术革命的生长点。这种技术带来了人类生产方式、生活方式、思维和思考方式的变革。物联网（the Internet of Things）技术目前已经成为信息技术革命中的重要环节。物联网技术是系列技术的组合，但以传感技术为基础。随着通信技术、嵌入式技术和微电子技术的快速发展，微型智能传感器得到了现实应用，这种传感器同时拥有感知、计算和通信能力。传感器节点的网络化就是传感网技术，物联网就是传感网技术在物与物、物与人之间的应用。目前物联网技术已经由理论层面移植到现实经济建设中来。

物联网技术作为对人类生存具有重大影响的技术形式，必然具有哲学的意蕴。面对物联网技术方兴未艾，风起云涌，对物联网技术的哲学思考，不要做密涅瓦的猫头鹰，迟迟起飞。哲学反思功能要与之发展同步，甚至要做到前瞻。

第一节　物联网技术与感知方式

物联网技术的感知方式是物联网独特性的重要因素，也是物联网具有物物相连功能的基础。物联网技术在某种程度上是感知技术的集成,具备感知和认识功能的代表性技术诸多,如无线射频技术(RFID)、产品电子标签(EPC)、普适计算(ubiquitous computing)和云计算(cloud computing)等,显现形式即今天到处都是的二维码(QR code)。这些技术通过整体集群,建立起智能化的交互体系,通过网络实现物联。普适计算是人们摆脱计算设备对人类活动的束缚,将互联网推广到物理世界的初步尝试。

一、 物联网技术的感知机制

人的意识是大自然演化的高级产物,物质决定意识的产生,人类的意识,包括意识有关的情感、情绪以及心理活动等现象是基于物质基础的。人的心灵感受与感知将依赖两方面的人脑机能:一是记忆特质。通过人体感知器官接触并感受来自外部环境所传达、显示的信息,通过大脑和神经系统的联合作用对信息进行存储、反映并将该过程不断重复、强化,因此在脑海中形成固定式的条件反射,经过长期的训练,只要人脑中出现相关的信息、概念、词汇,甚至无须看到或听到,在强化训练后,可以脱离现实中真实的存在物而仅凭借概念、印象就可充分模拟、还原出特定的场景和物体。二是分析特质。在记忆存储的海量信息和信息含义的基础上,通过脑神经生理机制的分析运算,产生出对应的综合含义及指向的感受,例如可以利用大脑在长期训练后存储的信息,反映出现实的场景画面。这是感知的再创造。人的认知过程就是将外部世界信息化后引入人脑的内环境中,感受、情绪等心理活动,是外部环境或场景的内化,并与感受性概念结合的发生过程,所谓的"触景生情"也即人类感受,这种感受是基于体内化学激素等分泌作用产生的,物理化学的反应与特定的词汇、概念等信息或信号的融合,建立起等同指向关系,这是外界环境刺激产生的情绪、感受与内在信息、理念关联的结果。即所谓的人类的意识、心理活动、情感感受都是在受到外部世界中的各种物理属性信息在人类感觉器官的感知下传入人脑神经系统,或基于这些外界的刺激反应所产生的生物化学式的神经信号,将这两种信息与特定的物体概念或感受性词句相关联,至此建立起相应的认知、感知模式,形成人类意识和认知模式。

在自然界长期演化的过程中,人的意识是不断发展的,这也促进了人类的自我成长。人对外部环境的认知、理解和反应,就形成了对事物的认知和理解,而在认知和理解的过程中记忆力与分析力成为人的基本能力。通过外界环境不断地强化刺激,人对物 a 的印象,即以信息化、虚拟化的物 a′ 相应的镜像方式呈现在脑海之中,基于物 a 的原型,物与嵌入人的认识中的物 a′ 之间存在对应性性关系,"a—a′"的方式,是一种转译方式,该转译过程是依托脑的记忆与分析机能,产生意识,来实现对外物及环境的认识、理解和联想等功能,在内外两界交互的发生要素和过程上促进了"心—物"的关联与对应,并可以进一步拓展到"人—物""物—物"之间的交互与关联,物联网技术实现了感知可能。

物联网技术的感知方式是物理世界的技术方式,但在形成感知过程中却达到了意识世界的认知状态。物体间基本的物理属性信息,将数据化的转译形式编入到互联网之中,建立起依托信息平台的物体间的关联性。一方面,物的存在方式以数据化、信息化的形式表达,物体的基本属性信息通过定位标识、转译、传递实现传感认知过程,即 a(物体)= a′(信息化、数据化的物体),也就是将物体进行虚拟化、信息数据化转译实现等同替代,最终经过传递过程,使各种要素依托互联网建立了全新的联合关系 b,最终实现物物关联,即 a(a′)→b,以物的互联从而实现物联,进而实现信息流与物流的统一。另一方面,心理所感知到的场景、印象也是信息通过记忆和分析处理之后的综合结果,"心—物"关系在更本质性的信息数据的形式参与下进行衔接,实现了技术统摄下的人与物统一。

二、 物联网技术的数据化关联

物联网如果是单一性的技术形式,其价值和重要性都要大打折扣。传感技术使物联网技术的功能得以拓展和倍增，甚至是无限推进的可能，因为传感技术为实现物联网认知功能具有不可或缺的作用。传感技术的感知过程是以信息数据的识别、读取、传递等方式呈现的。传感器的设计理念即模拟、优化人类的感官结构，实现类似于人的感应认知功能。而在传感技术的支持下模拟人类器官的结构和功能，能够达到甚至超越人类的感应认知的生理器官水平，突破人类物理基础结构和功能上的局限。在物联网（以传感网为基础）技术体系的感知层中，主要的支撑技术形式是传感，在"人—物""物—物"交互、感知的过程中，伴随着全新的认知方式及理解形式上的转变和突破，在物联网和大数据的时代背景下收集信息和分析数据，尤其海量的信息，促进信息世界和物理世界形成镜像关系。人脑认知是自然演化的结果，而物认知是技术发展的结果。人对物的认知、理解、把握，在物联体系下扩展为"物—物"关联，物联平台通过数据挖掘与统计分析，预判人类意图或预测事物发展趋势，根据实时的信息数据，可以动态控制事物发展过程。

物体的数据化关联在物联网技术体系中最为重要，甚至是物联网技术的本质，因为物联网的关联方式是实现技术认知的关键环节。物联过程主要在于数据和关联方式两个方面。数据是物联认识过程的中心，即物体的结构和特征的相关属性，以信息化、数据化的方式进行描述、转译和传递，信息数据在"物—物""人—物"之间进行流动，并在互联平台的存储、分析、运算的强大后台处理体系中进行流传，并发挥着相应的作用。将物流、信息流、资金流等同步、统一和协调，从而达到技术目的。数据化关联的过程也就是认识、理解、交互、建立关系或信息数据的传递过程。认知理解过程是要建立在"联"的过程或方式基础之上的，即先通过数据的"交互、流通"，再经过运算处理等后台网络体系对所得到的海量信息数据进行转码及分析，最终得到或提供出最佳的应对策略和解决方案，从而体现了物联的认知理解和分析处理的能力。以上过程可以描述为：感知识读→接收、传递信息数据→存储—分析→反馈作用。"新兴的物联网技术是通过多种技术手段达到人—物、物—物相联，'交流互动'，进而形成一个有机协调、智能高效的行动者网络系统。"①在物联传感技术条件下,传感、数据、关联等方式和要素的介入已经带给人们对认知过程的精细认识。借此以定性与定量分析视角和方法反观"心—物"问题将成为可能。

任何技术和理论的设计目的都是在模拟人类的生理结构和机能,从而以技术的物力替代人类的繁重劳作,终究要解决人类需求和现实问题。物联网传感技术及关联方式所欲解决的最重要的现实问题是联系、交互问题——具体为实物体的信息化、网络化、数据化的关联问题。其设计理念和执行思路是将物体的属性或所携带的物理信息通过传感技术手段进行信息数据的收集、交互和传递,进而实现"物—物"间的关联。

大数据在物联网之中具有特殊价值,其发展势头必将引领着未来。数据可以更具体、精确地把握特定时间段的动态信息,为决策提供良好的分析依据,更好地作出准确的预测和判断,以提早布局准备控制成本和风险,趋利避害。因为通过物联网可以高效、准确、快速地达到预期目的,还可以有效地避免相关问题发生,有助于及时启动预警机制和应急预案,达到快速响应的要求。时下各大公司对数据统计与数据分析给予充分的尊重和足够的重视,认识到信息价值和数据资源在当今社会发展过程中的重要性,通过数据了解客观现实的基本状况,即时动态,甚至预测参与者的意图、目的。数据体系的物理平台结合信息化、智能化的运算分析,已经具备了一定的类似脑神经运转机制的对应结构,进而可以更好地理解、认识、把握人类的思想、意图。目前我国在物联网建设中已开启了一些重要的实践应用,如车联网就是中国重大转向之一,将极大地促进智能交通的发展。

三、 物联网技术与认知改变

人类传统的认知过程在物联条件下已悄然转变为人类或物体对数据的获

---

① 张学义、倪伟杰:《行动者网络理论视阈下的物联网技术》,《自然辩证法研究》2011 年第 6 期。

取、占有、认识与理解的过程,将物理现象的本质特征及其属性以数据化的形式进行反映与描述,从信息化视角来向人类展现物体的原貌,事物现象或表象被进行数据化诠释与解读,对传统认识问题提出挑战,表现在:第一,人类将通过数据化的方式认识物体的本来面貌,由 a→b 模式转化成为 a(a′)→b 的模式,传递的过程是否具有可靠性和可行性? 即数据化描述、反映的内容是否就等同于物体的本质和原貌? 能否完全实现对等关系,达到传递真值的目的? 第二,传感认知中"数据"将扮演着怎样的角色,具有怎样的结构和功能定位? 是认识过程的方式、手段还是目的? 第三,信息数据的识读、生产、转译、流通过程能否就归为认知过程? 人类的认知形式是否为衡量、判定认识过程的唯一标准? 技术感知是新的感知形式还是在人的感知基础上的拓展?

技术可以深化对人的意识问题、认知问题的理解与思考,人的认识过程的本质特征、属性特点和发生过程可以借助传感技术的完善和改进而提升。在"心—物"问题所难以涉足的领域,在物联技术的发展下可以实现,即"物—物"关联对人的反作用。传统"物—物"之间的相对独立的状态,在物联时代将被打破,"物—物"智能化"联合"的力量和价值正在被挖掘出来。体现在:其一,"心—物"问题的量化分析将成为可能。借鉴物联的数据存储技术和计算分析技术,可以将人脑的记忆和分析功能进行模拟与量化,进而建立自动化的反馈系统,实现控制体系的信息化、智能化。其二,定性与定量结合,彰显其控制水平。物联体系中的各项技术皆对应有监测项目,对应有各区间各参量等数据指标,通过对信息的动态追踪和数据的实时反馈可以修正、调整具体的控制环节以达到设计要求,外界物体的关联将体现技术体系下物联的控制力和预判力。

物联网技术使物体从被动的自然感知到"主动"参与互联的过程中,物体在被赋予强大的智能后,同主体间的交互是必要的,也是实现物联的客观需要。"对物联网已有的哲学探索揭示了它所带来的生产方式、物的存在方式、人的生存方式等方面的新变化,但物联网的哲学意义还应涵括信息技术与生产技术、信息与物质的关系问题,并深入探讨它对人的异化、对物的自然性即自身的限度等方面提出的新问题。"①

"心—物"联系从其发生要素及过程上可以扩展到"人—物"交互认知的发生机理并进一步延伸到物联条件下的"物—物"交互感知形式,物联网技术认知与"心—物"交互具有统一性,物联网技术的认知功能与"心—物"交互具有双向解读性。在分析相互关系中让人们看到问题所在:其一,人类所创造、设计的物联网技术形式可以用来分析"心—物""人—物"关系,并会带来全新的认知和理解。其二,物联网技术也会使物反客为主,在一定程度上会削弱创造者对被造物的控制力,因此过度依靠物联网技术会产生技术风险。必须明确人的主导地位和价值才能有效控制风险。其三,引申和延伸的相关问题,譬如精神、情感、意志等人类的感性因素,若全部进行可计算化、精确化、符号化、抽象化处理是否可能? 当前认知科学研究表明还不能实现。但随着技术的发展,如果达到最大程度的可行,会产生怎样的问题? 这些问题都需要更多的哲学智慧进一步地省思和探讨。

第二节 物联网技术的三个哲学向度

通过物联网技术,虚拟信息世界与现实物理世界的通道就此打开,两大空间实现了技术层面和事实层面融合,也就意味着可能存在更多的在设计理念、技术创新和商业模式中的发展机会和潜在空间,也会对传统认知以及哲学思考带来新的空间。物联网技术蕴含丰富而深刻的哲学内涵,着眼物联网技术的本体论、认识论和价值论三个哲学向度,探讨物联网技术的哲学内涵及相互关系,以此释义概念,展开范畴,分析问题。在本体论层面,物联网技术蕴含的虚拟实在与现实关联范畴对技术哲学本体论具有积极的建构意义;在认识论

① 肖峰:《从互联网到物联网:技术哲学的新探索》,《东北大学学报(社会科学版)》2013年第3期。

层面,物联网技术将认知功能赋予物,使人与物之间清晰的主客体关系界限被打破,呈现出主体间性。在价值论层面,物联网技术凸显了物本主义倾向,而实践智慧是克服物本主义倾向的积极途径。

虽然物联网(IOT)源于 1999 年美国麻省理工学院(MIT)自动识别中心(Auto-ID Labs)提出的网络无线射频识别(RFID)系统,但国内对物联网的研究近年来陡然增温,关于物联网研究的文献基本是 2010 年以后发表的。通过文献检索和分析可以看出,绝大多数文献是对物联网技术本身的研究,而社会科学领域的探讨相对较少,物联网研究的哲学进路更少。物联网不仅是互联网的拓展和延伸,更是一种智慧生存方式的彰显。物联网技术将物理空间与虚拟空间对接、将自然世界与人类社会相整合,因此物联网技术的研究涵盖了物质与精神两个层面,呈现出很大的复杂性。此前笔者曾对物联网技术从哲学视角进行过诠释,对物联网之"物"的内涵、物联网之"联"的方式以及物联网之"网"的构架进行过探讨,并对物联网框架下人与物之间的关系问题进行过粗浅的思考。① 对物联网技术的哲学研究是一件积极而长远的哲学探索活动,持续的思考不仅会促进对物联网技术的认识,也会推动哲学本身的发展。在此基础上将从本体论、认识论、价值论三个维度对物联网技术作进一步哲学探讨。

一、 物联网技术的本体论:虚拟实在与现实关联

物理世界的三大基本组成要素是物质、能量和信息,如果说互联网解决了信息产生、流动、关联,建立了网络结构平台和相关信息应用服务等一系列问题,物联网则是将物理世界中的物质和互联网进行结合,无论是作为互联网或虚拟网向实体界的扩张,还是作为虚拟世界和物理世界的融合,物联网核心内容是物质与信息建立起了一定联系,也就意味着物流伴随着信息流而形成网

---

① 王治东:《物联网技术的哲学释义》,《自然辩证法研究》2010 年第 12 期。

络空间,反过来,信息也要依托实物载体而得以实现信息的流动。网络空间不仅仅限于互联时代的平面结构,在物联时代,平台是立体的,是信息和物之间的交互、关联与结合。也就是说,使物携带的信息以数字化计算或转译方式编入互联网,通过"可计算"的方式建立起世界万物的现实以及可控制的联系,进而形成物联平台。物联形成的现象是网络,而其本质则是平台。平台反映的是空间形式,物质的存在要占据一定的物理空间,无论是虚拟还是实体的形式,物理世界中海量的信息和物质欲建立起关联性,必须通过关联搭建其互动、联系的作用平台,当然,也只有在平台基础之上,才可能实现连接。信息平台凭借其庞大的规模体系和强大的结构功能,通过相应技术和商业方式,汇聚了诸多的信息和资源,在后台运算、存储功能强大的数据库,同时将相关的信息和资源按照需求进行相关处理,使信息和资源在平台体系内高效地流转运行,并将计算处理的数据或解决方案分配到所需的应用领域中,在平台上形成完整的信息和资源流动的闭环结构。这个闭环结构具有无限的容纳力,可以将自然界的物质、信息以及人工世界的创造物,甚至人本身纳入网络体系。通俗地讲,"就是把人造物以及自然物以有组织的方式进行电子信息标识和连接,同时接入互联网。人与物置于其中,形成物理世界和虚拟世界的交融"①。

　　这对技术本体论研究而言是一个重要的契机。在技术哲学领域,从本体论路径和论域探讨物联网技术是对技术哲学本体论(存在论)问题研究的一种拓展。本体论有多种理解,在这里探讨本体论,是借用亚里士多德的本体论意蕴。在亚里士多德看来,哲学研究的主要对象是实体,而实体或本体的问题是关于本质、共相和个体事物的问题。因此,在这里本体论的研究就是探讨本质与现象、共相与殊相、一般与个别等的关系。物联网技术的本体论研究的核心是要探讨物联网技术得以实现的形而上的依据。这其中涉及两个概念,一是"物质"(matter);二是"物"(thing)。对于物联网之"物",此前作过探讨:

---

① 王治东:《物联网技术的哲学释义》,《自然辩证法研究》2010 年第 12 期。

"物联网技术之'物'的层面既包括天然自然物,如山川、河流、动物、植物等,也包括人工自然物——即人类创造的诸多物质成果。物联网是自然与人工双重架构下形成的物的集群与组合。"①无论是自然之物还是人工之物都是客观的实在,是可见之存在,这里不再赘述。

对于物质,有必要作进一步探讨。"物质"是个哲学本体论概念,泛指除精神之外的宇宙中的一切存在,与物质相对应的是精神。物质反映的是客观实在,这种客观实在不以人的意志为转移,我们的感觉器官只能对这些物质进行复写、反映而已,②我们也可以通过实践改造这些物质。列宁的物质定义,将客观实在性作为物质的唯一特性,将哲学概念的物质与自然科学领域的物质结构与具体物质形态区别开来。作为自然界的现实物质实体,有的与人发生联系,有的还在人的意识之外。与人发生联系的物质,有时也作为日常生产与生活概念,但一旦作为日常生产与生活概念的物质而出现,确切地说,就是具有具体物质形态的"物"。"物质与物这两个概念各有其内涵,是同一系列的概念,但不是同一层次的概念,二者的关系是抽象与具体、普遍与特殊的关系"。③ 在亚里士多德那里,物是形式因、质料因、目的因与动力因的组合。在这个层面上,物质与物就具有了一般与个别的关系。在这个意义上,物联网技术范畴的物质既包括可见之物,也包括虚拟实在本身。由于网络空间的拓展,对现实与虚拟问题的认识是长期的而持续的。物联网技术的哲学研究自然也少不了对"虚拟"与"现实"的关注和聚焦。在大数据时代,由海量的信息而形成的诸多数据库是现实世界的反应,必然存在于现实之中,但其存在形式是通过网络载体而实现的,又是虚拟的。这些虚拟的数据也会对人们现实社会当中的关系、秩序形成影响,会对包括政治、经济、文化等产生巨大影响。④

---

① 王治东:《物联网技术的哲学释义》,《自然辩证法研究》2010年第12期。
② 《列宁选集》第2卷,人民出版社2012年版,第89页。
③ 林德宏:《物质精神二象性》,南京大学出版社2008年版,第67页。
④ 吴志荣、胡振华:《虚拟与现实:数字信息交流研究》,上海辞书出版社2009年版,序言第1—2页。

依照柏拉图的思想,技术的理念比技术的结构和功能更加趋向本质,在这个意义上,网络的虚拟比现实更具有实在性,因为是为实在而虚拟,通过虚拟更本质地反映实在。而物联网技术正是凸显了这一点,现实与虚拟之间界限是清晰的,但虚拟可以转化为现实,现实也可以通过物联网实现虚拟化关联。其技术步骤如下:

a.现实的信息化——智慧感知(物的虚拟化和信息化过程)

b.虚拟化关联——普适计算(信息的计算和关联过程)

c.现实的互联——网络空间(建立物的关联网络)

上述分析可以描述为:a→(b)→c,

从 a 到 b(条件:需要很强的信息获取、识读、转译的能力)

从 b 到 c(条件:需要很强的信息存储、处理、运算的能力)

从 a 到 c(结果:形成相应的网络或平台)

即:物的信息化关联=物的互联网(IOT)=物联网

以上分析,恰恰反映物联网技术是"现实的虚拟化互联"。从现实到虚拟是物的信息化存在形式,由此实现了由"互联传感"的认识世界到"物联控制"的改造世界过程。物联网技术又将虚拟的信息与现实的物关联起来,因而"信息化"也就具有了本体论意义,信息与物质的连接,事实上"也是人的思想与实在的物质世界被连接"[1]。

物联网技术使本体论问题在技术哲学领域有了新的拓展空间并赋予新的内涵。

二、 物联网技术的认识论:主客二分与主体间性

人类社会每次技术革新都会带来生活方式和认知方式的改变。从石器时

---

① 肖峰:《从互联网到物联网——技术哲学的新探索》,《东北大学学报(社会科学版)》2013 年第 3 期。

代、铁器时代、蒸汽时代直到信息时代一路走来，以往的改变都是缓慢的，是代际漫长的传承。但工业社会近 300 年来的技术发展历史却呈现出加速的发展，"摩尔定理"就是信息时代技术发展速度与时间关系的最贴切的概括与总结。人们在成长中时时面临新技术带来的视觉和心理的冲击。这种改变对人们个体理性成熟和社会化建构带来契机，各种智能的技术手段和认知科学的方法被广泛地应用于认识领域和实践领域，人类的认识能力通过技术手段和科学方法的支持而不断得到提升，尤其物联网技术凸显了这个层面。

由于物联网技术的感应器装置、智能识别系统、射频识别系统和全球定位系统的综合功能，使物联网技术超越一般技术具有了更积极的认知功能，并成为认知技术最具有代表性的一种。物联网技术拓展人类认知，也在于对科学认知的积极作用。通过物联网实现的精确信息掌控与实时的物态监控，对于科学研究而言会即时收集大数量的精确可信的数据，以此促进自然科学的实验水平和研究能力，因此也会提高人类认知能力。当然不可否认，物联网技术也会弱化和迟钝人的认知。人的认知结构是不断建构的，通过同化与顺化的机能而适应变化的环境。但是，如果电脑代替人脑执行了大量的复杂运算及逻辑判断，这些高科技的应用，将使人们在很多情况下不再被迫地去顺化自己的认知结构适应环境，而这些被迫的顺化对人的认知发展是极为必要的，长此以往，人的积极认知将会变得迟钝。虽然高科技产品启迪智慧，但它抹杀了人的主体性，使人的自我认知理性弱化。

当然，物联网技术在认识论层面的核心问题在于，物联网通过技术形式把属于人的智能赋予了物，使物本身具有了信息识别和读取功能。感应是生物受影响而引起的自然而本能的反应，本是一种自然现象。物联网技术拓展的认知功能，让物通过技术有了感应能力。让人们对人类认识的发展有了更深入的认识，同时扩大了传统感应概念。但技术感应是否有别于自然的感应，二者的核心区别在哪里？如果没有，人与物，包括人与技术之间的界限又在哪里？可以说，对技术感应的研究是物联网技术发展提出的新课题。

很多研究认为，技术发展，尤其是智能技术的发展，使物质与意识之间关系、主客体之间的关系变得具有更多的探讨性。物联网在某种程度上使物质也拥有了同人一样的"意识"①，它甚至可以跟人类进行沟通，物与物之间也能进行沟通。也就意味着在物联网构建的庞大物理空间中，人与物之间的界限变得模糊，成为真正意义上的网络。笔者曾指出物联网技术构建的人与物之间的关系的实质内涵："这是一个包括一系列行动者的'行动者网络'，这个网络彻底打破主体与客体的二分，自然与社会之间的界限，对称地对待人与社会。"②其后，也有学者专门从行动者网络理论的视角审视物联网技术，认为："新兴的物联网技术是通过多种技术手段达到人—物、物—物相联，交流互动，进而形成一个有机协调、智能高效的行动者网络系统。"③毫无疑义，技术会放大和增强人的认知，在麦克卢汉看来，广阔的信息环境实际上是人类神经系统的延伸，这种延伸是不同于人类在生物学意义上的延伸的。④

物联网技术使物理世界的信息通过物物互联大量集聚，这些信息被提取从而转化成新的观念和知识，可以说，通过技术实现了对物理世界的感知。从被动式的自然感知到主动参与互联的过程中，智能化的感知交互体系必将达到甚至超越主体的智能水平。以上过程对主体地位势必将产生重大的冲击，客体在被赋予强大的智能后，同主体间的交互是必要的，也是物联得以实现的客观需要和现实需求。但是，在物联网技术下，客体渐趋主体化，物可以发出信息和指令，可以与人交流和对话。反过来，主体不断客体化，人也是物，是智能体系中的一部分。由此，主客体之间关系变得不再具有确定性，也就是说，主体和客体不再是笛卡尔主客二分意义上的主客体关系，这种关系的界限也

---

① 窦瑞星：《物联网能否承载智慧时代》，《互联网周刊》2010 年第 19 期。

② 王治东：《物联网技术的哲学释义》，《自然辩证法研究》2010 年第 12 期。

③ 张学义、倪伟杰：《行动者网络理论视阈下的物联网技术》，《自然辩证法研究》2011 年第 6 期。

④ ［加拿大］马歇尔·麦克卢汉：《麦克卢汉如是说：理解我》，何道宽译，中国人民大学出版社 2006 年版，第 104—105 页。

使认识的结构发生改变,主体和客体之间不再是主观和客观、主动与被动、认识与被认识、改造与被改造之间的关系。因此,物联网技术使物具有感知、识读、信息互通的功能,人与物之间的关系从主客二分到主客之间界限模糊甚至边界被打破,形成主体间性,变成主体与主体之间的交流与对话。对于认知而言,主体间性是具有建构意义的状态。这也是物联网强大的技术功能的魅力所在,通过赋予技术认知功能而拓展人的认知,让物自己说话,"物联网连接的是客观物理世界,它的目的是感知,更加关注的是感知的目标和环境,让物理世界主动告知人类,让人类感知到物理世界的情况"①。但是对人本身而言,物联网技术构造出的主体间性却对人带来冲击与反思,刘晓力认为,类似于人机这样的混合体会让主体在认知、感受方面越来越依赖于外部环境,这样一来,作为人这一主体的个体性也会随之越来越弱,不同主体之间的区别也会越来越弱,不同主体会变得越来越相似,如此,关于人的概念的界定就必然会成为一个问题,甚至人们该重新思考"如何界定人类理性的概念?"②如其所言,在物联网技术中人的地位如何安放? 在物联网技术构建的网络平台之中,人与诸多的物一样仅仅是网络平台中的一个节点,这是物联网技术发展对人带来的最大挑战。

三、 物联网技术的价值论:物本主义与实践智慧

物联网价值论研究实质是探讨物联网技术之于人类生存与发展的意义。"哲学视野中的物联网问题十分复杂,对物联网的基本意涵、基本特质与社会价值的研究目前尤为迫切。"③

物联网技术的价值论问题涉及物本主义与人本主义关系问题。自动化和

① 王治东:《物联网技术的三个哲学向度》,《哲学分析》2016年第4期。
② 刘晓力:《延展认知与延展心灵论辨析》,《中国社会科学》2010年第1期。
③ 闵春发、汪业周:《物联网的意涵、特质与社会价值探析》,《中国人民大学学报》2011年第4期。

智能化取代人类劳动是物联网技术之价值的最大追求。其实任何技术发展都是对人自身劳动的取代，节省、替代和拓展人类的体力和能力，始终是技术进化的动力。贝尔纳·斯蒂格勒曾指出："生命的历史似乎只有借助生命以外的非生命的方法来延续。生命的悖论就在于：它必须借助于非生命的形式（或它在非生命物中留下的痕迹）来确定自己的生命形式。"①他将人类对技术的依赖统称为人的"代具性"，即像残疾人需要借助代具而更好地生活一样。工具不再被视为一种外在于人的被动物体，而是本身具有内在的动力，这种动力促成了人的形成。但当技术发展的形式可以取代完整意义上的人本身的时候，技术的建构意义发生逆转，人的自身价值受到了挑战。人可以通过技术实现自身价值，但同时却也可能因此丧失自身存在的价值，人类通过理性而掌控世界，甚至是改造和创造世界，但在改造过程中却丢失了自我，这是技术发展的一大悖论，物联网技术尤其凸显了这一悖论。

研究物联网技术，物本主义和人本主义关系问题是不能回避的重要问题。"物本主义并不是系统的哲学理论，而是人们在实际生活中自觉或不自觉所奉行的一种哲学倾向或哲学观念。它是一种世界观、一种价值观念，其本质是在人与物的关系上片面强调或只讲物的作用，忽视或者否认人的作用，特别是精神的能动作用。"②如果要为"物本主义"概念寻找理论源头，在马克思理论体系中可以找到相关的"拜物教"概念，拜物教思想在马克思思想体系中也是不断成熟和建构的，最初是直接与字面意义相关，就是对物的崇拜，后来在《资本论》体系中，马克思将拜物教指向三种：商品拜物教、资本拜物教和货币拜物教，三种拜物教体现了一种社会存在和社会关系属性。物本主义与马克思拜物教思想的最原初意义相关，就是对物的重视甚至崇拜。实际上，物本主义是与人本主义相对应的概念，属于价值论的范畴。

---

① ［法］贝尔纳·斯蒂格勒：《技术与时间——爱比米修斯的过失》，裴程译，译林出版社2000年版，第59—60页。
② 林德宏：《物本主义不是唯物主义》，《南京社会科学》2001年第8期。

物联网技术带来的社会问题,关键是人与物之间关系的问题,原本人类在劳动中获取的价值体验被物所取代。在物联网技术体系下,人与物之间的区别不断缩小,甚至人与物有了共通性,容易导致重物而忽略人,走向物本主义。必须要明确的是,人的价值是高于物的价值的,物之所以有价值,是人赋予它的,是就人而言的,只有当物对人来说有用的时候,它才是有价值的,这里的关键是人。因此,可以说通过物表现出来的价值其实是人的价值。①

物联网技术如何克服物本主义而实现以人为本,需要一种哲学智慧。这种智慧在中国传统文化中体现为“道”的制约,而在西方实践哲学中,体现为“实践智慧”的宰制。实践智慧是西方实践哲学的核心概念,有多重解读,但在亚里士多德《尼各马可伦理学》中“phronesis”一词体现了其核心要义。简而言之,就是实践领域的智慧,拥有这一智慧,意味着能够拥有在对人有益或有害的事情中采取真实的、伴随着理性的行动的能力。实践智慧体现形态是理智能力和相应的品质,但却具有德性的指向,是实践理性之德性,目标和旨归在于实现人类的幸福生活。实践智慧一方面包含了人的德行,另一方面包含了人关于世界和自身的知识以及经验。实践智慧展现为“‘应当做什么’的价值关切与‘应当如何做’的理性追问的统一”②。

在物联网时代,实践智慧因价值需求而重启。道德的反思与重建在对科技文化的拷问中得以进展,事实上,人类文明活动并不完全是一种纯理性的知识化行为,哲学家对以科学技术为载体的现代化进程的评价和思考体现了深刻性与独特性。从卢梭对技术的质疑开始,诸多哲学家对传统理想主义淹没实践智慧的行为进行积极的反思,批判理性与现代性,重启哲学的价值维度。新康德主义代表人物文德尔班(Windelband Wilhelm)把现实世界划分为事实世界和价值世界,相应地把知识分为“事实知识”和“价值知识”,认为任何知识都离不开价值,都要以价值为标准。并强调指出,哲学的对象不是现实,而

---

① 林德宏:《物本主义不是唯物主义》,《南京社会科学》2001 年第 8 期。
② 杨国荣:《谈实践智慧》,《光明日报》2013 年 8 月 12 日。

是具有普遍意义的文化价值和超验价值。至此之后,海德格尔、卢卡奇、弗洛姆(Erich From)、马尔库塞等哲学家从不同角度反思人类理性,尤其是法兰克福学派对科学技术所代表的工具理性进行了深刻的批判,这一切都关乎实践智慧,都接近实践智慧之本真。

在物联网时代,只有用实践智慧成己成物,以此对人与物之间、人与技术之间的关系进行界定和厘清。只有"在信息或认知的层面上被掌控于人的手中,而且从物理性状态上也掌控在人的手中"①。以此来强化创造主体的核心地位,从而更好地处理人—物、人—技等关系和定位问题。

物联网技术对人类影响深远,无论是对于人的现实生存还是哲学理论的建构。从哲学向度探讨物联网技术,也会使相关问题的研究更清晰和深入。基于此,在本体论层面,物联网技术蕴含的虚拟实在与现实关联范畴对技术哲学本体论具有积极的建构意义;在认识论层面,物联网技术将认知功能赋予于物,使人与物之间清晰的主客体关系界限被打破,呈现出主体间性。在价值论层面,物联网技术凸显了物本主义倾向,而实践智慧是克服物本主义倾向的积极途径。

第三节　物联网技术的正义边界

任何一个新技术的出现都会带来诸多的问题,物联网技术如同其他技术形式一样,双刃剑效应同样不可避免。物联网作为以智能化为基础的、把万物与人囊括其中的强大技术形式,更应引起人的注意。因为人类生存一直面临一个永恒的矛盾:人们对物质的需求与满足这种需要之间的现实矛盾。人需要的满足靠天然自然有限的供给是难以维系的,人只有通过技术的方式创造性地改变自然以满足人不断增长的需要。"对整个人类而言,技术既是主体彰显自我的

---

① 肖峰:《从互联网到物联网——技术哲学的新探索》,《东北大学学报(社会科学版)》2013年第3期。

力量的象征,也是自我毁灭的力量。这是技术根深蒂固的二元性。"①物联网技术作为一种崭新的技术形式,会把人与物之间关系的矛盾推到前台。

技术表现出了人的本质,但技术产品一经离开人的创造阶段成为完全的对象性存在,技术就表现为人的异己力量,人只有重新占有自己的技术成果,控制技术才能实现人的完全本质。如果技术超越人的控制,人的本质就会分裂——异化开始,因此物联网技术在人与技术关系上存在风险性。

一、 主客体关系面临的挑战

物联网的技术形式与拉图尔(Bruno Latour)的"行动者网络"理论(ANT)有极大的契合度。行动者网络在拉图尔这里是一系列的行动者(a string of actions),所有的行动者包括人的(actor)和非人的(object),都是成熟的转义者,他们在行动,也就是在不断地产生运转的效果,它强调工作、互动、流动、变化的过程。从实际过程的角度考虑,是具有行动者效用的对象都纳入研究的视野。在科学实践中,所有行动者共同产生作用,发生联系形成网络。这就是"行动者网络"。这个网络彻底打破了主体与客体的二分,自然与社会之间的界限,对称性地对待自然与社会。在人与物的关系上拉图尔实现了哲学思维对现代性的颠覆。但人的尊严和价值在这个行动之网中不断地被贬损,行动者泛化,理性不再具有对世界的统摄作用,科学变成科学家、渔夫、蚌与网等的共谋或者博弈过程。

物联网技术同样通过技术连接点,将自然物、人工物、机器以及人都纳入一个网络中。每个节点都是网络的一部分,没有主体与客体,没有中心与边缘。在物联网框架下物可以通过信息反射与人对话,人的主体和支配地位被弱化或者消亡。其后果是在生产中,人们只看到技术的力量,只看到机器的作用,看到物的作用,而忽视了人的作用。没有技术物,没有机器,人类就不能生

---

① 吴国盛:《技术与人文》,《北京社会科学》2001 年第 2 期。

产,就不能制造工业产品,就不能利用自然资源,就不能满足生存需要。在自动控制的机器面前,人只是个旁观者,只是个被动者。在整个生产过程中机器决定人的工作,人要去适应物,人没有主动性,人没有自主性。活生生的人竟然成了机器的附庸,给机器服务。如马克思而言:"这些工人本身只表现为机器的有自我意识的器官(而不是机器表现为工人的器官),他们同死器官不同的地方是有自我意识,他们和死器官一起'协调地'和'不间断地'活动,在同样程度上受动力的支配,和死的机器完全一样。"①人在技术面前表现为被动性、适应性和从属性。"通过自然和人类关系的技术化,人性自身也成为一种纯粹的技术对象:人们被缩减、被拉平、被训练,以使他们能够作为巨大的文化机器中的组成部分而发挥作用。"②

从主体与客体关系角度看物联网本质:物联网是人的创造物,是人的客体。但物联网使人成为网中的某个节点。按照技术现在的发展逻辑,人的生命、精神、意志、思想越来越成为技术的对象,因此必将成为技术客体。这种主客体之间的转化呈现了物联网技术问题的核心。

二、 物本主义带来的挑战

在人与物之间必须关注的一个词是"物化"。物化是思想观念转化为具有物质形态的对象性存在。马克思在《1844 年经济学哲学手稿》中将"物化"与"对象化"两者通用。在前面的分析中,已经将物化作了三重结构分层。在马克思看来,知识形态的科学只有转化为物质形态的东西,才能从潜在的生产力转变为直接的生产力。从人类生存意义上讲,积极的物化是必要的,人就在于这种"物化"过程中把本质力量投射于物,投射于技术之中,人通过物的实现而实现自身。在很大的程度上,人的物化就是人发展的一部分,是人的优化

---

① 《马克思恩格斯全集》第 47 卷,人民出版社 1979 年版,第 536 页。

② 〔荷兰〕E.舒尔曼:《科技时代与人类未来——在哲学深层的挑战》,李小兵、谢京生等译,东方出版社 1995 年版,第 314 页。

和进化过程,人借助于物化实现和推动着社会的进步。但过度的物化就会因太关注和重视物而忽略人本身。西方马克思主义创始人卢卡奇对"物化"的批判就是其历史辩证法的主题,也是他批判当代资本主义社会的主要思想武器。在《历史与阶级意识》一书中,卢卡奇对物化现象在 20 世纪的状况作了描述,他认为物化不仅没有被克服反而被普遍化和加剧化。这是因为商品关系对人的支配性加强,人被商品经济的法则所统摄。由于商品的生产和流通有着固定的法则,人可以认识和利用它,但却不能将其改变,加之大工业生产的高度机械化使工人的劳动被肢解,主体意识在生产中被迫剥离,劳动力作为商品被出售,人从属于物的世界。"物化是生活在资本主义社会中每一个人所面临的必然的、直接的现实性。"[1]这个现实性让人困于其中,受制于物化结构之中,从而出现了人的数字化、符号化、抽象化,由此使主体对象化、原子化。包括人的关系在内的一切都被物化了,并形成了物化意识。物化意识就是物化现象在观念上的反映,是资本主义社会普遍存在的现象,这在前面资本逻辑批判问题上探讨过,尤其马克思对物化理论的批判非常深刻,从人的劳动的物化,到人的关系的物化,再到人性的物化,物化是一个逐级深入的圈层结构。

物化的极端理论形式是物本主义,物本主义就是以物为本,物的价值超越于人的价值。物成为目的,而人作为了手段。物本主义框架下人与物之间的关系模式是颠倒的,物为本而人是从属,这也是异化的重要表现形式。

2000 年前庄子就说过:"物物而不物于物。"(《庄子·山木》),人是物的主宰者和创造者,因此人不能反过来被物主导。在物联网构建的物的海洋中,人不应迷失自我,而是更好地利用物联网技术造福人。荀子也谈到过"君子生非异也,善假于物也"(《荀子·劝学》)和"教万物以利天下"(《荀子·王制》)。"善假于物"是人类生存之道、发展之道,但不要转化为"役于物"。这也是对物联网技术进行哲学之思的重要意义所在。

---

① [匈]卢卡奇:《历史和阶级意识》,张西平译,重庆出版社 1989 年版,第 224 页。

第九章 人工智能与正义：发展风险与未来挑战

    1956 年人工智能(artificial intelligence)概念在美国达特茅斯大学的研讨会上被正式提出,标志着人工智能学科的诞生。"顾名思义,人工智能就是人造智能,目前的人工智能是指用电子计算机模拟或实现的智能。同时作为学科,人工智能研究的是如何使机器(计算机)具有智能的科学和技术,特别是人类智能如何在计算机上实现或再现的科学或技术。"①随着人工智能技术的发展,人工智能被进一步划分为"弱人工智能"和"强人工智能"。"就弱人工智能而言,计算机在心灵研究中的主要价值是为我们提供一个强有力的工具;就强人工智能而言,计算机不只是研究心灵的工具,更确切地说,带有正确程序的计算机其实就是一个心灵。"②就目前而言,弱人工智能技术已经基本实现,以计算机为载体的人工智能技术在自动化工业中发挥了巨大作用,"我们可以通过各种自动化装置取代人的躯体活动"③,人类的生产效率因此得到极大的提升。

---

① ［英］凯文·渥维克:《机器的征途》,李碧等译,内蒙古人民出版社 1998 年版,第 1—2 页。

② 廉师友:《人工智能技术导论》,西安电子科技大学出版社 2000 年版,第 1 页。

③ 杜文静:《人工智能的发展及其极限》,《重庆工学院学报(社会科学版)》2007 年第 1 期。

第一节　人工智能研究路径探讨

对于人工智能的研究有很多研究进路,哲学的研究进路有其特有的使命。虽然社会发展要依靠技术进步与发展,但技术本身不可能解决一切社会问题,即使是人工智能这样的智能性技术形式也是如此,相反会带来新的社会问题。如果发展人工智能反而制约了人的自由、背离了人的目的,这样的技术形式生命力何在? 如果技术发展只是片面满足暂时的需要而损害了人类长远意义,为了物质需求的满足而损害人自身的精神的丰富和个性的发展,导致人的异化,那么就是对人自身的否定,这样的技术是没有生命力的。只有将技术形式与人类社会协调发展,物质财富的增长与精神的自由同步才有进步意义。技术上的可能不意味着伦理上的应该,哲学上的反思和预见会让人工智能的发展少走很多弯路。

一、 人工智能研究路径的本体论维度

作为哲学思考的经典理论形态,本体论诉求于客观理性和客观知识的理论思辨。人工智能哲学本体论研究的核心是要探讨人工智能得以实现的形而上的依据。人工智能的本体论层面思考可以囊括人工智能的概念和本质属性、特征、核心要素、构成结构以及基本特性。研究人工智能本体论路径有两条:第一条路径是基于人工智能作为技术物的层面探讨本体论;第二条路径是基于认知科学的路径探讨本体论。

(一) 作为技术物的人工智能本体论研究路径

人工智能是人的创造物,从自然本原论来看,作为人工物是不具备本体意义的。但从文明、文化的本原论角度来看,"有了人以后,本原问题有了新的内涵和理解——文化的创造物是人类历史和人类文化的本原"①。在此意义

---

① 王治东:《元哲学视角下人工自然哲学探究》,《江海学刊》2015 年第 3 期。

上,技术创造物还不是一种外在于人的被动之物,而成了人本身内在动力投射的指向。这种源于人本身的动力促成了人和社会的不断发展,在这个意义上说,人和社会的发展进步是通过技术和技术物的创造不断建构的结果。

在作为技术物的本体论思考层面,人工智能发展有三个基本特征。

其一是技术的集成性。人工智能的"人工"概念具有前置性,人工是基于技术规律和人工智能科学原理而存在的。人工性使人工智能技术成为人工技术物。任何人工技术物都使技术具有了存在论的现实依据,都具有了存在性、本体论的地位。人工性是技术性的另一种表达方式,技术性体现了改变事物的方法和路径,人工性是这种路径实现的结果。技术性与人工性的结合就是技术物的创造方式。技术发展过程中无论是最原始的技术如石斧、骨针等都是技术性所体现的人工性,人工性贯穿了技术的整个历史。人工智能也是作为一种技术而存在,它实际上就是由人类制造的拥有智能的机器,依靠的是计算机算法、计算机模拟来实现智能,"作为学科,人工智能研究的是如何使机器(计算机)具有智能的科学和技术,特别是人类智能如何在计算机上实现或再现的科学或技术"[1]。人工智能首先是人的技术创造物,任何技术创造物都有技术本身特有的技术本质。人工智能技术不是一种单向度的技术,而是集成技术,是学科群和技术群的共同驱动。经过 60 多年的发展和进步,人工智能呈现出深度学习、跨界融合、人机协同、群智开放、自主操控等新特征。其中大数据驱动知识学习、跨媒体协同处理、人机协同增强智能、群体集成智能、自主智能系统等技术成为人工智能发展的核心。目前,可以说新一代人工智能相关学科发展、理论建模、技术创新、软硬件升级等已经取得整体推进,并正在引发链式突破,推动经济社会各领域从数字化、网络化向智能化加速跃升。

其二是智能的类人性。自 1956 年人工智能一词被提出以来,人工智能技术不断取得突破,由最初对人类外形的模拟,发展至如今对人类智能与情感的

---

① ［英］凯文·渥维克:《机器的征途》,李碧等译,内蒙古人民出版社 1998 年版,第 1—2 页。

内在模拟。准确定义人工智能的困难在于"智能"（intelligence）一词所具有的模糊性，"因为人类是得到广泛承认的拥有智能的唯一实体，所以任何关于智能的定义都毫无疑问要跟人类的特征有关"①。"智能"是赋予人工智能载体以感应、反应和交互能力。智能性是人工智能技术区别于其他技术的根本所在。如何理解人工智能的智能方面是人工智能研究的核心，也是技术本体论的核心。上文所言的深度学习、跨界融合、人机协同、群智开放和自主智能恰恰是人工智能与其他技术的不同所在。AlphaGo 运用"拟合加记忆"的法则，利用深度卷积神经网络，实现了一定程度上的深度学习功能，因而它能够通过神经网络进行模拟搜索计算出获胜概率。由于 AlphaGo 拥有的智能是整个围棋界 2000 多年的知识库水平，那么它能够击败人类最优秀的棋手也就不足为怪了。人工智能可以凭借人类预先置入的代码程序进行信息的输入—输出—反馈，从而完成相互之间的信息交流。2016 年 12 月，新加坡大学推出机器人 Nadine，提供儿童看护和老人陪伴服务，为人工智能设置倾听者和交流者角色。通过智能性设置，让人工智能这一技术物具有了类人性，从劳动产品变成一种交互性的关系存在，这种存在也具有了主体间性。

其三是发展的悖论性。人工智能概念蕴含着"人工—智能"两个向度，这两个方面让人工智能成为悖论性的存在。任何人工物都是人观念的物化，它的结构与功能取决于人的设计与制造。先有天然自然物，然后才有天然自然物的观念，从哲学本体论的角度讲，先有天然自然物，然后才会有人的观念；从创造本体论的角度讲，先有人的观念，然后才会有人工自然物。人工智能首先是一个技术性存在，是对自然规律的把握，而后才是人工的创造。人工智能人工性水准不断提高就是让其智能程度也不断提高，而提高的标准水平是以降低或者掩盖其人工性为目的的。让人工智能越来越像人，就是要不断去除人工性，甚至消灭人工性。当然，智能性的提高程度取

① ［美］马修 U.谢勒：《监管人工智能系统：风险、挑战、能力和策略》，曹建峰、李金磊译，《信息安全与信息保密》2017 年第 3 期。

决于人工性,也就是受人认识能力的制约。"当前的机器学习框架无法模拟人类的想象力及创造力,科学研究与发明创造仍将是人类的优势所在。"①人工智能没有"我"的概念,它不能说出一个"我"字。深度学习当前存在困难和瓶颈,"预测人工智能的冬天就像是猜测股市崩盘一样——不可能精确地知道发生的时间"②。人工智能发展的悖论性其实质还是取决于人自身的悖论性,人不能对自我意识、不能对情感发生机制进行编码和计算,依托算法而存在的人工智能就无法突破深度学习而进一步发展,此时,也可以这么说,智能性受制于人工性。

(二) 作为认知科学的人工智能本体论研究路径

从认知科学角度而言,认知科学有个本体论假设:一切知识都可以通过逻辑表达式被形式化,也就是关于世界可以全部分解为与上下文环境无关的数据或原子事实。这些数据和原子事实在人工智能本体论层面,就是可计算的依据。

思维的表征性和心智的可计算性是心智计算论的基础。本体论本来在哲学层面使用和研究较多,主要用来探究世界存在的本源和实质,而现在本体论已经越来越被计算机领域所采用,形成知识本体论。知识本体论主要解决知识的本源和实质问题,尤其是对一些概念进行详细说明,通俗点说就是要厘清繁杂知识体系当中的最基础、最根本的东西,旨在为知识的共通共享扫除术语上的分歧和混乱。把知识本体论确定好之后,建立在这些知识本体论基础之上的宏观结构也就很难会有歧义了,这将很好的减少"知识传播、理解和应用中的不确定性"③。知识在话语分析学者看来有其特定表征方式。有论者认

---

① 龚怡宏:《人工智能是否终将超越人类智能——基于机器学习与人脑认知基本原理的探讨》,《人民论坛》2016 年第 7 期。

② FILIP PIEKNIEWSKI:《深度学习到顶,AI 寒冬将至》,2018 年 6 月 1 日,见 http://www.sohu.com/a/233710311_473283。

③ 孙娟等:《基于本体论的认知协作》,《计算机应用》2004 年第 11 期。

为,知识是以一定的结构单元被人所获取、存储和利用的,这种结构单元被称为知识实体(knowledge entities)。而知识空间(knowledge space)则是人们在话语活动中,由相互发生关系的多个知识体连接成网络所构成的。构成该知识空间的多个知识体实际上在内容上是比较近似的,它们经过整合便形成具有认知域功能的知识组块(chunks)。知识组块之间会随着人的认知的发展而进行新的、更高层级的整合,然后进入现行存储(active storage)。在现行存储里储存的知识可以被人随时激活并加以利用。① 总之,知识不是简单的个体原子般存在,而是在被使用中得到价值实现。"存储和利用知识的最基本形式是命题。在认知意义上,命题可定义为在两个概念之间建立一种关系,称之为'概念—关系结构(conceptual-relational structures)'。"②

认知科学思考人工智能的本体论问题,让技术本体论多了全新的路径。与以往技术本体论不同,这个本体论路径也是人工智能的认识论和价值论不同于其他技术物的重要所在。

二、 人工智能研究路径的认识论维度

人工智能是人工创造的产物,而不是天然自然的自发转化,人工智能具有相当的复杂性,这种复杂性体现在:具有自然性与人工性,既是自在之物又是为我之物,因此既要基于自然规律又要遵循社会发展规律。人工智能是人的目的性的创造,既可以是商品,又可以是生产工具。既是一种物质实体,又是一种文化形态。既具有人工性又要摆脱人工性。正是基于以上复杂性,人工智能的认识论探讨必要而且重要。在人工智能认识论的框架下,很多认识论问题需要进一步探讨。

---

① 张廷国、陈忠华:《认知科学对话语分析学科的本体论渗透》,《山东外语教学》2004 年第 4 期。
② 张廷国、陈忠华:《认知科学对话语分析学科的本体论渗透》,《山东外语教学》2004 年第 4 期。

(一) 关于人工智能人—技/人—机关系问题的研究

由于人工智能是依据人类智能而设计的,因而以往的身与心之间的关系、物质与意识之间的关系、心与物之间的关系、主体与客体之间的关系等在人与人工智能之间出现了新的探讨空间,这种关系不同于人与一般技术的关系。"在哲学基本问题中,物质决定意识,意识对物质具有能动作用。而在人工自然哲学中,物质转化为人工物的前提是人的创造性的建构。对于天然自然而言,物质永远是第一性的,而对于人工自然而言,人的意识对人工自然而言具有前置性。"①人工智能是人工创造的技术体系,也是人工自然的构筑方式。但意识前置之后形成了一种新的意识形式,这种意识对人又有了意识的制约性。世界首位机器人"公民"是索菲娅(Sophia),她诞生于 2017 年 10 月 25日,国籍是沙特阿拉伯。索菲娅是第一位被授予合法公民身份的机器人。她一面世就语出惊人,竟然宣布要"毁灭人类",这个机器人的话语让人感到恐怖。对此,人们是一笑了之地看待索菲娅的话语,还是要认真审视机器人与人的关系?

当然,不能一笑了之,毋庸置疑,应从哲学层面严肃地探讨二者的关系。一方面,人类的认识过程是人反映和再现客观事物规律与性质的过程,是认识主体对客观世界的事物和规律在思维层面的再现、理解和把握,而人工智能无论再怎么类似于人,它始终是认识主体所要把握的客体对象,从属于认识主体。但是,人工智能有效地突出并放大了人类智能,在某种程度上增强了人类认识和改造客观世界的能力,人与技术之间、人与机器之间、人与物之间的关系从传统的主客体关系变成了一种可挑战主体间的关系。人工智能理解外部环境的过程与人认识世界具有相似性,人工智能在认识层面所具有的类人性使得认识的范式发生了转变,人与人工智能之间不能仅仅理解为主体与客体、

---

① 王治东:《元哲学视角下人工自然哲学探究》,《江海学刊》2015 年第 3 期。

认识与被认识、主动与受动、改造与被改造的关系,还要认识到人与人工智能变成了具有主体间性的结构体。这种变化对传统认识论带来新的认识空间。人工智能与人开始结合形成一种新形态的人—机认识系统的认识主体,并且,这一认识主体的认识功能并非简单的各元素之间的累加,而是全部组成元素的综合应用。

另一方面,人工智能是通过技术形式被赋予了人的智能,因而具有了类似于人的信息识别的能力、读取信息的能力以及反馈能力。众所周知,传统感应是生物体的自然行为和自然现象,是生物体受外界刺激和影响而引起反应,而人工智能通过技术化过程也具有了感应行为,技术感应对传统感应概念是一种认知的拓展。人工智能借助信息流将人与客体联结起来,而它在这个过程中并非仅仅是一个中介,问题的关键在于它通过技术感应代替了人这一纯粹自然主体部分的认识职能,将人从认识过程的简单活动中解放出来,更多地从事创造性活动。这表明,人—机认识系统给人类的认识能力带来了突破性发展,突破了人类认识器官的局限性,拓展了人类新的认识领域。但应当特别指出,人—机作为一种新形态的认识主体,目的不是要创造所谓的"人工认识主体",而是要综合地延伸和强化人类认识世界和改造世界的能力,将"自在之物"变为"为我之物",让人类在朝向"自由人联合体"的道路上更进一步。在人—机认识主体的发展过程中,人在使人工智能进化的同时,人工智能也会促进人的发展。

(二) 关于人工智能人机混合体问题的研究

2017年,特斯拉创始人马斯克(Elon Musk)宣布将致力于研究"神经织网"技术,这种技术是将微小的脑电极植入人脑,想要实现直接上传或者下载人的各种想法。而在此之前,后现代哲学家哈拉维(Donna Haraway)便提出了"赛博格"(Cyborg)的概念,即表现为一种人机混合体,是人与机器的交互与杂合的产物,也有学者称之为"后人类"。

无疑,"赛博格"打破了主客二分、自然与社会之间的界限,这便是后人类时代的基本特征,人不断被物化,物却不断被人化,人与物之间界限不断模糊,形成"后人类"。"后人类"是一种通过技术加工或机器化、信息化而形成的"人工人"。通过更加先进、更加现代的电子技术、生物技术,人类将很有可能获得超越原有极限的各种能力,拥有一个全新的身体,这个身体不论在性能还是机能上都更为强大。同上述所说的现代生物技术类似,"赛博格"模糊了自然存在体同人造机器之间的界限,打破了物理世界与非物理世界之间的界限,成为拼接在一起的消除了人和非人之间根本区别的一种新存在。通过"赛博格",人类的生存更加顽强,但人的自身却由不可取代的人性的高贵变成可取代的一种物性存在。

回到上面所提到的"神经织网"技术,暂且不论这个技术成功的可能性有多大,但这样的技术设计让人与"赛博格"的距离在现实意义上又进了一步。将人与智能体联机,让人与智能化产品融为一体,不分彼此,那么这样一个结合起来的"人"到底该算作机器还是人呢? 或许是"新人"? 人与机器的边界无疑由此而变得模糊,而这对人类未来的影响到底如何,目前还难下定论。但必须明确,植入大脑中的智能化芯片与人脑越来越融合,人依靠外部智能认识世界或者拓展对世界的认识成为一种现实,那么这种人—机混合体的功能就会越来越强大,人就会被技术而统一化,个体的独特性就会被不断消解。的确,人机混合体不是肉体和机械的简单结合,而是人的再创造。这种创造带来的后果就是要重新思考人的边界在哪里。

不置可否,除了对这个世界产生巨大影响之外,"赛博格"同时也在重新塑造存在于这个世界的现实主体——人。由"赛博格"塑造出来的"新主体"不必顾虑自己是否与动物或机器之间有任何"亲属"关系,到那时,人寄生在自己所创造的机器当中,机器则成了每一个人肢体的拓展与延伸,与此同时,人也就同时成了机器上的一个零件。由此,需要不断追问,如果人工智能从完全"它者"的地位转向与人可以兼容并成为"人—机"混合体,"赛博格"式的

"后人类"会横空出世,人未来走向何方? 人之为人的存在性地位是否发生改变? 这确实存在很多可以想象的空间。

(三) 关于人工智能机器学习问题的研究

机器学习是人工智能的一个核心研究领域,计算机通过计算性模拟和不断接近人的学习行为过程,目标在于使机器累积知识、获取技能,进而实现与外在世界或者人类世界无障碍的交互、交流和协同。学习行为最简单的描述就是知识的获取,人工智能核心技术是可计算性,通过可计算性实现知识快速增长。随着人工智能的不断发展,显而易见,机器愈发具备学习的能力,否则AlphaGo 不能轻松击败韩国棋手李世石,此外,龙泉寺"网红"贤二机器僧从最初的答非所问到拥有不断增长的佛学智慧都是很好的例证。但就知识类别而言,人类有两种知识形式:一种是编码知识,一种是默会知识。人工智能的知识获取是通过计算而实现的,具有可编码性是计算的基础。而对于默会知识来说,由于默会知识的本质就在于可意会不可言传性,不具有编码性,因此就很难赋予给人工智能体,这也是人工智能认识论的"黑箱"。

法国哲学家德里达(Jacques Derrida)认为,假设一台机器在一切方面都与人智相类似,那么它就不再只是人智的模拟物,而成为了一种智能。① 当然,这一说法在理论上和逻辑上都是对的,但机器学习只是人工智能模拟人类思维逻辑的一门科学,是模拟人类学习而被创造出来的、为人类服务的科学技术成果。② 仅仅是人类智慧尚属浅显层面的一种转化表现,目前仅是对人类智慧的一种功能性模仿,还无法在整体上模拟人的社会意识,因此也不具备人类的自然性、社会性和实践性。十分明显的是,人工智能与人相比而言,其优势

---

① 杨熙龄:《美梦还是噩梦——关于"人工智能"的哲学遐想》,《国外社会科学》1987 年第5 期。

② 徐祥运、唐国尧:《机器学习的哲学认识论:认识主体、认识深化与逻辑推理》,《科学技术哲学研究》2018 年第 3 期。

仅仅是利用新的技术实现了大数据的在线输入,但是它的构造并没有摆脱依赖于计算程序来处理问题,并且它的智能仍然是局限于计算机算法的,也就是其智能始终是"基于规则的表征—计算系统这一核心假说"①的。人工智能只能处理某一方面、特定单一的工作,而人类却能够立足社会之中处理复杂的社会实践活动。马克思强调:"一个种的整体特性、种的类特性就在于生命活动的性质,而自由的有意识的活动恰恰就是人的类特性。"②人所具备的意识,实际上是指人类在认识世界和改造世界中能够进行有目的、有计划的行为,人的这种意识性是人之为人的重要特征之一。人的这种意识性和主观能动性主要体现在以下两个方面:一个是能够能动地认识和反映客观世界;另一个是在前一层面的基础上运用认识客观世界的规律来反作用于客观现实。人的意识并非简单地反映客观现实,它是由人体感觉器官和大脑紧密联系、密切配合而进行的复杂性、综合性的活动,能指导人们有目的地去改造世界,也就是说,人在行动之前能够首先意识到自我的存在。但人工智能的活动是一种自然活动,同它预先设置的代码程序是直接同一的,没有自我目的性。倘若人类没有事先给它设计好程序、编码好算法,它无法自我主动地对客观世界作任何适当的反馈,例如对话、提问、行动等,当然,出现故障时也许会引发机器"自言自语"。

总而言之,人工智能缺乏人类特有的发散性的联想和归纳性的语言,而这些恰恰是人脑中形成意识的元素,由此也决定了人工智能无法具有思维,人工智能不能取代人类成为新的认识主体,而始终应该充当着帮助人类认识世界的工具,创造人类认识世界的新思路。

三、 人工智能研究路径的方法论维度

在人工智能领域,方法论决定了人工智能的发展方向,人工智能就是依赖

---

① 郁锋:《人工群体智能尚未实现通用智能》,《中国社会科学报》2017 年 10 月 10 日。
② 《马克思恩格斯文集》第 1 卷,人民出版社 2009 年版,第 162 页。

于各种算法实现其对人的模拟和超越。可以说,人工智能的方法论维度是具有核心地位的,因为它既可以决定人工智能的存在性地位,又可以决定人工智能的价值功能。在人工智能发展道路上,方法是决定人工智能发展速度和实现程度的关键。众所周知,人工智能各功能的实现离不开代码和数据建模,因此,对于人工智能的生成方法有一个深刻而准确的认识和定位,有助于把握人工智能的未来。探讨人工智能的方法本身就具有复杂性,有三个层面值得探讨:一是判断人工智能何以是人工智能的方法,这是外在性的判断,最著名的是图灵测试。二是人工智能何以实现人工智能的方法,这是内在性的方法,取决于机器学习的深度。三是从哲学方法论的角度界定人工智能,包括了从还原论到整体论、从符号化认知到具身认知以及从单一化思维到系统论思维的过程。

(一) 人工智能研究的外在性方法:图灵测试

人工智能发展过程中,有一个问题在一开始就被提出来了,那就是如何判定人类制造的机器达到了与人相同的程度。对于这个问题,最早阿兰·图灵(Alan Mathison Turing)就给出了他自己的看法,提出"图灵测试","图灵测试"是检验人工智能"类人性"的一种方法。图灵认为,判断机器能否思考的一个重要方法就是看它能不能模仿人并且不让真正的人察觉出来。该测试规则为:测试者轮番与测试对象(机器)进行交流,如果参与测试的人当中有30%及以上的人无法分辨与其交流的被测试对象是人还是机器,则可以认为被测试的机器通过图灵测试。2014 年在英国皇家学会"2014 年图灵测试大会"上,一款人工智能软件尤金·古斯特曼(Eugene Goostman)被认为是第一次通过图灵测试的人工智能,就在于 33%的测试者认为不是机器而是人与测试者交流。

外在性的方法是具有概率性的测定方法,很多人对图灵测试还是有争论的。倘若图灵测试不存在争议空间,那么通过图灵测试的机器人或者程序就具有"类人性",能够像人一样思考、理解,并与人进行交流。但是问题的关键,恰恰在于图灵测试是存在"漏洞"的。实际上,目前通过图灵测试的机器人或者程序并没有具备人类所具备的理解力、思考能力。正如有人所指出的机器即使通过图灵测试也不会具有人类的真正智慧,"它仅仅是依靠寻找数据库里储存的大量的知识与问题之间的联系来作为答案进行回答,从而'骗过'人类;其答案没有原创性,它并不会独立思考"①。此外,已为学界所熟知的就是约翰·塞尔(J.R.Searle)所提出的"中文屋子"思想实验,这是反驳图灵测试的一个比较著名的思想实验。"中文屋子"思想实验,就是一个不会中文的人被关在小屋子里,给他非常充足的中文参考书、指导手册之类的辅助工具,他可以利用这些工具书编码出中文词句来回答屋外人递进来的中文问题,虽然答案差强人意,但实际上他是没有理解其含义的。这个实验其实就是为了论证说明通过图灵测试的机器人只是仅仅利用了一些编入的程序、知识、手册、指导书之类来回答人们提出的问题,但是它却没有真正理解那些问题和答案的真实意义。可以这么认为,机器人通过图灵测试并不意味它具有了高度的"类人性",实际上它还是弱人工智能。当然,相较于以往的机器人来说,无疑有了较大进步。但是,它离强人工智能还差得很远。

(二) 人工智能研究的内在性方法:机器学习

人工智能的类人性程度除了通过上述外在性方法进行测评以外,还可以通过内在性方法体现,而内在性方法是更为核心的层面,因为内在性方法一旦取得突破性进展,人工智能就将在类人性程度上前进一大步。实际上,人工智能相关研究者为了让人工智能达到或者接近人的思考和认知模式,作了非常多的努力。在研究范畴内有"三种有代表性的人工智能研究范式:符号主义、

①　雷雨、郭家煊:《通过图灵测试人工智能就算进入新时代?》,《南方日报》2014 年 7 月 26 日。

联结主义、行为主义"①。20 世纪 80 年代前符号主义是主要模式,符号主义遵循知识表征、推理和运用,坚持符号主义范式。这也属于思维模拟派/控制派,强调实现人工智能必须用逻辑和符号系统。联结主义也是仿生派,通过仿造大脑达到人工智能,模拟大脑中的神经网络。人工智能的实现主要是算法的实现,第一个高峰期是 1957 年神经网络感知器的发明,模拟人的视觉接收信息,包括实时环境信息,并首次提出自组织、自学习等思想。1982 年霍普菲尔德(John Joseph Hopfield)"神经网络"的提出,在神经生物学和物理系统之间建立了联系。1986 年鲁姆哈特(David Everett Rumelhart)和麦克莱尔(Jay McClelland)等在 BP 算法的基础上提出了 BP 神经网络模型,使大规模神经网络训练成为可能,从而迎来第二次黄金期;2006 年杰弗里·辛顿(Geoffrey Hinton)提出"深度学习"神经网络,经过改进的算法可以对 7 层或更多的深度神经网络进行训练,人工智能性能取得突破性进展。2013 年深度学习在语音与视觉识别上取得成功,感知智能实现。2016 年在算法上的突破性事件就是 AlphaGo 战胜人类冠军,标志着智能时代的来临。这是深度卷积神经网络(DCNN)的实现,具有高度模仿性、自我学习性,深度强化学习,自我进化,不再依赖人类的经验,这就是行为主义范式。而之后的 AlphaGo Zero 仅用 40 天时间"学习",其水平便超过之前所有版本的 AlphaGo。这一事件无疑标志着人工智能在深度学习上有了突破性进展。

需要指出的是,尽管 AlphaGo Zero 的深度学习能力非常震撼,但是它与人类的学习能力比起来还存在很大差距,也存在风险,人工智能的未来并未因此而一片光明。确实,如有研究者所指出的"通过深度学习的深度层次间的随机联系,机器的确具有了某种学习能力,也就是进行自身训练、'与时偕行'乃至与时俱进的能力"②,但是人工智能的深度学习与人的学习比起来还有很大

---

① 成素梅:《人工智能研究的范式转换及其发展前景》,《哲学动态》2017 年第 12 期。
② 张祥龙:《人工智能与广义心学——深度学习和本心的时间含义刍议》,《哲学动态》2018 年第 4 期。

200

差距,这是因为实际上现在的人工智能的深度学习"在根本上仍然是表征数据处理系统"①,因此"非形式的、不可表征的智能活动,不仅是阿尔法狗、深度学习以至人工神经网络的极限,也是整个人工智能的极限"②。换言之,现在的人工智能的深度学习还仅仅只能处理一些形式的、可表征的数据,除此之外的,比如想象、爱情、痛苦、忧愁等,它则毫无办法,无法学习。从这一维度来说,目前人工智能的深度学习与人类的学习能力比起来还有很大差距。另外,说人工智能的深度学习存在风险性问题,是因为这种深度学习具有不可解释性,"由于它本身来自于神经网络,很多时候是靠穷尽局部的采样特性和不明确的非线性,丧失了理论的简洁和优美"③。换句话说,人工智能在进行深度学习的时候,人类对这个过程无法认知、无法解释,不知道机器内部作了何种操作,仅仅是得到了其学习之后呈现出的结果而已。因此,人工智能深度学习过程中的不可解释性蕴含着困难性。

(三) 人工智能方法的发展趋势:复杂与多维

人工智能在方法论层面不断拓展,在某种程度上而言,方法就是人工智能的存在方式,方法越复杂深入智能越强大。因此,人工智能要想真正达到类人性,变得能够自己通过学习生成自身能力,实现其自身与世界的互动,那么,在人工智能方法论层面就要有更大的突破才行。近来,"建造类似于人脑神经网络的人工网络范式,以及模拟人类进化的自适应机制的移动机器人范式"④,都是在研究人工智能过程中的一种可喜的方法论上的转变,而这种转变使得深度学习方法、大数据挖掘技术有了较大的发展。归纳起来,目前,人工智能研究在方法论层面体现不断变化的趋势,具体有如下几点。

---

① 徐献军:《人工智能的极限与未来》,《自然辩证法通讯》2018 年第 1 期。
② 徐献军:《人工智能的极限与未来》,《自然辩证法通讯》2018 年第 1 期。
③ 熊红凯:《人工智能技术下对真理和生命的可解释性》,《探索与争鸣》2017 年第 10 期。
④ 成素梅:《人工智能研究的范式转换及其发展前景》,《哲学动态》2017 年第 12 期。

一是从还原论到整体论。传统数字和计算认知方法论是还原论方法,还原论可以说是整个科学建立起庞大体系的基础,在人工智能可计算的最基本要素中,还原论方法是至关重要的。但随着人工智能的不断发展,人工智能不断趋向类人性,还原论方法无法满足机器学习需要。诚如学者所言,还原论因为并不关注变化的"世界"而无法应对非线性的复杂的系统性问题,如果对非线性的复杂系统进行简单线性分解,那么就会"破坏系统的复杂性"①,从而使数据失真。所以,还原论方法无法解决复杂系统问题,而人工智能要想有更进一步的发展,就必须要在还原论方法的基础上有更进一步的发展和创新。因此,就要不断赋予人工智能可计算的整体性,思维方法不断朝向整体论。而这一方法论的转变,就为深度学习提供了基础,使得计算机深度学习得以可能。

二是从符号化认知到具身认知。符号化认知是人工智能的基本认知方式。随着新一代人工智能的发展,认知方式不断走向整体论、生成论,加入了具身认知方法。这一认知方法坚持身体的知觉、感觉是人的行为产生的根本基础,认知是具体的个人在实时的环境中产生的并非抽象的符号加工,而是与身体的物理属性、感觉运动系统的体验紧密联系在一起。从具身认知的角度看,身体在人的认知过程中发挥着关键性的作用。思维和认知在很大程度上是依赖具身认知的哲学观将认知看作一种意义建构活动。因此,具身认知方法论的引入,让人工智能在类人性程度上更近了一步。这是因为具身认知方法论应用于人工智能,就让科学家在研制人工智能的时候充分考虑到智能机器的"视觉""听觉""触觉""嗅觉"等感知系统的建构,甚至,还能让智能机器通过识别实时的环境,收集相关信息,并进一步作出判断。而一旦这样的人工智能得以创造出来,它无疑具有较高的类人性。

三是从单一化思维到系统论思维。单一化思维是单一维度或者简单的思维模式,人工智能也是由简单到复杂、由低级到高级的发展过程。系统思维就

---

① 成素梅:《人工智能研究的范式转换及其发展前景》,《哲学动态》2017 年第 12 期。

是朝向复杂和高等级的重要思维方式。系统思维遵循着整体性、关联性、开放性、演进性以及情境性的思维原则,系统性思维方法不断为人工智能提升智能性开辟道路。人工智能研究过程中,系统思维方法的引入和加强,让人工智能往更高阶段发展有了更多的可能。单一思维往往只适用于制造某一方面出色的机器,还算不上是机器人,比如流水线上的作业机器,负责拧紧螺丝,贴标签之类的简单工作。而系统思维则是类人性较强的人工智能所必需的,因为人的思维本身就具有系统性、复杂性,能够面对各种即时信息并作出迅速判断。因而,在系统思维指导下的人工智能才有可能处理更为棘手的问题、更为复杂的困难,比如 AlphaGo Zero 就是系统思维指导下的产物,它能够自主学习,并打败所有版本的 AlphaGo。

因此,人工智能研究在方法论层面上有往复杂与多维转变的趋势,而这为人工智能在类人性程度上的进一步发展提供了更多的可能。

第二节　人工智能风险性分析

风险概念在经济学领域使用比较频繁,与投资行为关联较密切。风险蕴含着不确定性,不确定性存在着正向度可能,也存在着负向度可能。风险与危机相似,危机是危中有机,风险也是险中有利,风险越大,获利的可能性越大。在这个意义上,风险对于投机者而言也是有价值的。

风险与事有关,也与人相关切。但风险在人相关过程中与危险又相区别,危险是确证了的风险,而风险是尚未转化为确证危险的预警状态,表现为人对风险的预判或者恐惧。因此,风险也是人的一种风险预判、风险意识的确立或者风险观念的前置。前置的基础在于存在风险的境况,因此风险既存在遵循事物内在规律的客观基础,也具有依赖人的主观认知的价值判断。

如果风险蕴含了主观要素,对风险的认知就会存在差异。技术风险认知同样如此,技术专家对技术风险的预判更多基于对技术的认知,依据的是技术客观规律的符合度。普通民众在技术风险问题上更多依据主观判断,人们对技术认知越少,对技术风险的把握越难,当然也更容易产生对技术的恐惧。

一、 人工智能与一般技术风险的区别

对风险的认知是伴随人类发展过程的,风险认知是人作为理性存在的一个基本方面。但风险理论的提出却是一个并不久远的过程。乌尔里希·贝克对风险问题的关注是以"风险社会"概念的提出为标志的。"在风险社会中,风险已经代替物质匮乏,成为社会和政治议题关注的中心。"①贝克在《风险社会》一书中提出,当前社会在诸多领域中都存在危险。技术风险最为突出,因为技术的深度使用是当前最为显著的特征。安东尼·吉登斯(Anthony Giddens)虽然并不是谈技术风险,但他基于现代性问题,着眼于现代性,指出了风险的人为性,认为人制造出来的风险是现代社会的风险形式,把原因归结于科学与技术的不加限制。"'人造风险'于人类而言是最大的威胁,它起因于人类对科学、技术不加限制地推进。"②

风险意味着危险的可能性,也是目的与结果之间的不确定性,是危险的概率指标。技术的风险性首先表现为技术的不确定性。技术的不确定性有多种表现形式,技术使用后果的不确定性是技术不确定性的主要方面。

技术风险也是技术不正义的体现。首先,技术风险体现对人的威胁。技术的最初目标是帮助人、替代人,但技术蕴含的风险性一旦被确证,就成了人在技术体系中的威胁,正如前面探讨科学人文主义对核技术等技术形式的担忧,技术直接威胁的就是人的生命安全。正如切尔诺贝利事件至今带给人们的伤害、恐惧和后续的影响。当然也蕴含着技术风险对自然的威胁带来

自然危机。技术的使用造成的诸多环境问题也是技术的重大风险体现。恩格斯在对这个问题有重要论述,共识性的认知是,良好的自然环境是人类生

---

① [德]乌尔里希·贝克:《风险社会》,何博闻译,译林出版社2004年版,第15—19页。
② [英]安东尼·吉登斯:《现代性的后果》,田禾译,译林出版社2000年版,第115页。

存的前提。如果人力对自然资源造成破坏,最终伤害的还是人类本身。

当然,技术在很大程度上都是作为它者的存在,一般性技术在很大程度上都是外在化的风险,如环境风险、生态风险、经济风险等。"由于技术与社会因素的相互作用,因此,在风险社会中,风险都会从技术风险自我转换为经济风险、市场风险、健康风险、政治风险等。"①技术风险的另一个说法是墨菲法则,那就是,如果事情有变坏的可能性,不管这种可能性有多小,它迟早都会发生。人工智能技术也是如此,如果人们担心某种情况发生,那么它就有发生可能性,因为风险是一种可能性的存在。人工智能技术风险问题与一般技术风险既具有同源性和同构性,也有很大的区别性。

但人工智能技术却不能简单地作为它者存在,除了外在的风险之外,人工智能技术很大程度上是内在化的风险,那就是人的存在性地位受到挑战的风险以及人与物边界复杂性的风险。内在化风险不是在物质层面的风险,而是一种精神上的冲击风险,是基于人的自我认识和认同的风险。因此人工智能技术的风险因子不仅仅在经济维度、环境维度,而且在于人机边界的厘定,以及人机之间竞争关系的形成方面。在此方面,很多人工智能事件都引起了人工智能取代人的担忧。自1997年电脑深蓝战胜国际象棋冠军加里·凯斯帕罗夫(Гарри Кимович Каспаров)19年之后,在2016年3月9—15日,由谷歌DeepMind研发的神经网络围棋智能程序AlphaGo以4∶1的比分击败世界围棋高手李世石。2017年1月6日江苏卫视《最强大脑》上演了一场精彩的人机对决,这次的战场不再是围棋,而是人脸识别。有报道称"百度大脑"已经取得突破性进展,它拥有庞大的神经网络,甚至已经能够模拟人脑工作。在某些方面,百度大脑甚至已经好过了人类。②"小度"对战人类大脑名人堂选手,

---

① [英]芭芭拉·亚当等:《风险社会及其超越:社会理论的关键议题》,赵延东、马缨译,北京出版社2005年版,第334页。

② 《百度机器人对战人类最强大脑,赢在了小数点后第二位》,2017年1月7日,见http://tech.qq.com/a/20170107/001226.htm。

上演人机大战,在图像和语音识别三场比赛中,以 2 胜 1 平的战绩战胜。2016年 11 月百度无人车已经能够在全开放的道路上实现无人驾驶。当前快递捡货机器人已经大规模投入快递行业。2016 年富士康公司在昆山基地裁员 6 万人,用 4 万台机器人取代人力。基于以上事实,很多人认为:人工智能取代人类的时代已经到来,敌托邦(Dystopia)式构想即将成为现实。并且通过几场"人机大战",普通大众开始表现出对人工智能风险性问题的强烈关注。尽管强人工智能技术还没能实现,但从这场 AlphaGo 围棋大战中,让人似乎看到未来人工智能超越人类的可能,因为人工智能的三大基础——算法、计算平台、大数据已经日渐成熟。南京大学林德宏教授曾指出:"电脑不仅能模拟人的逻辑思维,还可以模拟形象思维、模糊思维、辩证思维,人工智能将来可能全面超过人脑智能。"[①]人工智能风险性考虑,主要是基于人工智能对人类的可能性超越。这是一种内在性的风险,是人工智能之于人的关系性的风险。

二、 人工智能风险的表现形式

"工程师和技术专家倾向于把技术风险界定为可能的物理伤害或者厄运的年平均律,哲学家和其他人文主义者认为技术风险无法定量,它包含了较之物理伤害更为广泛的道德内容。"[②]有学者直接认为,"'风险'包括两部分,一部分是物理性的,更为实际有形的、可被量化的危险,即技术性的风险;而另一部分是由心理认知建构的危险,即感知的风险(perception of risk)"[③]。人工智能风险同样包含这两个层面:一个是客观现实性的物理层面,另一个是主观认知性的心理层面。在人工智能技术大规模运用之前,很大程度上风险的认识来自主观认知的心理层面。在人工智能发展过程中,人工智能(类人)与人

① 林德宏:《"技术化生存"与人的"非人化"》,《江苏社会科学》2000 年第 4 期。
② 李三虎:《职业责任还是共同价值?——工程伦理问题的整体论辩释》,《工程研究》2004 年第 10 期。
③ 曾繁旭等:《技术风险 VS 感知风险:传播过程与风险社会放大》,《现代传播》2015 年第 3 期。

(人类)之间关系一般经历三个阶段:一是模仿关系阶段,人工智能首先是基于对人的模仿,使机器初步具有人的智能;二是合作关系阶段,人工智能协助人类完成大量的工作,体现出人工智能强大的利人性;三是竞争关系(取代关系)甚至是僭越关系阶段,是人工智能大规模广泛应用情况下出现人工智能与人之间的依赖、竞争、控制等复杂的关系情况。

人工智能在大规模应用后,潜在的风险性主要有以下表现形式:一是人工智能技术的发展将导致未来失业率的大幅度提升。现代工业中,弱人工智能技术已经能够替代人类,从事一般性的体力劳动生产,未来人类的部分脑力劳动也必将被人工智能技术所取代。因此,对未来人类可能面临巨大失业风险的担忧不无道理。二是人工智能与人的关系错位的风险。人工智能的"智能性",遗忘了人工智能的"人工性",带来人与人工智能之间的关系具有了主体间性。例如,人与人工智能(机器人)之间的情感依赖问题,一旦人类将机器视为同类,必然带来相应的伦理问题。如性爱机器人如果大规模应用,会使婚姻生育等问题变得复杂,人的两性关系以及很多伦理问题都会相应而来。三是未来机器人不仅具备类人思想,还可能具备类人的形态,人类在与机器人的日常交互中,如果将机器人视作同类,机器人能否获得与人类等同的合法地位,人与机器人之间的关系如何界定,这也是复杂性的问题。以人工智能技术为核心的机器(至少部分性地)超越人脑,存在威胁人类主体性地位的可能。依托强人工智能技术的机器一旦具备甚至超越人类智慧,机器很可能反过来支配人类,这将对人类存在性(主体性)造成巨大的威胁。

当然,上面都是人工智能作为它者的存在与人之间的关系风险。但还有更复杂的情况,2017年3月28日,特斯拉创始人马斯克成立公司致力于研究"神经织网"技术,将微小脑电极植入人脑,直接上传和下载想法。在此之前,后现代哲学家哈拉维提出"赛博格"的概念,是人与机器的杂合,这种以智能植入方式,将人与机器联机,人与机器的边界何在? 对人类未来的影响是积极的还是消极的? 人对未来终极问题的思考对人类的心灵造成巨大的困扰,这种主观认知性的心理层面的风险并不弱于客观现实性的物理层面。

三、 人工智能风险形成机制分析

人工智能风险目前更多地体现在主观认知性的心理层面,是人们对人工智能发展的一种担忧,哲学的思考大有用武之地,其中现象学更具解释力。

(一) 从外在模仿到内在超越:人工智能技术的放大效应

人工智能多是以独立的形式对人的模仿甚至超越。"行为的自动化(自主化),是人工智能与人类其他早期科技最大的不同。人工智能系统已经可以在不需要人类控制或者监督的情况下,自动驾驶汽车或者起草一份投资组合协议。"①与一般技术一样,人工智能技术之于人有两个层面:一是机器操作代替人的劳动,使人从繁重而复杂的劳动生产中解放出来,让人获得更多的自由空间;二是人工智能取代人类智能,人类受控于机器,人类主体的存在性地位丧失。技术发展呈现完全相反的两种进路,这是由技术二律背反的特性决定的,技术具有"物质性与非物质性、自然性与反自然性、目的性与反目的性、确定性与非确定性、连续性与非连续性、自组织与他组织"②等特性。

技术还有一个内在属性就是具有放大性功能。技术放大功能是技术内在结构的属性,技术能够模拟动物和人的能力并加以放大。"人—技术—世界"是现象学的基本模型,这一模型展现出技术是人认识世界的关键,人与世界的关系具有了技术的中介性。梅洛-庞蒂(Maurice Merleau-Ponty)曾用盲人与手杖的关系来比喻人与技术的关系。盲人需要通过手杖获得空间方位,手杖就是一个转换中介,连接了盲人和空间的关系。在这个简单的案例中,人们也会发现技术作为人类感觉的延伸,实际上提高了人类的身体能力。有论者指出

---

① [美]马修 U.谢勒:《监管人工智能系统:风险、挑战、能力和策略》,曹建峰、李金磊译,《信息安全与信息保密》2017 年第 3 期。

② 王治东:《相反与相成:从二律背反看技术特性》,《科学技术与辩证法》2007 年第 5 期。

只有通过技术,人类的能力才能得到提升。① 另一方面,技术的发展也是因为人类对通过技术提高人类能力的渴望,不过这也成为技术风险生成的根源。所以,技术对人类和动物能力的放大效应不仅是技术自身的特性,也是人类现实性目的的需求。在目的性结构中,技术是表达人的意愿的载体,人工智能技术就是放大人类的意愿,在某种程度上可以代替人的意愿。当一个中介完全把人的意愿变成中介的意愿时,人工智能的本质得以实现,技术的放大效应达到最大化。但人的意愿可以被机器表达时,人的可替代性也逐步完成,人也失去了自我。技术便有可能朝向背离人类预期的方向发展,技术风险由此生成。

在前人工智能技术时代,技术只是对人类"外在能力"的模仿与扩展,即使像计算机、通信网络等复杂技术也是以一种复合的方式扩展人类的各项技能。但人工智能技术却内嵌了对人类"内在能力"的模仿,对人脑智慧的模拟。这一技术特性使人工智能技术具备了挑战人类智慧的能力。千百年来,人类自诩因具备"非凡的"智慧而凌驾于世间万物,人的存在地位被认为具有优先性。康德"人为自然界立法"的论断,更是把人的主体性地位推到了极致。一旦人工智能技术被无限发展、放大,具备甚至超越人脑机能,人类对技术的"统治权"将丧失,人类的存在性地位也将被推翻。尽管就目前而言,人类对人工智能技术的研发仍处于较低水平,但人工智能表现出的"类人性"特征,已经不似过去技术对人脑机制的单向度模拟。特别地,AlphaGo 在面对突发状况时表现出的"随机应对"能力,远远超出开赛前人类的预估。人们似乎看到人工智能正在从对人类"智"的超越,转向对"慧"的模拟,这种风险越来越大。

(二) 从它者性到自主性的循环:人工智能技术矛盾性的存在

早期技术既是作为一种工具性的存在,也是一种它者的存在。但发展

---

① [美]唐·伊德:《技术与生活世界——从伊甸园到尘世》,韩连庆译,北京大学出版社2012年版,第75页。

技术的潜在动力就是不断让技术自动化程度越来越高,越来越自主。技术的自主性发展表现为"技术追求自身的轨道,越来越独立于人类"①。事实上,人工智能的类人性越强,其自主性就将会越来越强。人们期望着人工智能能在自主性上面有所突破,从而让自身从劳动中解放出来,由此获得更多的自由。不过当技术发展到具有人一样的智能时,技术在新的起点上成为一个他者。因为技术发展的不确定性使技术既有"利人性"也有"反人性"。这两种看似相反的特性是一个问题的两个方面,智能技术将这两种特性又进一步放大。人工智能技术的"利人性"是技术自主性的彰显。不过追逐技术的"利人性"同时,可能会使技术的自主化到达奇点,从而出现"反人性"倾向。

技术的"反人性"体现在它者性的生成,也就是说,它可能发展成为一种独立于人而存在的物,不受人的控制能够自己独立发展。这就像人们普遍担心人工智能有朝一日可能取代人一样。总之,技术可能发展成为与人对立的它者而成为"反人性"的技术。在伊德看来,技术是可以被作为准对象来对待的,甚至可以将技术作为准它者来加以对待。②"它者"的提出,实际上展示出人们对技术对象化的一种担心。海德格尔认为这种担心由技术的"集置"特性所决定,"集置(Ge-stell)意味着那种摆置(Stellen)的聚集者,这种摆置摆置着人,也即促逼着人,使人以订造方式把现实当作持存物来解蔽。"③事实上,人工智能技术的发展趋势,就是在不断提高技术较之于人的它者地位。

在实际应用中,人工智能技术的"反人性"倾向会以它者的形式呈现。技术还是使事物呈现的手段。在故障情形中发生的负面特性又恢复了。有论者

---

① Jacques Ellul, *The Technological Society*, Germany: Alfred A.Knopf, 1964, p.134.

② [美]唐·伊德:《让事物"说话":后现象学与技术科学》,韩连庆译,北京大学出版社 2008 年版,第 57 页。

③ 李霞玲:《海德格尔存在论科学技术思想研究》,武汉大学出版社 2012 年版,第 82 页。

指出,当技术在实际运用时出现故障,那么这一出现故障的技术就是负面派生的对象。① 在伊德的技术体系中,尤其在具身关系和诠释学关系中,技术(科学仪器)是通过故障或失效导致技术它者的呈现。技术在承载人与世界的关联中,本应该抽身隐去,但却以故障或失效的方式显现自身,重新回到人类知觉当中,必然阻断人与世界的顺畅联系。本来通过技术实现的人对世界切近的感知,转换成人对(失效了的)技术的感知。这时,(失效了的)技术的它者性仅仅表现为感知的对象性。同样,人工智能技术同样也存在技术失效的可能,但这种失效不是以故障而是以一种脱离人类掌控的方式成为它者。人工智能技术的失效不仅会转换人类知觉,更为严重的是,一旦技术在现实中摆脱人类控制,自主化进程将以故障的方式偏离预定轨道继续运行,技术的"反人性"开始显现,技术它者由此形成,技术的自主性成为它者的"帮凶"。人工智能技术的风险在于经历了"它者性—自主性—它者性"过程之后,这种风险结构被进一步放大。

在实际生产生活中,人们为了追求技术的高效、追求技术的扩大效应而总是不断提高技术的自主性,不过随着技术自主性的提高,人们又不得不考虑技术的它者性。因此,人工智能的发展就蕴含着这样一种冲突。

(三) 资本的宰制扩大了人工智能风险的可能性

技术不是随资本产生的,相反,正是工业革命实现了生产方式的转变,才进一步促进了资本的生成。那么,技术到底是什么? 技术与资本又是怎样的关系? 技术与资本之间是否具有内在共性? 首先,技术是一种人造物,是人类认识和改造自然的工具。技术是随着人类的产生而产生的,从时间维度上说,技术要早于资本存在。但工业革命之前,技术只是表现为简单工具的形式。在海德格尔看来,技术的本质是一种解蔽,古代技术是人类与自然和谐相处的

---

① [美]唐·伊德:《技术与生活世界——从伊甸园到尘世》,韩连庆译,北京大学出版社2012年版,第99页。

手段,其表现为一种"顺其自然""自然而然"的状态。这个时期的技术特征,依然统摄于传统的农耕游牧,具体表现为生产力低下、满足于自产自足。工业革命时期,技术主要以生产机器的形式出现,传统的生产方式被彻底打破。随着资本的出现,技术发展进入到井喷期。因此,在谈到技术与资本的关系问题时,实际上指的是工业革命时期的技术以及现代技术。

技术与资本具有同构性,这是技术能够最有效地实现资本利润的根源所在。资本的本性是求利,而技术的目的是实现人的物质追求。从这一角度说,技术的本性同样也是求利。前文指出过,资本的逻辑是求利的逻辑,正是技术与资本的共谋,使资本在实现价值增殖的过程中,能够"天然地"发挥技术优势。

在工业革命时期,技术与资本的共契性达到了极致。从技术层面来看,这个时期的技术是生产力的决定性力量。技术这种压迫式的生产力,以一种促逼的形式将人与自然变成了持存物。换言之,人也沦落为了一种生产资料,而不是生产主体。从资本层面来看,资本在进行全球化扩张的过程中,无情地压榨劳动者,使无产阶级的劳动人民沦落为商品和奴隶,而资本家尽管是资本的占有者,实际上也已经成为资本的傀儡。由此,技术与资本通过实现人的"非人化"达到了前所未有的共契。基于以上分析可以看出,技术与资本走向同构与合谋,是由资本的本性决定的,也是由技术本性决定的,是二者历史发展的合力。

人工智能作为技术发展的智能化成果同样具有资本逻辑,甚至就是为了资本而诞生的。前面提及的快递拣货机器人已经大规模投入快递行业以及富士康公司用4万台机器人,都是为了追求降低成本,获得更大利润空间的行为。

资本成为一种有效的资源配置方式和技术成为一种集置,这是整个社会发展的一种必然趋势。既然技术与资本具有同构性,这就引出资本逻辑框架下人工智能风险的规避性问题。

按照前面的论证，在资本逻辑的框架下，资本会不断绑架技术，循着追求利润和求利的路径不断前行，不断凸显技术的现代性特征，带来现代性问题，也带来技术正义问题。人工智能在资本逻辑的架构下，发展过程中的非正义性也是一种风险形成机制。

四、 人工智能风险边界

确定人工智能风险边界是一个非常困难的问题，但正因为困难，必须要面对，因为风险的可能性都对应着现实的风险性。

（一）技术风险是否存在边界

技术风险是否存在边界？或者说能否规避技术风险？对这个问题，后现象学给予了否定的回答。唐·伊德认为，"控制"技术的困难首先在于技术本质上的含混性。这种含混性表现为：通常都能够置于不同的使用情境中，无论技术是简单技术还是复杂技术都需要一定的情境。技术的含混性的产生源于文化对技术的嵌入。有论者指出如果技术被认为是嵌入文化中的，那就可以把握住文化—技术的形态。[①] 这样，就可以把之前提到的"人—技术—世界"这一公式拓展一下成为人—（文化—技术）—世界。如此一来，所谓控制技术，其实就相当于控制文化与技术二者的"融合体"。不过，所谓控制技术的命题恐怕在这里已经发生了转换，现在应该提出的问题是，人们能否控制文化？ 问题采用这一方式提出的话，无疑展示出这一问题之复杂，其原因就在于文化是相当复杂难解的。在伊德看来，想要控制文化那肯定是不可能的，一方面源于文化之复杂，另一方面源于一旦有人妄图控制文化，那必将为人类带来灾难性后果。到这里，是时候审视问题最初的提法了，事实上，人类能否控制技术这一问题本身就提错了。在伊德看来，控制技术这一提法其实内含了两

---

① ［美］唐·伊德：《技术与生活世界——从伊甸园到尘世》，韩连庆译，北京大学出版社2012年版，第147页。

个极端前提:第一个前提是人们把技术看成一种中性的工具了。但实际上,所有技术都是在一定的情景当中被创造、被使用的,因此技术一直处于人与技术、技术与文化等的相互关系之中。一句话,如果把技术抽离这些具体的情景来加以考察,那么对技术的研究和把握就必然会处于"失真"状态。因此,剥离情景而空谈技术是形而上学的,是不科学的。第二个前提就是人们赋予了技术过高的自主的决定性的地位。这就是说人们对技术自主性看得太重了,走向了另一个极端,因而开始花费大量精力来探讨如何控制技术。不过他们对于这一问题的探讨实际上是消极的、无作为的。有人对后一种观点提出了技术意向性等疑虑。对于这种疑虑,伊德也承认,在一些关系中确实存在"不以人的意志为转移的"技术意向性。在这里可以通过举例来加以理解,比如就钢笔、智能手机打字程序和电脑打字程序三者而言,三者的写作速度、操作模式都是不一样的,而这无疑会影响人们的写作模式和认知习惯。这在一定程度上展现出技术决定着一种不为人控的朝向。伊德对这个问题作了解释,在他看来,这些变项本质上并没有表明技术决定了人的写作风格,虽然它确实具有某种可能性倾向,不过这些倾向仅仅造成了"哪些部分的写作经验被增强了"①而已。在这里,可以发现伊德实际上在这一问题上有相对主义的态度。按照上述分析,人是无法控制技术的,这样一来,是不是意味着人们无法应对技术风险呢? 答案也是否定的。首先,伊德虽然论证了人们不能控制技术的若干原因,但是他关于技术控制方面的相关问题的论述还是比较模糊的,比如,人们当如何理解他所提出的控制概念呢? 是否有其他概念可以替代"控制"这一概念呢? 显而易见的是,伊德对这些问题的回答是比较模糊的,甚至也没有关注到。其次,即使人们真不能控制技术,那也并不意味着人们不需要、没有能力应对技术风险。例如当前人们在面对生态危机、面对人工智能发展、面对转基因技术等,就始终无法绕开技术会给人类带来的风险问题。

---

① [美]唐·伊德:《技术与生活世界——从伊甸园到尘世》,韩连庆译,北京大学出版社2012年版,第149页。

技术与文化相融合之后,人们应对技术风险无疑会变得十分困难。倘若人们并不将技术视为完全可控的工具,那么技术势必会有风险性,这样一来技术的使用就关乎所有人的利益,因而对于技术风险的探讨就不仅仅是科学家和工程师的责任了,哲学、社会学、伦理学等人文社会科学也都该对此加以研究。因此,哲学嵌入人工智能正当其时。人类自由意志的基础在于自我的选择和决定,而任何选择和决定都会内在镶嵌风险结构,这关涉对选择和决定的预判,哲学具有积极使命。

(二) 人的尺度与技术的边界

后现象学虽然给了人们非常悲观的结论,但后现象学在技术风险产生机制的分析中是极其理性和富有创见的。人们不能忽略人工智能设计和应用过程中的情境因素以及文化因素。前面探讨技术风险时谈到人工智能的两种风险:一是人工智能的外在风险,源于技术的技术属性带来的结果风险;二是内在性风险,是主观上对技术的判断的风险,源于人的主观和心理因素的风险。从风险的本质特性上讲,风险是不能被消灭的,因为人们不能消灭"可能性"。但人们可以转化可能性,从一种可能变成另一种可能。甚至降低可能性,以此最大限度地规避风险。

规避人工智能风险的路径有很多种,但有一种非常之根本,就是人工智能设计和使用过程中的人本原则。

人类的历史是一部追求生存与发展的历史。人类生存过程中,一直面临一个永恒的矛盾:即人们对物质的需求与满足这种需要之间的现实矛盾。人需要的满足靠天然自然有限的供给是难以维系的,人只有通过技术的方式创造性地改变自然以满足人不断的需要。但人的本质就是人的生存所固有的矛盾,人是在实践中生成的,人没有现成的规定性,实践范围、方式等都是人本质的决定因素。因此,人就具有存在的本体论困境——既要不断将自身的本质外化于对象世界中,通过技术的方式改变世界,又要超越自己对象性本质。技术表现出了人的本质,但技术产品一经离开人的创造阶段成为完全的对象性存在,技术就产生了人的异己力量,人只有重新占有自己的技术成果,控制技术才能实现人的完全本质。如果技术超越人的控制,人的本质就会分裂——异化开始。

在人工智能的出场中,人们只看到技术的力量,只看到机器的作用,忽视了人的作用。没有技术物,没有机器,人类就不能生产,就不能制造工业产品,就不能利用自然资源,就不能满足生存需要。在自动控制的机器面前,人只是个旁观者,只是个被动者。技术在体现、彰显人的本质的同时也压抑人的本质。人与技术之间具有悖论性的存在,这也是人的本体论困境:人是生存之中创造性的存在。如果人的生命成为技术改造的对象,那么人就彻底被技术化了。按照人工智能的逻辑,人就可以直接叫人的制造了,按照人工智能的发展势头,必然有这个可能性。因为技术可以有以下功能:一是技术使"不可能"变为"可能"——这是技术创新的目标;二是技术使"能够"变为"应该"——这是技术应用的目标。生命与技术本身又是一对矛盾:人的生命是自然的,也是自为的;而技术是人为的。人的生命价值的高贵就在于不可取代性,但技术的功能就是取代。生命是不可能重复的,但技术必须是可重复的。技术与人有一致的一面,又有矛盾的一面。因此异化不应该被看作纯粹人为的事件,技术本身就有异化的根据。因此,人工智能技术的发展,在内在价值上要以人为尺度;在外在价值上要以社会为尺度。人工智能的发展宜遵循人本原则,才能实现良性发展。

五、 人工智能发展的尺度与依据

人工智能的发展和进步一定要体现人的需要和利益。人的生存和发展需要及现实满足程度是社会和人类自身发展的动力,也应是人工智能的基本出发点和价值尺度。发展人工智能的标准应以人为尺度,体现人的目的性。

有目的性的生命活动是人的本质特征。而所谓有目的性即是指人在实践活动中是有目的、有方向地在实践。对生物有机体来说,合目的性就是对环境的适应性,而对于人来讲,除了适应性以外,还有的就是对客观世界的改造。很多人认为目的是一个纯粹主观的活动,事实上,客观性是目的性的重要前提。人的目的本身也是个意向性结构,人的意向性目的活动分为三个层次:一是自然合乎目的性的本能活动;二是功利性的生产劳动;三是超功利性目的的艺术审美活动。人的目的产生根源决定人的目的特征,目的的主观性与客观性相统一、功能性与价值性相统一。人的目的性生成和选择过程就是对人的目的价值进行判断和选择的过程。一般而言,技术活动是在第二个层次,属于功利性生产劳动。技术目的性是事物发展过程中其结果对事物生存有利的意向性。但第一个层次是基础,第三个层次是对第二个层次的超越。如果技术没有第三个层次的追求,技术完全作为功利性的手段,技术就会成为人类攫取利益和利润的工具。

虽然社会发展要依靠技术进步与发展,但技术本身不可能解决一切社会问题,即使是人工智能这样的智能性技术形式也是如此,相反会带来新的社会问题。如果发展人工智能反而制约了人的自由、背离了人的目的,这样的技术形式生命力何在? 只有将技术形式与人类社会协调发展,物质财富的增长与精神的自由同步才有进步意义,如技术发展只是片面满足暂时的需要而损害了人类长远意义,为了物质需求的满足而损害人自身的精神的丰富和个性的发展,导致人的异化,那么就是对人自身的否定,人类的尊严受到挑战,这样的技术是需要舍弃的。很多时候,人类可以创造许多可能的技术,但在伦理上,人们却不需要这些技术,因而人工智能若经过哲学上的反思和预见则会更加有利于人的发展,也将规避诸多风险。

第三节　人工智能面临的正义挑战

《新一代人工智能发展规划》中指出了人工智能的五个"新":发展进入新

阶段、成为国际竞争的新焦点、成为经济发展的新引擎、带来社会建设的新机遇、发展的不确定性带来新挑战,可以说涵盖了政治、经济、社会、文化等诸多领域。不言而喻,人工智能具有政治价值、经济价值、社会价值以及文化价值等,这些价值都是可衡量的价值形式,最应该从价值的角度关注的是人工智能发展的不确定性方面,这是不可衡量的,也是蕴含风险和挑战的方面。人们不可推卸的责任就是必须持续不断地了解、应对和遏制科技发展给人类社会带来的挑战,毕竟对于解决这些问题,"机器是无法替代人类"①的。有论者从社会整体智能化的角度提出"智能化社会的十大哲学挑战"②,比如所探讨的电子人、生化人、隐私问题、分布式的认识责任问题、自我概念重构问题等面临的伦理、法律和社会的挑战等问题,这些也是人工智能面临的挑战,因为智能化社会和人工智能本身就有正相关性。当然,智能化社会和人工智能也有很大区别,智能化社会是着眼于社会的整体智能化,人工智能作为智能技术体具有单纯的物性,更多体现在人—物、人—机、人—智能体之间的价值关系问题,人工智能在这些方面还有很多价值论的思考空间。

一、 关于人的存在性地位是否被挑战问题

很显然,人的存在性地位被挑战问题,既是个价值论问题也是个存在论问题,存在论是前提和条件的考量,价值论是结果的考量。对人工智能的研究和探索的动力来自两个方面:一方面来自人类对未知领域强烈的探索性,也是求知的欲望,这是科学的进路;二是来自对人工智能功用性的需求,也是商业价值的需要,这是技术的进路。

两种进路带来的结果是一致的,人工智能技术的发展必将面临技术对人的取代问题。其实技术取代是技术发展的应有之义,技术就是一种生产力,就

---

① 龚怡宏:《人工智能是否终将超越人类智能——基于机器学习与人脑认知基本原理的探讨》,《人民论坛》2016 年第 7 期。

② 成素梅:《智能化社会的十大哲学挑战》,《探索与争鸣》2017 年第 10 期。

是为了提高效率,就是为了取代人工而存在的。但人工智能技术的取代不是一般技术功能的取代,人工智能技术首先是对人智能的模拟,是智能性的取代进而发生功能的取代。这与一般技术产生巨大差别,这种取代必然带来人存在价值意义上的追问以及人工智能存在性地位问题的相关思考。

一方面,人工智能,也就是机器人在未来可能被设计和制造得越来越像人;另一方面,人类自身由于不断的使用人工智能强化身体机能,由此越来越像机器人。人工智能在这两个方面的进一步发展,自然而然会带来人的存在性地位被挑战的问题。如有学者指出"生化电子人仍然是人吗"[①]这样的现实性问题。机器人是不是人的问题,以及生化电子人还是不是原来意义上人的问题等,确实成为人们必须要面临和探讨的问题。

技术悲观论者对于上述问题表现出深深的忧虑,不过在笔者看来,就目前人工智能发展状态看,人工智能要达到真正的类人程度,可以说还有很长的路要走。这主要基于以下认识:第一,要打造出真正的类人智能机器人,且不说赋予人工智能以情感、想象、思考、意识有待突破,还有一个关键的技术需要突破,那就是模拟人的大脑。然而这里存在几个难题:其一,人的大脑神经网络极为复杂,想要通过数据建模来模拟人的大脑神经网络难度实在很大;其二,人类目前对大脑的相关研究深度还不够,对大脑的认识非常有限。这样一来,想通过建模来模拟人的大脑简直难上加难。诚如学者所言"不论是通过建模来模拟人的大脑,还是通过建模来进化出人的大脑,都还有很长的路要走"[②]。第二,就人类本质来看,人工智能想要同时具备人的所有本质特征还有很长的路要走。"马克思对人的看法,可以从根本上说是'三分法',即'肉体自然存在''精神存在'和'社会存在'。"[③]众所周知,马克思非常强调人的社会存在,

①　成素梅:《智能化社会的十大哲学挑战》,《探索与争鸣》2017 年第 10 期。
②　成素梅:《人工智能研究的范式转换及其发展前景》,《哲学动态》2017 年第 12 期。
③　李德顺:《人工智能对"人"的警示——从"机器人第四定律"谈起》,《东南学术》2018 年第 5 期。

他在《关于费尔巴哈的提纲》中对此有过精辟的论述,即"人的本质不是单个人所固有的抽象物,在其现实性上,它是一切社会关系的总和"①。因此,人工智能即使在"肉体存在方面"可以用钛钢等物质来充当,在"精神存在"方面可以部分的具有"思考"能力,但是在"社会存在"方面却很难在短时间内取得跟人类等同的程度。这是因为人类历史发展已历经几千年,拥有非常丰富的历史文化基础,有家庭、亲人、政治生活、职业生活,无时无刻不处在社会关系之中。而人工智能要达到这样的水平,就需要建立起属于它们的"社会关系",而这谈何容易呢?此外,即使真有一天科技突破关键技术,使得人工智能达到了与人类相当的水准,人们也应当坚持人的主体性地位,人类要对人工智能有绝对的控制权,人的存在性地位不容被挑战。

二、 关于人工智能的伦理限度问题

其研究路径表现在两个层面:一是作为技术物,人工智能技术如同其他技术一样,具有的技术伦理问题;二是作为具有"类人性"的技术物与人之间的关系问题。

首先是人工智能技术伦理问题。在发展人工智能的过程中,人类有一种隐隐的担忧,害怕人工智能某一天达到一个奇点,从而脱离人的控制而能够自行发展和设计,也就是从客体转向了主体,由此,人类自身的进化是无法与机器的进化相提并论的,这样,人或有被机器取代的危险。② 因此,人工智能的技术伦理探讨应当前置,以免未来悔之莫及。实际上,"艾西莫夫机器人三定律"就是一种对人工智能进行的伦理上的考量。这三定律分别是:机器人不得伤害人,也不得见人受到伤害而袖手旁观(第一定律);机器人应服从人的一切命令(第二定律);机器人应保护自身的安全(第三定律)。这三者之间也相互制约,第二定律不得违反第一定律,第三定律不得违反第一、第二定律。

---

① 《马克思恩格斯文集》第1卷,人民出版社2009年版,第501页。
② 董青岭:《人工智能时代的道德风险与机器伦理》,《云梦学刊》2018年第5期。

根据这三定律,人类与机器人之间是可以友好共处的。但现实状态下,机器人索菲娅(Sophia)的诞生对艾西莫夫(Isaac Asimov)三定律提出了挑战,因为索菲娅提出要消灭人类。"艾西莫夫机器人三定律"在某些特殊情境下也会相互违背,从而致使智能机器人无法抉择,陷入死机状态。有论者就此指出:"我看了阿西莫夫的书以后发现,事实上这里还预示着'第四定律'……就是说,当前面三个定律相互冲突时,就得让人自己来回答到底想要怎样。"[1]这一提法和建议事实上不是机器人定律,而是人类使用机器人定律,按人的规则保留了人类对人工智能的绝对控制。此外,林德宏教授对机器人发展限度问题早有预见,提出人们在设计和制造机器人时要设定界限:"第一,绝不允许机器人具有同人体一样的躯体。第二,绝不允许机器人具有辩证思维能力。第三,绝不允许机器人具有人的感情。"[2]他认为只要具备这三条,人就不会失去对机器人的控制能力。总之,人类在研发高级人工智能过程中,一定要保留人类对人工智能的绝对控制权,这应当成为全球共识。

其次是"类人性"的人工智能与人的关系问题。人的存在是一种具有目的性的生命活动,这种目的性体现为人在进行认识和改造世界的具体实践活动时具有目标性和方向性。对生物有机体来说,合目的性就是对环境的适应性,而对于人来讲,除了适应性以外,还有的就是对客观世界的改造。很多人认为目的是一个纯粹主观的活动,事实上,客观性是目的性的重要前提。人的目的本身也是个意向性结构,人的意向性目的活动分为三个层次:一是自然合乎目的性的本能活动;二是功利性的生产劳动;三是超功利性目的的艺术审美活动。人的目的产生根源决定人的目的特征,目的具有主观性与客观性相统一、功能性与价值性相统一的特征。人的目的性生成过程实际上就是对人的

---

① 李德顺:《人工智能对"人"的警示——从"机器人第四定律"谈起》,《东南学术》2018年第5期。

② 林德宏:《人与机器——高技术的本质与人文精神的复兴》,江苏教育出版社1999年版,第172页。

目的价值进行判断、选择的过程。一般而言,技术活动是在第二个层次,属于功利性生产劳动。技术目的性是事物发展过程中其结果对事物生存有利的意向性。但第一个层次是基础,第三个层次是对第二个层次的超越。如果技术没有第三个层次的追求,技术完全作为功利性的手段,技术就会成为人类攫取利益和利润的工具。因此,发展人工智能一定要尽可能地体现人的需要和利益。人的生存和发展需要以及现实满足程度是社会和人类自身持续发展的根本动力,因而发展人工智能应当以此为基本出发点和价值尺度,并合乎人的目的性。

三、 关于人工智能资本宰制带来的风险问题

尽管前面用很大笔墨论证过人工智能风险问题,但放在正义的框架下来看,人工智能在资本宰制下将面临的各种风险问题,是一个要特别重视的正义问题。

有论者指出,在资本主义生产方式下,人工智能的发展很可能会被资本的过度介入引向错误的方向,这样带来的结果将是机器更加奴役人,很可能将"人变得连想要被剥削都成为不可能"①。这显然指出了一个当下非常迫切的问题,那就是还没等到人工智能发展到能够"奴役人""控制人"的地步,它就被资本家用来进一步剥削人、压榨人。"把人变得想要被剥削都不可能"更是道出了资本主义生产方式下,资本家青睐于使用智能机器人从事生产,给大量的工人带来失业风险。届时不是人工智能服务于人,而是人工智能服务于有钱人、资本家,而一般人则服务于人工智能,受人工智能的支配。

此外,还需要注意到风险是一种可能性的趋向,是一种概率指向,意味着不确定性。尽管强人工智能离我们还有很大的距离,但对人工智能的担心已经带来现实的困扰。"你如果'主观上'缺乏安全感,那你的身心就会在'客观

---

① 董志芯、杨俊:《人工智能发展的资本逻辑及其规制——兼评〈人类简史〉与〈未来简史〉》,《经济学家》2018 年第 8 期。

上'受到影响和伤害。"①技术与资本之间向来是一拍即合的,二者共谋并服务于资本增殖的逻辑。不可否认"资本对人工智能技术的发展有着积极的意义,其内在的增殖本性推动了人类向智能时代的迈进"②。人工智能作为一种特殊的技术形式,资本宰制带来的风险会倍增和放大。这些风险主要体现在以下方面。

一是加大工人的失业风险。快递行业拣货机器人以及富士康公司大规模使用机器人都是为了降低成本,获得更大利润空间,而这意味着有更多工人面临失业风险。二是人的隐私被泄露的风险增高。资本宰制下的人工智能很大可能被用于追求利润、追求剩余价值而不惜侵犯个人的隐私。即便在当前大数据时代背景下,个人隐私泄露都很严重,因而资本宰制下的强人工智能时期个人隐私泄露风险无疑会更高。三是军事机器人的应用可能带来的安全性问题。各国为提升自身的军事实力自然青睐对军事杀人机器人的研发,但是一些私人军火制造商、利益集团同样热衷于军事杀人机器人的制造,因为这种先进的科技往往会给他们带来巨大的利润。然而,在私人资本宰制下的军事机器人势必会带来严重的安全性问题,至少会让犯罪分子具有更高级的攻击性武器。设想索马里海盗、恐怖分子掌握了这一军事机器人,这将对各国造成多么严重的威胁。四是性爱机器人的制造给两性关系、婚姻伦理等带来的风险增强。资本以追求利润为直接目的,倘若强人工智能真能做到与人相似,那么市场无疑对性爱机器人有需求,如此一来,势必有资本注入性爱机器人的生产。这样,两性关系、婚姻伦理将受到挑战。

以上风险都受制于资本逐利和增殖逻辑,都关涉正义,人工智能的发展要合理利用资本,但不能受制于资本逻辑,这也是人工智能健康而长远发展的基础。

---

① 江晓原:《当代科学争议中的四个原则问题》,《上海科技报》2013 年 11 月 8 日。
② 董志芯、杨俊:《人工智能发展的资本逻辑及其规制——兼评〈人类简史〉与〈未来简史〉》,《经济学家》2018 年第 8 期。

第十章　未来取向：技术正义何以可能

按照前面的论证,在资本逻辑的框架下,资本会不断绑架技术,循着追求利润的道路不断前行,不断凸显技术的现代性特征,带来现代性问题,也带来技术正义问题。这其中,有技术自身隐含的问题,也有技术使用过程中的问题,前文分析过技术正义的结构,技术内核正义与外核正义形成的圈层结构是个整体,外核正义是表象,内核正义是本真。技术正义的实现是一个理论逻辑、历史逻辑和实践逻辑的统一过程。

第一节　实现技术正义的理论逻辑

马克思对物化的批判、对技术的批判、对资本的批判蕴含着对未来美好社会发展的期待。技术正义还要从技术的最内核解决问题,前面分析过技术带来的风险,尤其资本宰制的风险都蕴含着不正义的因子。在资本逻辑的加持下,技术正义如何可能? 按照资本逻辑批判的致思逻辑,资本的不正义是具有条件性的,资本本身也蕴含着正义的因子,这是马克思在大机器理论中看到技术正义的理论曙光。

一、 马克思的大机器生产理论

资本来到世间,它追求剩余价值,“每个毛孔都滴着血和肮脏的东西”。

因此,就其本性而言,天生带着恶,似乎离正义较远。技术蕴含着资本的逻辑,在资本主义体系下是以机器体系方式参与和从属于资本追逐剩余价值目标的。马克思对机器的分析,是把机器放在劳动资料形态中,由于纳入资本生产过程后,劳动资料经历各种形态的变化,机器是它的最后形态。"或者更确切些说,是自动的机器体系。"①马克思解释了机器体系的形成条件,自动的机器体系不过是最完善、最适当的机器体系形式,只有它才使机器成为体系。它是由自动机,由一种自行运转的动力推动的,"这种自动机是由许多机械器官和智能器官组成的,因此,工人自己只是被当做自动的机器体系的有意识的肢体"②。机器体系成为强化劳动的工具,工人成为机器的一部分。马克思认为,资本追求剩余价值的本性驱使其不断发展生产,从而改进技术。使作为固定资本的劳动资料以机器体系形式呈现,这是资本主义生产发展的必然趋势。因此,随着大工业的发展,现实财富的创造更多地取决于劳动时间和已消耗的劳动的量,因为这时候的工业更多的是使用机器,而不是人力,而机器凝结了人的劳动时间和劳动量。机器这种物又会产生巨大的效率,这和生产它们的直接劳动时间是不成比例的。这种物实际上取决于"这种科学在生产上的应用"③。资本通过掠夺和扩张实现价值增殖,这是资本的本性规定,这种扩张有两种表现形式:"一是空间的量的横向扩张,由此产生经济全球化;二是生产力的质的扩张,不断迫使经济系统进行科学技术创新。技术革命与全球化的交织,共同构成全球性的资本扩张"④。这也是殖民和掠夺的根源所在,经济危机、环境问题都可以在这里找到根源。

在海德格尔看来,现代技术的揭示已不仅仅是让存在者自动显现出来,完全支配近现代技术的这种揭示乃是促逼,是对自然的掠夺、压迫。在技术的促

---

① 《马克思恩格斯文集》第 8 卷,人民出版社 2009 年版,第 184 页。
② 《马克思恩格斯文集》第 8 卷,人民出版社 2009 年版,第 184 页。
③ 《马克思恩格斯文集》第 8 卷,人民出版社 2009 年版,第 195—196 页。
④ 王欢:《从马克思的资本逻辑到鲍德里亚的符号逻辑》,《前沿》2009 年第 10 期。

逼活动中,自然界被迫显示、展现为不断地被开发、转化、贮存、分配等一系列环节,纳入一个密不透风、喘息不止的技术系统里。然而,这种促逼性的摆置活动,绝不是纯粹由人们自由控制的行为,相反,它设置、摆弄人,亦即促逼人去以构设活动的方式把现实事物当作持存物即现成状态去蔽。马尔库塞将这种去蔽描述成公式,"资本主义进步的法则寓于这样一个公式:技术进步＝社会财富的增长＝奴役的加强。商品和服务在不断增加,牺牲是日常的开支,是通向美好生活道路上的'不幸事故',因此剥削是合情合理的。"①这鲜明地呈现了技术和资本合谋加深了恶与非正义的方面。

二、 资本蕴含的"文明面"

在通篇探讨中技术的不正义都与资本的求利行为相关,似乎资本是十恶不赦的恶魔,如果完全这样理解资本,那对资本而言也是不公平的,对于资本的认识也就并不准确。从资本推动生产力发展和社会进步而言,资本又有正义因子,因为资本可以把"生产能力提高到极限",这是"资本的伟大的文明作用"②。从简单的工具体系到机器大工业生产,很重要的特征就是"自动的机器体系",这也是资本推进生产力发展的结果。机器的应用,尤其是自动体系机器的应用减少了劳动力,但单位时间的产品数量大幅度提高。"不仅是通过协作提高了个人生产力,而且是创造了一种生产力,这种生产力本身必然是集体力。"③资本促进生产力的发展必然推动社会进步,在这个意义上资本是具有文明面并具有正义因子的。

但是这个文明面不是无限的,而是有限度的,甚至是个"衍生品",在马克思看来,当资本主义的整个生产过程已经不再从属于工人的直接技巧,而是从属于机器一类的固定资本的时候,资本才获得充分的发展。也正是到这个时

---

① [美]H.马尔库塞:《工业社会和新左派》,任立译,商务印书馆1982年版,第82页。
② 《马克思恩格斯文集》第8卷,人民出版社2009年版,第90页。
③ 《马克思恩格斯文集》第5卷,人民出版社2009年版,第378页。

候，"资本才造成了与自己相适应的生产方式"①。在这里，可以看到资本的发展与机器体系是相适应的。马克思进一步指出，资本一方面把科学性质赋予生产，另一方面把劳动贬低为生产过程的一个要素。② 马克思在《资本论》中对使用机器的界限有深入的探讨，一般而言，如果说把机器看作使产品便宜的手段，生产机器所费的劳动就要少于使用机器所代替的劳动，这是机器的界限。马克思认为资本的界限就更为狭窄，对资本来说，只有当它投入机器的价值能够在使用机器时重新挣回来，而且还能从中获得利益时，机器才会被使用。③ 事实上，资本家采用机器，推进社会化大生产、提升生产力，并非无条件的，这个条件在于如果机器不能带来滚滚利润，资本家就不会采用机器生产。马克思将资本的界限表述得更为直接和直白，只有在机器使工人能够把自己的更大部分时间用来替代资本劳动，资本才采用机器。④

发展生产力和资本价值增殖在相适应的范围内，社会化大生产才会被推进，这也是资本和机器生产的矛盾。资本价值增殖与生产力发展之间有和谐期，也有契合点，如果一旦逾越了资本价值增殖利益点，二者就会产生不可调和的尖锐矛盾，资本就会限制生产力发展，表现出赤裸裸的利益至上原则。因此，幻想借助资本的力量、技术的力量直接获得源源不断的"文明面"是不可能的。

三、 大机器生产与正义

这种悖论如何在生产力范围内解决，这是个难题。由此，马克思展望了大机器生产发展的美好前景，在未来更高级的社会中，机器体系创造的更先进的生产力不再为少数人利益服务，而是要惠及全社会。对此，马克思有如下论

---

① 《马克思恩格斯文集》第 8 卷，人民出版社 2009 年版，第 188 页。
② 《马克思恩格斯文集》第 8 卷，人民出版社 2009 年版，第 188 页。
③ 《马克思恩格斯文集》第 5 卷，人民出版社 2009 年版，第 451 页。
④ 《马克思恩格斯文集》第 8 卷，人民出版社 2009 年版，第 192 页。

证,新发展起来的大工业将不再以盗窃他人劳动时间来增加财富,因而它能够使得工人的直接劳动不再是财富的源泉,这样劳动时间也不再是财富的尺度,甚至交换价值也不再是使用价值的尺度。① 从这个环节看来,人的劳动不再是物化的环节,人从资本主义物化体系中解放出来。但这个突围不仅仅是个体的,而且是社会整体的。马克思的落脚点在于,工人的剩余劳动已经不再是一般财富发展的条件,少数人的不劳动也不是人类头脑的一般能力发展条件,因而以追求交换价值为目的的生产也会崩溃,直接的物质生产过程将摆脱"贫困和对立的形式"②。到这个时候,劳动者个性可以得到自由发展,因为这时候,劳动者可以说是能够彻底从生产中解放出来了,大机器的使用将不再是为了获取剩余劳动,而是真正为了人的自由而被采用。届时,人可以说已经极大的自由了,"个人会在艺术、科学等等方面得到发展"③。人类从物化体系的逃离终究要靠以大机器生产为基础的社会化大生产,将劳动的商品化瓦解,使劳动在真正意义上成为人的本真需要。

进一步诠释马克思这段话,可以这样理解:在大工业发展过程中,任何以自动化体系出现的生产力,包括各种技术形式,要以服从人的尺度、服从社会智力为前提,单个的劳动通过扬弃个别劳动转化为社会劳动。全体社会成员能够在大机器体系下拥有更多的自由支配时间,个性将会充分而全面发展。而私人资本通过技术扩张不断扩大生产,使资本的私人性弱化,资本通过不断去私人化而走向社会化,趋向社会公平并不断走向正义。按照这个发展规律,可以说,社会化的大生产是克服资本私人占有的积极因素,也可以说,在技术高度发展的社会,正义不会走远。因为按照马克思的机器体系思想,最终正义将战胜非正义,人类会走向理想社会。

---

① 《马克思恩格斯文集》第 8 卷,人民出版社 2009 年版,第 196—197 页。
② 《马克思恩格斯文集》第 8 卷,人民出版社 2009 年版,第 197 页。
③ 《马克思恩格斯文集》第 8 卷,人民出版社 2009 年版,第 197 页。

第二节　实现技术正义的历史逻辑

从工具的使用到机器的创造,人类社会的进阶伴随着技术的进阶。在人类历史发展的长河中,人类从未放弃依靠科技发展与进步来推动经济社会文化发展。"人们不能自由选择自己的生产力——这是他们的全部历史的基础,因为任何生产力都是一种既得的力量,是以往的活动的产物。"①在马克思的论证结构中,生产力是人的实践能力的结果。这种能力不是独立存在的,取决于人们所处的条件,取决于已经获得的生产力,也就是决定于前代人创立的社会形式。② 社会的进阶过程也是生产力不断发展的过程,因为生产力在其所支撑的社会结构变迁中具有重要意义。

一、　科学技术是生产力结构中最活跃的要素

在生产力与生产关系结构中,生产力是非常积极的要素,而生产力的核心要素是技术,没有技术的巨大变革,生产力不会有质的飞跃,社会形态也不会有质的变化。在马克思看来,社会有机体是由一系列的因素组成的整体,这个整体形成社会系统,社会系统通过组成和结合方式形成社会结构,社会结构变迁过程推进了社会不断发展。而社会结构是人类社会关系的总和,其中最为基础和重要的是生产力和生产关系、经济基础和上层建筑的关系。在此,生产力发展是社会结构的核心基础,在生产力要素中技术及技术要素创新是重要部分。

鲁品越教授认为,马克思在《资本论》中分析经济时也使用了"社会生产力"概念,并且这一概念在《资本论》中还有较多的具体化表现,比如经济学中

---

① 《马克思恩格斯文集》第10卷,人民出版社2009年版,第43页。
② 《马克思恩格斯文集》第10卷,人民出版社2009年版,第43页。

相应的生产力概念,进而形成了"生产力概念群"①。对于社会生产力要素,鲁品越认为共有四个方面,科学技术是其中的要素之一。科学技术是第一生产力的观念已经深入人心,科学技术是生产力结构中具有决定性力量的核心要素。

当然,生产力结构是个整体,但科学技术在生产力结构中具有相对独立性,尤其人工智能的发展,使这种独立性愈发明显,人工智能使作为工具存在的机器体系、智能体系甚至具有了"类人性",这在前面作过系统论述。

二、 生产力在社会历史进步中具有重要地位

在马克思看来,历史是各个世代的依次交替,任何一代人都要利用以往人类留下来的各种资源,文化的、物质的等,因而每一代人所承继的这些东西都是不一样的,并且每一代人都会通过他们的实践活动改变这些环境,并将之留给下一代。② 社会历史的更替主要在于生产力与生产关系的不协调性,当生产力的发展过程中,旧的生产关系不能适应生产力的发展,蓬勃发展的生产力就要求变更生产关系。而资本主义所发展的生产力也是解决这种对抗的条件。③

社会的发展是通过不断地解决生产力和生产关系之间的矛盾来进行的。也就是说,生产力是社会发展的关键。正因为如此,习近平曾在纪念马克思诞辰200周年大会的讲话中指出:"马克思主义认为……生产力是推动社会进步最活跃、最革命的要素。"④因此,解放和发展生产力是马克思主义者关注的重点,也是中国特色社会主义着力解决的重点和难点,习近平曾指出"解放和

---

① 鲁品越:《〈资本论〉的生产力与生产关系概念的再发现》,《上海财经大学学报》2018 年第 4 期。
② 参见《马克思恩格斯文集》第 1 卷,人民出版社 2009 年版,第 540 页。
③ 《马克思恩格斯文集》第 2 卷,人民出版社 2009 年版,第 592 页。
④ 习近平:《在纪念马克思诞辰 200 周年大会上的讲话》,《人民日报》2018 年 5 月 5 日。

发展社会生产力是社会主义的本质要求"①,在新中国成立之后,中国共产党一直带领全国人民解放和发展生产力,不断进行改革,及时调整,制定相关政策和制度,并取得举世瞩目的成果,使我国快速成为世界第二大经济体。中国特色社会主义通过不断全面深化改革,自我完善、自我发展,始终围绕着生产力和生产关系这一主要矛盾,不断深化对生产关系的调整,以促进生产力发展,由此走出了中国特色的社会主义发展道路,促进了社会积极发展,发挥了生产力在社会历史进步中的重要作用。

三、 技术推动社会变迁的历史轨迹

技术推动社会变迁,从历史发展过程体现得更为清楚,这一点马克思的论证相当精炼:"手推磨产生的是封建主的社会,蒸汽磨产生的是工业资本家的社会"②,技术推进社会历史变迁是通过生产力的革命从而变更生产关系的。马克思认为,社会的物质生产力是起推动作用的,当生产力发展到一定阶段就会出现生产关系和生产力之间的矛盾,这样生产关系就会制约生产力的发展。当这种矛盾发生的时候,也就是社会革命到来的时候。当经济基础发生改变时,建立在它之上的上层建筑也将因此发生变革。③

在资本主义制度的生产关系中,资本逻辑蕴含着必然的剥削与压迫,于是资本被贴上了"恶"的标签。在现有社会阶段,在不能消灭资本和资本逻辑的情况下,要承认并发挥资本的求利行为,推动社会的发展与进步。如何实现资本的合理配置,是解决利益矛盾问题的关键。问题的解决不在资本,而在于人的行为。资本求利实现社会整体财富的累积,这是好事。问题在于资本(资源)分配要公平,这也是我国与资本主义国家的本质区别。

解决利益矛盾问题,关键是要实现原始的"资本积累"以及解决好"资本

---

① 习近平:《在纪念马克思诞辰 200 周年大会上的讲话》,《人民日报》2018 年 5 月 5 日。
② 《马克思恩格斯文集》第 1 卷,人民出版社 2009 年版,第 602 页。
③ 参见《马克思恩格斯文集》第 2 卷,人民出版社 2009 年版,第 592 页。

分配"的问题。在当前的语境下,就是要大力发展生产力以及解决好再分配问题。这就要求既要发挥技术优势,也要发挥制度优势。进一步说,就是要实现技术正义与制度正义。

(一) 技术拨动正义的路径

技术何以可能具备正义的属性？既然技术本性与资本本性同为求利,那其本身是否也应该是"非正义"的呢？事实并非如此,技术和资本在资本逻辑统摄下确实具有同构性,但二者"求利"却也是有差别的。技术求利是"大写利",既包括物质利益,也包括精神利益。而资本求利是"小写利",专指利润。在技术被资本逻辑挟持下,追求的基本全是"小写利"。但是技术也有正义面,技术本质上是不完全等同资本的,技术为满足人的需求而发明和设计。只要人类有正义需求,技术自然也能发挥正义的作用。技术是否具备正义,不在于技术自身,而在于人本身。

实现技术正义就要发挥技术作为第一生产力的作用。产生利益矛盾的前提是"利益总量"不充足。只有不断提高劳动生产力,才能不断满足人们的各种需求。技术作为实现提高生产力最有效的手段,必须充分发挥技术优势。前面探讨过,马克思通过关于大机器生产的论述对未来社会发展具有积极的展望,马克思认为在未来更高级的社会中,机器体系创造的更先进的生产力不再为少数人利益服务,而是要惠及全社会。

(二) 制度拨动正义的路径

在现有制度框架下,制度正义一方面需要允许资本的原始积累,另一方面需要解决资本的再分配问题。换言之,如何将私人资本转化成公共资本,这需要发挥制度优势。一方面,中国特色社会主义制度允许市场经济的运行,也就意味着允许资本的不断积累和增殖,资本也必然在一定时间内被少部分人占有(一部分人先富起来);另一方面,以公有制为主体的所有制形式,将资本更多的集中在国家手中,有利于国家对资本的控制和再分配,进一步缩小国民的收入差距(先富带动后富)。

制度正义不仅体现在制度优势上,更体现在解决现实问题的能力上。腐败问题是很多国家现在亟须解决的现实问题。所谓腐败问题,就是国家部分公职人员,不以人民的根本利益为出发点,借助于自身特权,将原本属于全体劳动人民的资源(资本)占为己有。事实上,国家腐败是对资源(资本)另一种形式的私人占有。因此,正义与腐败是完全对立、水火不容的,这就需要国家必须解决自身的腐败问题。

在我国腐败问题很早就引起了国家领导人的重视。新中国成立初期,毛泽东就曾指出:“过去反贪污斗争之所以效果很小,是由于没有像镇压反革命一样大张旗鼓地作为一个普通的运动来发动,没有形成有力的社会舆论和群众威力。”①尽管从实际效果看,当时的反腐行动并没有取得很好的成效。但自从党的十八大以来,以习近平同志为核心的党中央大力推进反腐倡廉工作,取得了切实有效的成绩,打倒了一大批腐败分子,包括许多苍蝇和老虎,这样的反腐力度是空前的,是令人民满意的。当然,反腐斗争形势依然严峻,因此,国家在处理这一问题时,必须坚持制度正义,从根本上杜绝腐败的滋生,考虑分配的公平与正义,进而解决深层次的利益矛盾问题,这是社会走向正义的根本途径。

综合以上两点,实际上关于社会正义的路径主要有两点:一个是通过科学和技术力量推动的生产力;一个是通过制度因素优化而形成的生产关系。

第三节　实现技术正义的实践逻辑

技术正义问题有多种分析视角,但借助马克思对异化、物化问题的批判以

---

① 《建国以来毛泽东文稿》第 2 册,中央文献出版社 1988 年版,第 586 页。

及对资本主义私有制的批判逻辑的视角聚焦了技术的内核正义,蕴含了技术正义的可能性:一方面,技术作为一种重要的生产力要素,技术的发展与应用蕴含对满足人类合理性物质需求与精神需求的正义性关切,这是技术"外核正义"的基本要求。这一观点也是当前学界对技术正义问题最为普遍的认知方式。另一方面,技术发展必须摆脱资本宰制,消除技术异化,促进人的自由与解放,这是技术"内核正义"的本质诉求。在批判路径上,马克思通过批判技术的异化现象揭示了私有制度的非正义性原罪。在实践路径上,马克思通过技术实践与变革私有制使技术正义这一技术的最高价值境界在现实维度上得以出场,即在最高阶段的共产主义社会里实现每个人自由而全面的发展。基于此,马克思关于资本批判的理论视野,有助于阐释技术的"内核正义"何以可能、以何可能以及最终的实现路径。

一、 在批判技术异化中审视技术正义

实事求是地、辩证地看待事物的矛盾发展是马克思主义秉持的基本认知方式与价值取向,正如马克思既毫不吝啬地表达技术在革命与解放生产力发展方面的赞美之情(即技术"外核正义"的价值彰显),又毫无情面地表达在私有制框架下技术异化对人的奴役与挟持的痛恨之心(即技术"内核正义"的价值消解)。马克思的大机器生产理论与异化理论向世人昭示了技术在资本逻辑下的悖论发展:肯定人的本质力量(技术的觉醒)→不断否定人的本质力量(技术的膨胀)→完全堕落为人的异己力量(技术的异化)。马克思认为,技术异化是劳动异化的显现,技术成为人的异质性力量。论证的逻辑在于,机器就其本身来说缩短劳动时间、减轻劳动、是人对自然力的胜利、增加生产者的财富,但是它的资本主义应用却变成了异己力量,它的资本主义应用延长工作日、提高劳动强度、使人受自然力奴役和使生产者变成需要救济的贫民。[①]

---

① 《马克思恩格斯文集》第5卷,人民出版社2009年版,第508页。

技术异化的生成是技术遵循资本意志发展的必然结果,也正是由于资本的增殖意志促逼着技术的反自然性与反目的性(反人性)不断显露。一方面,资本求利本性借助于技术手段不断向自然发起猛攻与掠夺,技术在攫取自然资源的过程中逐渐突显其反自然性特征;另一方面,资本借助技术(机器)的高效性、强制性与压迫性不断摧残着劳动者的身心,技术本为人类合目的性的发明与创造,却最终走向了人性的敌对面。

技术"内核正义"的合理性建构正是基于马克思对技术异化的批判基础之上形成的。马克思的分析逻辑在于,技术异化源于技术的资本化运用,"一个毫无疑问的事实是:机器本身对于工人从生活资料中'游离'出来是没有责任的"①,很显然,这些都是机器资本主义应用的结果,也是资本逻辑支配的必然。然而,技术的资本化应用表面上看是掌握资本的资本家对技术的应用,但本质上是人化的资本对技术的支配。因为资本家作为人化的资本,起到了对劳动者剥削、奴役的作用;但他作为资本化的人,不过是资本增殖的工具,同样是受资本的胁迫与支配。"作为资本家,他只是人格化的资本。他的灵魂就是资本的灵魂。而资本只有一种生活本能,这就是增殖自身,创造剩余价值。"②因而,归根究底,技术异化或技术的非正义性罪源不是技术之于人的应用,而是技术受制于资本的统治。换言之,在技术异化语境下,不是人驾驭技术,而是技术奴役人;不是人应用技术,而是技术支配人。正因如此,技术正义问题不仅仅是人对技术的应用性问题,它内嵌于技术之中,蕴含着人对技术正义的最高价值诉求,即从根本上消解技术异化、摆脱技术的资本宰制,进而实现人的自由与解放。

技术异化体现了技术的负向价值,是技术的非正义性在技术本质维度上的重要体现。在马克思看来,实现技术正义理想必须实现对技术异化的扬弃,而只有让技术发展超越资本的宰制与资本的发展逻辑,技术的异化才可能消

---

① 《马克思恩格斯文集》第5卷,人民出版社2009年版,第508页。
② 《马克思恩格斯文集》第5卷,人民出版社2009年版,第269页。

解,技术才可能真正从异化走向正义。

二、 在批判资本主义私有制中走向技术正义

在资本主义私有制度框架内探求超越资本逻辑实现技术正义的路径,只是"空想家们"的一厢情愿。马克思认为,资本主义的私有制度为资本的增殖逻辑提供了制度性与根本性的保障,资本主义私有制的存在同时也为技术正义设置了障碍。

尽管资本为技术的创新与革命起到了无可替代的推动作用,但从本质上讲,资本主义私有制度下的技术只可能具有"形式正义",而不具备"实质正义"。无论是功利主义主张的"实现最多数人幸福"的正义观,还是自由主义学者罗尔斯建立在"差别正义"基础上的弱者正义、诺齐克(Robert Nozick)捍卫财产权的"持有正义",抑或是与自由主义针锋相对的社群主义坚持的"共同体正义至上"的理论主张……这些正义论点确实在现实生活中或多或少推进了社会的公平性与正义性,但由于这些观念实质只是在捍卫私有制前提下对现实的矛盾冲突作出的局部修正与调整,不可能根本性遏制资本增殖的发展逻辑进而消弭技术的非正义性,因为并没有抓住事物的根本,没有透彻把握技术非正义的根源,这样,开出的"药方"就只能是治标不治本的药,也就无法根除疾病,非正义还将继续存在。此外,也从未力求实现全人类的自由与解放,没有找到一条合适的路径来到达"远方",因此这些关于正义的种种实现方案也终究不过是些乌托邦式的幻象罢了。

也就是说,在资本主义私有制度与资本逻辑的"联袂"下,技术的"内核正义"无真正实现的可能。前文已述,技术的"外核正义"是技术在被应用过程中为人类创造财富和缔造价值的"正义",但随着资本主义商品经济和资本市场的发展,技术的"外核正义"逐渐成为服务于资本家的"独享权益",成为一种"形式正义"。不仅技术创造的经济财富越来越掌握在资产阶级手中,甚至连技术本身也直接沦为压迫无产阶级的工具。特别是在技术化生存时代,技

术的资本化运用能够利用极其隐蔽的方式"以正义之名,行剥削之实",但人们对此却浑然不知。马克思正是深刻洞察了资本主义世界的技术无实质正义可言的真相,才会竭力批判技术。因此,人们追求的技术正义是技术的"内核正义",是能够超越资本逻辑的技术正义,是能够服务于所有阶级、消灭剥削、促进解放,实现全人类自由发展的技术正义。同时也只有立足于马克思主义的语境,或者说是立足于马克思对资本逻辑的批判语境,技术的"内核正义"与技术的"外核正义"才能真正实现内在共契,技术的"外核正义"才能真正彰显技术"内核正义"的本真。

马克思对技术正义理想的求索既未停留于纯粹的学理探究,也未止步于对社会现象的拷问反思,马克思通过批判技术非正义性(技术异化现象)的资本主义私有制根源,撕碎了资本主义世界关于正义永恒性的虚假外衣,并力求通过变革私有制以实现真正意义上的共产主义正义理想。由此,马克思主义的技术正义思想联通了历史、现实与未来,在实践维度与理论维度上实现了对以往正义理论的双重超越。

三、 在开展技术实践中探求技术正义

技术实践是马克思主义实践论在现代性视阈下的核心范畴。作为马克思主义学说最基本、最核心的"实践"概念,标志了马克思主义哲学与过往一切旧哲学的决裂与超越。但"技术实践"绝不仅仅是对马克思实践论在技术向度上的析解。"实践"的最普遍注释是"对象化活动",而技术是"人的本质力量的对象化",因而"技术"与"实践"具有同构性内核。另外,在人与自然的互动互联中,"技术(实践)直接地植根于人与自然的能动关系中。"[1]在人类社会内部,技术是最重要的生产力要素,技术实践(劳动)改变了人类基本的物质生产方式,进而也规约和影响了人类的社会关系,而社会关系的改变又进一

---

① 乔瑞金:《马克思技术哲学纲要》,人民出版社 2002 年版,第 27 页。

步转变了人的思维、观念、认知等上层建筑的存在方式。因而,技术实践对于人的存在与发展具有始源性与本然性意义。

技术实践在变革私有制度的过程中主要发挥着革命性、暴力性作用。马克思认为,实现共产主义不是乌托邦式的口号,无产阶级必须要在现实性上通过暴力革命和阶级斗争推翻资产阶级的统治,"暴力应当是我们革命的杠杆;为了最终地建立劳动的统治,总有一天正是必须采取暴力。"①生产力在推翻资产阶级统治的斗争中有重要地位,所以,对于共产主义者而言,全部问题在于使现存世界革命化,实际地反对并改变现存的事物。

技术实践在不断丰富人的自由全面发展的过程中走向正义。马克思拒斥对人的平等、自由、博爱、人权等作纯思辨性论证,认为必须将它们付诸人类社会的现实运动当中,并根据当下的历史条件,通过科学的分析论证,制定正确、合理的革命策略,让人类社会一步步脱离私有制束缚的牢笼,从而实现无产阶级人民的政治解放,最终实现全民族、全人类的自由解放。由此,人类社会在技术实践的探索中不断从必然王国走向自由王国。

四、 在实现共产主义中彰显技术正义

马克思、恩格斯提出了未来社会的美好愿景就是实现共产主义,根本路径在于消灭资本主义私有制,建立公有制。这一切不是一种毫无根据的想象,而是建立在对资本主义社会的深刻批判上,建立在对生产力与生产关系基本原理基础上的科学分析,蕴含了社会发展的客观必然性。"马克思主义关于生产力与生产关系的思想是共产主义理想的理论基础。"②这其中技术的正义关切与共产主义理想之间具有内在的关照性。

在这个意义上,马克思主义的技术正义思想并不是简单地就技术而言正

① 《马克思恩格斯全集》第18卷,人民出版社1964年版,第179页。
② 周新城:《学习和实践马克思主义关于生产力和生产关系的思想》,《延安大学学报》2018年第5期。

义,马克思将技术置于人、社会、自然密织的系统之中,批判地审视技术于人的正义关切,观照资本主义制度框架下现实的具体的人在当前与未来的生存与发展境遇,并力求破除私有制樊笼,实现共产主义阶段人向自身本质的全面复归。

共产主义制度是对资本主义制度的扬弃与超越,是技术走向正义的根本可能。前文已述,资本主义私有制是导致技术异化的"元凶",在其框架内,技术依照资本的逻辑发展,技术通向正义无实质性可能。共产主义制度超越资本主义制度之处就在于它实现了对资本的钳制与管控,使资本增殖无法恣意妄为。马克思设想共产主义社会的一大特征即是实现财产公有,资本的私人性转化为社会性,资本的阶级属性消失,资本的贪欲因此得到抑制,进而技术不再为资本挟持,而只为人的自由全面的发展服务,由此,技术走向真正意义上的正义。

社会形态的历史演进同样蕴含着技术走向正义的必然性。马克思曾将社会发展形态划分为三个阶段,当前正处在第二阶段,即"物的依赖性阶段"。如果狭义地将"物"定义为"技术之物",即现阶段也正是人对技术的依赖性阶段。在人对技术的依赖性阶段中,人的生存与发展受制于技术的发展,人的个性与自由也受到技术的制约。概言之,人依存于技术存在。马克思认为,每一个社会阶段的形成都是对前一阶段矛盾运动的积极扬弃,同时也为后一阶段的到来做好准备。因而,建立在"人的全面发展和个性自由"基础上的新的更高级的共产主义阶段,必将以超越现阶段"人对技术依赖性"为基本前提,与此同时,技术与人的关系也将发生本质性倒置,技术依存并服务于人的存在,从而在新的维度上达到人—技和谐的状态。

实现共产主义是马克思追求人类最高正义理想的终极目标。在共产主义社会里,共产主义制度为人类的发展提供了根本的制度保证,而挣脱资本宰制的技术也将不断为人类创造着丰富的物质和精神财富,人类终将从劳动中彻底解放出来,劳动也将成为人类的第一需要。在"消灭私有、实行公有""消灭分工、各尽所能""消灭劳动、获得自由"之后,人类必将在社会的公平与正义中不断走向自由与全面发展。

总之,马克思对资本逻辑的批判,为探究"技术正义何以可能"提供了积极架构。从价值论向度看,马克思通过批判技术的资本宰制,为建构技术的"内核正义"提供了合理依据。从认识论向度看,马克思通过剖析技术异化,为实现技术的"内核正义"创造了理论可能。从本体论向度看,马克思通过科学规划共产主义社会,为实现技术的"内核正义"确立了现实必然。从方法论向度看,马克思认为技术实践和变革私有制是推动技术的"内核正义"从可能性到必然性的现实路径。但正如现阶段我们不可能一蹴而就地迈入共产主义社会,技术的"内核正义"也必须经过技术的"外核正义"的不断深化与发展才能最终得到彰显,特别是在中国特色社会主义伟大实践的过程中,唯有牢牢把握马克思主义思想精髓,立足本国的现实境遇,准确把握公平与效率、创新与安全、人类与自然、权利与责任、专利与共享、工具与价值等核心范畴及其辩证关系,在"驾驭"资本逻辑的同时展现技术的"外核正义",才能使技术"内核正义"真正焕发出强大的生命力与独特魅力。

结语　追求技术正义就是
追求美好生活

技术正义蕴含一般正义的要素,但技术正义因技术的特殊性而具有不同于一般正义的特征。尽管技术正义可以有多种分析视角,但借助马克思对资本逻辑的批判语境或者说是对资本主义私有制批判语境的逻辑进行研究,对技术正义是积极的建构。

在马克思的语境中,技术的资本宰制是技术非正义性的历史性渊源,马克思通过批判技术的异化现象揭示了资本主义私有制度的非正义性原罪,同时依托技术实践与变革私有制使技术正义这一技术的最高价值境界在现实维度上得以出场,即在最高阶段的共产主义社会里实现每个人自由而全面的发展。

正如人们所知道的,"资本主义生产不是绝对的生产方式,而只是一种历史的、和物质生产条件的某个有限的发展时期相适应的生产方式"①,资本主义终将随着人类社会的发展而成为历史。物化的扬弃遵循着它自己的发展历程。在《资本论》当中,马克思运用唯物史观的基本立场深刻地把握了资本主义社会物化的现象和本质,指出物化根植于资本主义生产方式,因而它必然像资本主义一样是人类历史中的一个阶段,会随着资本主义的消亡而得到扬弃。

---

① 《马克思恩格斯文集》第 7 卷,人民出版社 2009 年版,第 289 页。

马克思提出的自由人联合体不是自由主义个人联合体,而是以消灭阶级为基础的自由人联合体。按照马克思在《共产党宣言》当中的论述,资本主义社会必然存在阶级对立——资产阶级和无产阶级的对立,而历史的规律已被论证为"至今一切社会的历史都是阶级斗争的历史"[①],也就是历史会在阶级斗争中前进。因此,资本主义社会就必然会在无产阶级与资产阶级的斗争中以无产阶级的胜利而步入下一个历史阶段,即共产主义阶段。共产主义的实现,意味着阶级已不存在,国家也已消亡,物质极大丰富,人的精神世界也将得到充分发展,商品关系、商品交换都已失效,如此,物化也将失去存在的物质基础,其背后的资本逻辑必然消亡,技术的内核正义必然得到承认,未来会更加美好。

当然,资本具有的积极面也不能忽视。改革开放40多年来,中国经济的飞速发展已经显示出非公有制经济参与改革创新所迸发出的巨大活力。《中共中央关于全面深化改革若干重大问题的决定》进一步明确了以公有制为主体、多种所有制经济共同发展的基本经济制度,是中国特色社会主义制度的重要支柱,也是社会主义市场经济体制的根基。非公有制经济是社会主义市场经济的重要组成部分,必须毫不动摇地鼓励、支持、引导非公有制经济的发展,激发非公有制经济的活力和创造力。新时代加快完善社会主义市场经济是我国经济体制改革和中国特色社会主义道路探索的正确选择。在这个意义上,资本将长期存在也是一个重要事实。由此,既要合理利用资本,又要防范资本的非正义性,必须强化反垄断和防止资本无序扩张。

---

① 《马克思恩格斯文集》第2卷,人民出版社2009年版,第31页。

主要参考文献

一、中　文

（一）著作

[1]《马克思恩格斯全集》第 16 卷，人民出版社 1964 年版。

[2]《马克思恩格斯全集》第 18 卷，人民出版社 1964 年版。

[3]《马克思恩格斯全集》第 26 卷第三册，人民出版社 1974 年版。

[4]《马克思恩格斯全集》第 2 卷，人民出版社 1957 年版。

[5]《马克思恩格斯全集》第 42 卷，人民出版社 1979 年版。

[6]《马克思恩格斯全集》第 47 卷，人民出版社 1979 年版。

[7]《马克思恩格斯文集》第 1、2、5、7、8、9、10 卷，人民出版社 2009 年版。

[8]《列宁选集》第 2 卷，人民出版社 2012 年版。

[9]《建国以来毛泽东文稿》第 2 册，中央文献出版社 1988 年版。

[10]《习近平关于社会主义生态文明建设论述摘编》，中央文献出版社 2017 年版。

[11]《习近平关于全面依法治国论述摘编》，中央文献出版社 2015 年版。

[12][德]黑格尔:《小逻辑》，贺麟译，商务印书馆 1997 年版。

[13][德]哈贝马斯:《作为意识形态的技术与科学》，李黎、郭官义译，学林出版社 1999 年版。

[14][德]胡塞尔:《欧洲科学危机和超验现象学》，张庆熊译，上海译文出版社 1988 年版。

[15][德]列奥·施特劳斯:《霍布斯的政治哲学:基础与起源》,申彤译,译林出版社 2001 年版。

[16][德]列奥·施特劳斯:《自然权力与历史》,彭刚译,生活·读书·新知三联书店 2003 年版。

[17][德]马丁·海德格尔:《人,诗意地安居:海德格尔语要》,郜元宝译,上海远东出版社 1995 年版。

[18][德]马丁·海德格尔:《演讲与论文集》,孙周兴译,生活·读书·新知三联书店 2005 年版。

[19][德]卡尔·雅斯贝斯:《历史的起源与目标》,魏楚雄、俞新天译,华夏出版社 1989 年版。

[20][法]贝尔纳·斯蒂格勒:《技术与时间——爱比米修斯的过失》,裴程译,译林出版社 2000 年版。

[21][法]亨利·柏格森:《创造进化论》,姜志辉译,商务印书馆 2004 年版。

[22][法]让·波德里亚:《消费社会》,刘成富、全志刚译,南京大学出版社 2000 年版。

[23][法]让-弗朗索瓦·利奥塔:《非人:时间漫谈》,罗国祥译,商务印书馆 2001 年版。

[24][法]让-弗朗索瓦·利奥塔:《后现代性与公正游戏:利奥塔访谈、书信录》,谈瀛洲译,上海人民出版社 1997 年版。

[25][法]让-弗朗索瓦·利奥塔:《后现代状况》,车槿山译,生活·读书·新知三联书店 1997 年版。

[26][古希腊]柏拉图:《理想国》,郭斌和等译,商务印书馆 1986 年版。

[27][古希腊]亚里士多德:《物理学》,徐开来译,中国人民大学出版社 2003 年版。

[28][古希腊]亚里士多德:《政治学》,吴寿彭译,商务印书馆 1965 年版。

[29][荷兰]E.舒尔曼:《科技时代与人类未来——在哲学深层的挑战》,李小兵等译,东方出版社 1995 年版。

[30][加]麦克卢汉:《理解媒介:论人的延伸》,许道宽译,商务印书馆 2000 年版。

[31][美]爱因斯坦:《爱因斯坦文集》第 3 卷,许良英等译,商务印书馆 1979 年版。

[32][美]安德鲁·芬伯格:《技术批判理论》,韩连庆、曹观法译,北京大学出版社 2005 年版。

[33][美]大卫·哈维:《正义、自然和差异地理学》,胡大平译,上海人民出版社2015年版。

[34][美]戴维·哈维:《后现代的状况——对文化变迁之缘起的探究》,阎嘉译作,商务印书馆2003年版。

[35][美]丹·席勒:《数字资本主义》,杨立平译,江西人民出版社2001年版。

[36][美]道格拉斯·凯尔纳、斯蒂芬·贝斯特:《后现代理论》,张志斌译,中央编译局出版社1999年版。

[37][美]赫伯特·马尔库塞:《单向度的人》,刘继译,上海译文出版社1989年版。

[38][美]卡尔·米切姆:《技术哲学概论》,殷登祥、曹南燕等译,天津科学技术出版社1999年版。

[39][美]罗尔斯:《正义论》,何怀宏译,中国社会科学出版社1988年版。

[40][美]迈克尔·桑德尔:《反对完美:科技与人性的正义之战》,黄慧慧译,中信出版社2013年版。

[41][美]阿拉斯戴尔·麦金泰尔:《谁之正义?何种合理性?》,万俊人等译,当代中国出版社1996年版。

[42][美]尼葛洛庞帝:《数字化生存》,胡泳译,海南出版社1996年版。

[43][美]乔治·萨顿:《科学史与新人文主义》,陈恒六译,华夏出版社1989年版。

[44][美]唐·伊德:《技术与生活世界——从伊甸园到尘世》,韩连庆译,北京大学出版社2012年版。

[45][美]唐·伊德:《让事物"说话":后现象学与技术科学》,韩连庆译,北京大学出版社2008年版。

[46][美]雅·布伦诺斯基:《科学进化史》,李斯译,海南出版社2002年版。

[47][美]约翰·贝拉米·福斯特:《生态危机与资本主义》,耿建新,宋兴无译,上海译文出版社2006年版。

[48][美]约翰·贝米拉·福斯特:《马克思的额生态学——唯物主义与自然》,刘仁胜、肖锋译,高等教育出版社2006年版。

[49][美]约翰·格雷:《自由主义的两张面孔》,顾爱彬、李瑞华译,江苏人民出版社2002年版。

[50][英]G.A.科恩:《拯救平等与正义》,陈伟译,复旦大学出版社2014年版。

[51][英]罗素:《西方哲学史》上卷,何兆武译,商务印书馆1963年版。

［52］［英］迈克-舍恩伯格、库克耶:《大数据时代》,盛杨燕、周涛译,浙江人民出版社 2013 年版。

［53］［英］约翰·密尔:《功利主义》,唐钺译,商务印书馆 1957 年版。

［54］［德］F.拉普:《技术哲学导论》,刘武等译,辽宁科技出版社 1986 年版。

［55］林德宏:《科技哲学十五讲》,北京大学出版社 2004 年版。

［56］［德］马丁·海德格尔:《演讲与论文集》,孙周兴译,生活·读书·新知三联书店 2005 年版。

［57］［荷兰］E.舒尔曼:《科技时代与人类未来——在哲学深层的挑战》,李小兵等译,东方出版社 1995 年版。

［58］［美］马尔库塞:《工业社会和新左派》,任立译,商务印书馆 1982 年版。

［59］［美］艾西莫夫:《我,机器人》,国强等译,科学普及出版社 1981 年版。

［60］［英］安东尼·吉登斯:《现代性的后果》,田禾译,译林出版社 2000 年版。

［61］［英］芭芭拉·亚当等:《风险社会及其超越》,赵彦东等译,北京出版社 2005 年版。

［62］丹·席勒:《数字化衰退:信息技术与经济危机》,吴畅畅译,中国传媒大学出版社 2017 年版。

［63］［匈］卢卡奇:《历史和阶级意识》,张西平译,重庆出版社 1989 年版。

［64］［加拿大］麦克卢汉:《麦克卢汉如是说:理解我》,何道宽译,中国人民大学出版社 2006 年版。

［65］［英］凯文·渥维克:《机器的征途》,李碧等译,内蒙古人民出版社 1998 年版。

［66］［德］乌尔里希·贝克:《风险社会》,何博闻译,译林出版社 2004 年版。

［67］陈立新:《历史意义的生存论澄明——马克思历史观哲学境域研究》,安徽大学出版社 2003 年版。

［68］［英］冯契:《哲学大词典》上卷,上海辞书出版社 2001 年版。

［69］冯旺周:《资本批判与希望的乌托邦——安德烈·高兹的资本主义批判理论研究》,人民出版社 2017 年版。

［70］高鉴国:《新马克思主义城市理论》,商务印书馆 2007 年版。

［71］葛兆光:《中国思想史》第一卷,复旦大学出版社 2005 年版。

［72］贺来:《辩证法的生存论基础——马克思辩证法的当代阐释》,中国人民大学出版社 2004 年版。

［73］洪汉鼎:《斯宾诺莎哲学研究》,人民出版社 1997 年版。

[74]黄颂杰:《西方哲学名著提要》,江西人民出版社 2002 年版。

[75]贾学军:《福斯特生态马克思主义思想研究》,人民出版社 2016 年版。

[76]李霞玲:《海德格尔存在论科学技术思想研究》,武汉大学出版社 2012 年版。

[77]李翔海、邓克武编:《成中英文集》一卷,湖北人民出版社 2006 年版。

[78]廉师友:《人工智能技术导论》,西安电子科技大学出版社 2000 年版。

[79]林德宏:《人与机器——高技术的本质与人文精神的复兴》,江苏教育出版社 1999 年版。

[80]林德宏:《物质精神二象性》,南京大学出版社 2008 年版。

[81]林进平:《马克思的"正义"解读》,社会科学出版社 2009 年版。

[82]刘丽:《大卫哈维的思想原像——空间批判与地理学想象》,人民出版社 2018 年版。

[83]孙江:《"空间生产"——从马克思到当代》,人民出版社 2008 年版。

[84]王岩:《西方政治哲学导论》,江苏人民出版社 1997 年版。

[85]王岩:《西方政治哲学史》,世界知识出版社 2009 年版。

[86]吴国盛:《技术哲学经典读本》,上海交通大学出版社 2008 年版。

[87]吴志荣、胡振华:《虚拟与现实:数字信息交流研究》,上海辞书出版社 2009 年版。

[88]乔瑞金:《马克思技术哲学纲要》,人民出版社 2002 年版。

[89]颜岩:《批判的社会理论及其当代重建——凯尔纳晚期马克思主义思想研究》,人民出版社 2007 年版。

[90]张一兵、蒙木桂:《神会马克思——马克思哲学原生态的当代阐释》,中国人民大学出版社 2004 年版。

[91]赵培:《资本的哲学——马克思资本批判理论的哲学考察》,上海人民出版社 2014 年版。

(二) 论文

[1][法]贝尔纳·斯蒂格勒:《论数字资本主义与人类纪》,张义修译,《江苏社会科学》2016 年第 4 期。

[2][德]菲利普·斯塔布、奥利弗·纳赫特韦:《数字资本主义对市场和劳动的控制》,鲁云林译,《国外理论动态》2019 年第 3 期。

[3][美]马修 U.谢勒:《监管人工智能系统:风险、挑战、能力和策略》,曹建峰、李

金磊译,《信息安全与信息保密》2017 年第 3 期。

[4]王欢:《从马克思的资本逻辑到鲍德里亚的符号逻辑》,《前沿》2009 年第 10 期。

[5]罗福凯:《论技术资本:社会经济的第四种资本》,《山东大学学报(哲学社会科学版)》2014 年第 1 期。

[6]尚东涛:《技术的资本依赖》,《科学技术与辩证法》2007 年第 2 期。

[7]边恒然:《波德里亚消费社会的理论与修辞》,《金融经济》2018 年第 2 期。

[8]曹晋、庄乾伟:《指尖上的世界——都市学龄前儿童与电子智能产品侵袭的玩乐》,《开放时代》2013 年第 1 期。

[9]曾繁旭等:《技术风险 VS 感知风险:传播过程与风险社会放大》,《现代传播》2015 年第 3 期。

[10]常江、史迪凯:《克里斯蒂安·福克斯:互联网没有改变资本主义的本质——马克思主义视野下的数字劳动》,《新闻界》2019 年第 4 期。

[11]陈学明:《论福斯特的生态马克思主义给予我们的启示》,《苏州大学学报》2011 年第 6 期。

[12]陈学明:《资本逻辑与生态危机》,《中国社会科学》2012 年第 11 期。

[13]陈仲伯、沈道义、段睿:《城市资本化经营策略分析》,《财经理论与实践》2003 第 7 期。

[14]成素梅:《人工智能研究的范式转换及其发展前景》,《哲学动态》2017 年第 12 期。

[15]成素梅:《智能化社会的十大哲学挑战》,《探索与争鸣》2017 年第 10 期。

[16]戴亚娜、胥留德:《正义视野下的技术价值负荷——价值理性与工具理性的对峙与抉择》,《昆明冶金高等专科学校学报》2008 年第 4 期。

[17]单美贤、叶美兰:《技术哲学视野中物联网的社会功能探析》,《南京邮电大学学报(社会科学版)》2012 年第 2 期。

[18]董青岭:《人工智能时代的道德风险与机器伦理》,《云梦学刊》2018 年第 5 期。

[19]董志芯、杨俊:《人工智能发展的资本逻辑及其规制——兼评〈人类简史〉与〈未来简史〉》,《经济学家》2018 年第 8 期。

[20]窦瑞星:《物联网能否承载智慧时代》,《互联网周刊》2010 年第 19 期。

[21]杜文静:《人工智能的发展及其极限》,《重庆工学院学报(社会科学版)》2007 年第 1 期。

[22] 段忠桥:《马克思认为"正义是人民的鸦片"吗?——答林进平》,《社会科学战线》2017 年第 11 期。

[23] 高峰:《城市空间生产的运作逻辑——基于新马克思主义空间理论的分析》,《学习与探索》2010 年第 1 期。

[24] 高亮华:《技术:社会批判理论的批判——法兰克福学派技术哲学思想述评》,《自然辩证法研究》1992 年第 2 期。

[25] 龚怡宏:《人工智能是否终将超越人类智能——基于机器学习与人脑认知基本原理的探讨》,《人民论坛》2016 年第 7 期。

[26] 郭镇之:《传播政治经济学理论泰斗达拉斯·斯麦兹》,《国际新闻界》2001 年第 3 期。

[27] 韩立新:《异化、物象化、拜物教和物化》,《马克思主义与现实》2014 年第 2 期。

[28] 韩文龙、刘璐:《数字劳动过程及其四种表现形式》,《财经科学》2020 年第 1 期。

[29] 贺来:《辩证法研究的两种出发点》,《复旦学报(社会科学版)》2011 年第 1 期。

[30] 侯惠勤:《从"四个自信"上深化中国特色社会主义的研究》,《思想教育研究》2016 年第 8 期。

[31] 胡岑岑:《网络社区、狂热消费与免费劳动——近期粉丝文化研究的趋势》,《中国青年研究》2018 年第 6 期。

[32] 解保军、李建军:《福斯特对资本主义的生态批判》,《南京林业大学学报(人文社会科学版)》2008 年第 3 期。

[33] 孔明安:《从解放逻辑到拜物教逻辑——精神分析视野中的主奴关系浅析》,《社会科学战线》2012 年第 7 期。

[34] 蓝江:《一般数据、虚体、数字资本——数字资本主义的三重逻辑》,《哲学研究》2018 年第 3 期。

[35] 李春敏:《城市与空间的生产——马克思恩格斯城市思想新探》,《中共福建省委党校学报》2009 年第 6 期。

[36] 李德仁、邵振峰、杨小敏:《从数字城市到智慧城市的理论与实践》,《地理空间信息》2011 年第 6 期。

[37] 李德仁、姚远、邵振峰:《智慧城市的概念、支撑技术及应用工程研究》,《跨学科视野中的工程》2012 年第 4 期。

[38]李德顺:《人工智能对"人"的警示——从"机器人第四定律"谈起》,《东南学术》2018年第5期。

[39]李建森:《价值预设与叙述技术:罗尔斯"一般正义观"解读》,《贵州社会科学》2010年第5期。

[40]李荣华:《技术正义论》,《华北工学院学报(社会科学版)》2002年第4期。

[41]李醒民:《科学家的科学良心:爱因斯坦的启示》,《科学文化评论》2005年第2期。

[42]李育书:《从正义理论到关于正义的理论——论马克思对黑格尔正义理论的继承与发展》,《学术论坛》2018年第8期。

[43]李云飞、陈良、王树青:《物联网的内涵与应用及其对过程自动化的启示》,《石油化工自动化》2011年第2期。

[44]林德宏:《"技术化生存"与人的"非人化"》,《江苏社会科学》2000年第4期。

[45]林德宏:《从自然生存到技术生存》,《科学技术与辩证法》2001年第4期。

[46]林德宏:《物本主义不是唯物主义》,《南京社会科学》2001年第8期。

[47]林进平:《从宗教批判的视角看马克思对正义的批判——兼与段忠桥先生商榷》,《中国人民大学学报》2017年第3期。

[48]林进平:《论马克思正义观的阐释方式》,《中国人民大学学报》2015年第1期。

[49]刘红、胡新和:《数据革命:从数到大数据的历史考察》,《自然辩证法通讯》2013年第12期。

[50]刘森林:《物象化与物化:马克思物化理论的再思考》,《哲学研究》2013年第1期。

[51]刘顺:《资本逻辑与生态危机根源——与顾钰民先生商榷》,《上海交通大学学报》2016年第1期。

[52]刘祥乐:《中国传统正义观的现代转型与社会核心价值观的构建》,《理论与现代化》2017年第1期。

[53]刘晓力:《延展认知与延展心灵论辨析》,《中国社会科学》2010年第1期。

[54]刘则渊:《马克思和卡普:工程学传统的技术哲学比较》,《哲学研究》2002年第2期。

[55]卢风:《"资本的逻辑":看透与限制——生态价值观与生产、生活的渐进革命》,《绿叶》2008年第6期。

[56]鲁品越、王珊:《论资本逻辑的基本内涵》,《上海财经大学学报》2013年第5期。

[57]鲁品越:《〈资本论〉的生产力与生产关系概念的再发现》,《上海财经大学学

报》2018 年第 4 期。

　　［58］罗福凯：《论技术资本：社会经济的第四种资本》，《山东大学学报（哲学社会科学版）》2014 年第 1 期。

　　［59］毛勒堂、高慧珠：《消费主义与资本逻辑的本质关联及其超越路径》，《江西社会科学》2014 年第 6 期。

　　［60］毛勒堂：《资本逻辑批判与生态文明建设》，《上海师范大学学报》2014 年第 3 期。

　　［61］孟镥：《新马克思主义代表戴维·哈维阐述"空间、城市权利与资本主义"》，《中国社会科学报》2015 年 2 月 9 日。

　　［62］米娟：《中国区域要素集聚状况探析》，《改革与战略》2008 年第 11 期。

　　［63］闵春发、汪业周：《物联网的意涵、特质与社会价值探析》，《中国人民大学学报》2011 年第 4 期。

　　［64］欧庭高、功红新：《现代技术风险的特质》，《武汉理工大学学报（社会科学版）》2014 年第 4 期。

　　［65］钱学森：《评第四次工业革命》，《科学学与科学技术管理》1984 年第 5 期。

　　［66］邱林川：《告别 i 奴：富士康、数字资本主义与网络劳工抵抗》，《社会》2014 年第 4 期。

　　［67］任政：《资本、空间与正义批判——大卫·哈维的空间正义思想研究》，《马克思主义研究》2014 年第 6 期。

　　［68］沈阳：《浅谈"智慧城市"与智慧城市空间布局的关系》，《上海城市规划》2013 年第 1 期。

　　［69］史璐：《智慧城市的原理及其在我国城市发展中的功能和意义》，《中国科技论坛》2011 年第 5 期。

　　［70］宋建丽：《数字资本主义的"遮蔽"与"解蔽"》，《人民论坛·学术前沿》2019 年第 18 期。

　　［71］宋宪萍、李健云：《生态资本逻辑的形成及其超越——基于马克思的资本逻辑》，《云南社会科学》2011 年第 3 期。

　　［72］孙娟等：《基于本体论的认知协作》，《计算机应用》2004 年第 11 期。

　　［73］孙乐强：《物象化、物化与拜物教——论〈资本论〉对〈大纲〉的超越与发展》，《学术月刊》2013 年第 7 期。

　　［74］孙中亚、甄峰：《智慧城市研究与规划实践述评》，《规划师》2013 年第 2 期。

　　［75］汤建龙、张之沧：《安德瑞·高兹的"后马克思"技术观——资本主义技术和

分工批判》,《科学技术与辩证法》2009 年第 1 期。

[76]王峰明:《一个活生生的矛盾——马克思论资本的文明面及其悖论》,《天津社会科学》2010 年第 6 期。

[77]王欢:《从马克思的资本逻辑到鲍德里亚的符号逻辑》,《前沿》2009 年第 10 期。

[78]王治东、马超:《再论资本逻辑视阈下的技术与正义——基于“魏则西事件”的分析》,《南京林业大学学报(人文社会科学版)》2016 年第 2 期。

[79]王治东:《物联网技术的三个哲学向度》,《哲学分析》2016 年第 4 期。

[80]王治东:《物联网技术的哲学释义》,《自然辩证法研究》2010 年第 12 期。

[81]王治东:《相反与相成:从二律背反看技术特性》,《科学技术与辩证法》2007 年第 5 期。

[82]王治东:《元哲学视角下人工自然哲学探究》,《江海学刊》2015 年第 3 期。

[83]吴凤林:《论物的人格化和人格物化的矛盾——三论商品矛盾关系》,《沈阳师范学院学报(社会科学版)》1987 年第 1 期。

[84]吴国盛:《技术与人文》,《北京社会科学》2001 年第 2 期。

[85]席广亮、甄峰:《基于可持续发展目标的智慧城市空间组织和规划思考》,《城市发展研究》2014 年第 5 期。

[86]夏莹:《论共享经济的“资本主义”属性及其内在矛盾》,《山东社会科学》2017 第 8 期。

[87]肖峰:《从互联网到物联网:技术哲学的新探索》,《东北大学学报(社会科学版)》2013 年第 3 期。

[88]肖玲:《马克思主义人学思想对技术哲学元问题研究的价值》,《马克思主义研究》2012 年第 11 期。

[89]萧俊明:《关于法兰克福学派批判理论的重新思考》,《国外社会科学》2001 年第 1 期。

[90]熊红凯:《人工智能技术下对真理和生命的可解释性》,《探索与争鸣》2017 年第 10 期。

[91]徐丹、朱进东:《马克思对尤尔思想的超越及其理论意义》,《南京社会科学》2015 年第 6 期。

[92]徐水华:《论资本逻辑与资本的反生态性》,《科学技术哲学研究》2010 年第 6 期。

[93]徐献军:《人工智能的极限与未来》,《自然辩证法通讯》2018 年第 1 期。

[94]徐祥运、唐国尧:《机器学习的哲学认识论:认识主体、认识深化与逻辑推

理》,《科学技术哲学研究》2018 年第 3 期。

[95]颜岩:《浅析凯尔纳的"技术资本主义"理论——一个晚期马克思主义的个案研究》,《东岳论丛》2005 年第 4 期。

[96]杨慧民、宋路飞:《数字资本主义能否使资本主义摆脱危机的厄运》,《马克思主义理论学科研究》2019 年第 5 期。

[97]杨松、安维复:《"数字资本主义"依然是资本主义》,《思想战线》2007 年第 2 期。

[98]杨熙龄:《美梦还是噩梦——关于"人工智能"的哲学遐想》,《国外社会科学》1987 年第 5 期。

[99]仰海峰:《拜物教批判:马克思与鲍德里亚》,《学术研究》2003 年第 5 期。

[100]仰海峰:《从主体、结构到资本逻辑的结构化——反思关于马克思思想之研究模式的主导逻辑》,《哲学研究》2011 年第 10 期。

[101]姚建华、李兆卿:《重返历史的起点:刍议传播政治经济学的学科化——格雷厄姆·默多克(Graham Murdock)教授学术访谈》,《新闻记者》2017 年第 12 期。

[102]于晓媛:《技术价值、历史遗产与分配正义》,《北京行政学院学报》2010 年第 5 期。

[103]郁锋:《人工群体智能尚未实现通用智能》,《中国社会科学报》2017 年 10 月 10 日。

[104]袁立国:《数字资本主义批判:历史唯物主义走向当代》,《社会科学》2018 年第 11 期。

[105]张春玲:《资本逻辑视阈下的现代生态问题》,《理论月刊》2015 年第 1 期。

[106]张海燕:《科学的正义维度探析——论赫费的科学技术伦理学》,《自然辩证法研究》2007 年第 5 期。

[107]张明之:《马克思的资本逻辑批判与人的自由出路》,《学海》2014 年第 1 期。

[108]张三元:《论美好生活的价值逻辑与实践指引》,《马克思主义研究》2018 年第 5 期。

[109]张廷国、陈忠华:《认知科学对话语分析学科的本体论渗透》,《山东外语教学》2004 年第 4 期。

[110]张雯:《数字资本主义的数据劳动及其正义重构》,《学术论坛》2019 年第 3 期。

[111]张祥龙:《人工智能与广义心学——深度学习和本心的时间含义刍议》,《哲学动态》2018 年第 4 期。

[112]张秀琴:《西方马克思主义在当代美国的理解及其传播——道格拉斯·凯尔

纳教授访谈录》,《学习与探索》2012 年第 3 期。

[113]张学义、倪伟杰:《行动者网络理论视阈下的物联网技术》,《自然辩证法研究》2011 年第 6 期。

[114]张一兵:《心灵无产阶级化及其解放途径——斯蒂格勒对当代数字化资本主义的批判》,《探索与争鸣》2018 年第 1 期。

[115]张颖聪、韩璞庚:《从抽象到历史:马克思正义思想的嬗变》,《江汉论坛》2017 年第 5 期。

[116]张宗艳、韩秋红:《从西方哲学的内在逻辑看后现代哲学的"无意义"之意义》,《学习与探索》2008 年第 3 期。

[117]赵渺希、王世福、李璐颖:《信息社会的城市空间策略——智慧城市热潮的冷思考》,《城市规划》2014 年第 1 期。

[118]赵汀阳:《哲学的政治学转向》,《吉林大学社会科学学报》2006 年第 2 期。

[119]周德海:《论爱因斯坦的科学技术与道德伦理思想——兼评学术界对爱因斯坦"科技伦理"思想的研究》,《伦理学研究》2014 年第 2 期。

[120]周晶晶:《对技术价值负载的伦理反思》,《云南社会科学》2005 年第 3 期。

[121]周露平:《资本逻辑的哲学性质与历史限度》,《马克思主义与现实》2015 年第 2 期。

[122]周书俊:《正确理解和区分马克思劳动的对象化与劳动的异化》,《东岳论丛》2014 年第 1 期。

[123]周新城:《学习和实践马克思主义关于生产力和生产关系的思想》,《延安大学学报》2018 年第 5 期。

[124]朱波:《从阶级革命论到技术决定论——浅析高兹对马克思资本主义分析方法的改进》,《求是学刊》2011 年第 3 期。

[125]李三虎:《职业责任还是共同价值——工程伦理问题的整体论辩释》,《工程研究》2004 年第 10 期。

二、外　文

（一）著作

[1]Garg,V.K.,*Elements of Distributed Computing*,Wiley-IEEE Press,2002.

［2］GorzA, *The Division of Labour*, Sussex.England：The Harvester Press, 1978.

［3］Jacques Ellul, *The Technological Society*, Germany：Alfred A.Knopf, 1964.

［4］N.Stehr & R.Ericson（ed.）, *The Culture and Power of Knowledge*, Berlin：Walter de Gruyter & Co., 1992.

［5］Бердяев Н., *Смысл истории. Опыт философии человеческой судьбы*, Берлин Обелиск, 1923.

［6］Ясперс Карл, *Смысл и назначение истории：пер.с нем*, М.：Политиздат, 1991.

（二） 论文

［1］Dean J., Ghemawat S., "Map Reduce：a Flexible Data Processing Tool", *Commun ACM*, 2010, Vol.53(1).

［2］Murdock Graham, "Blind Spots about Western Marxism：A Reply to Dallas Smythe", *Canadian Journal of Political and Society Theory*, 1978, Vol.2(2).

［3］Perelmanm, "Class Warfare in the Information Age", *Capital & Class*, 1998, Vol.23 (3).

［4］Smythe D. W., "Communications：Blind spot of Western Marxism", *Canadian Journal of Political and Society Theory*, 1977, Vol.1(3).

［5］Tiziana Terranova, "Free labor：Producing Culture for the Digital Economy", *Social Text*, 2000, Vol.18(2).

后　记

　　《资本逻辑视域下的技术正义研究》是笔者所承担国家社会科学基金项目的结项成果,也是关于技术研究的第三部专著。前两部专著分别是笔者的硕士学位论文成果《技术化生存与私人生活空间——高技术应用对隐私影响的研究》和博士学位论文成果《技术的人性本质探究——马克思生存论的视角、思路与问题》。这三部专著之间是有紧密联系的,也可以说是关于技术研究的三部曲。

　　最初选择技术研究要追溯到 20 年前,由于网络技术的发展,深刻感受到现代技术对现实生活的巨大影响,因此对技术化生存问题产生浓厚的兴趣。然而,现代技术非常复杂,是一个大黑箱,打开这个黑箱十分不易,于是当时选取了"隐私"作为研究的问题点,通过高技术应用与隐私侵权之间的关系来探讨技术化生存对人的影响。

　　2006 年 10 月至 2009 年 6 月,笔者在南京大学哲学系攻读科技哲学专业博士学位,对技术仍然怀有浓厚的研究兴趣,于是博士学位论文的选题还是技术哲学领域的问题。通过对技术本质进行形而上学追问,以马克思生存论的视角、思路和统摄的问题域探讨技术的人性本质问题。

　　随着对技术研究的深入,笔者发现技术的本质除了人性本质值得探讨外,还有一个潜在的容易被忽视的影响力量需要探究,就是资本和资本逻辑,技术具有资本逻辑宰制性,这种宰制性不是天生的,而是一个建构过程。于是从2015年起,开启了资本逻辑和技术本性的同构研究,并于当年6月获得了国家社会科学基金项目的立项资助。

非常感谢国家社会科学基金项目的资助,让笔者得以带领学生团队对此进行系统的研究和思考,并形成丰硕的成果。硕士生刘君、张琳、曹思、马超、李贤静、谭勇、叶圣华等参与了相关问题的拓展研究,各自完成了质量较高的硕士学位论文,谭勇的硕士学位论文还获得了"东华大学优秀学位论文奖",并且谭勇和马超硕士毕业后考取了博士研究生,进一步在学术研究的道路上不断努力前行。项目研究期间,在《马克思主义研究》《马克思主义与现实》《自然辩证法通讯》《南京社会科学》《哲学分析》《中国社会科学报》等国内重要期刊上公开发表相关论文10余篇。这些文章受关注度较高,被《中国社会科学文摘》全文转载2篇、《新华文摘》篇目辑览1篇,多篇文章引用次数还在不断增长。

完成这部书稿十分不易。项目立项后推进较为缓慢,因工作任务较重影响了书稿写作。2020年初抗击新冠肺炎疫情期间,有三个多月的时间居家办公,才意外地有了较长的并且稳定的时间来系统推进书稿写作,也恰恰是书稿的写作,让笔者能够在疫情防控的严峻形势下,在相对封闭的居家时光中保持从容和理性。

完成书稿并且能够得以出版,这是非常值得高兴的事,尤其是这部著作凝集了笔者多年的研究心血。然而对于走在研究路上的人而言,书稿的出版既是项目研究的结束,但也意味着新的研究即将开启。

感谢家人的支持!感谢诸多的关心!尤其感谢人民出版社,感谢刘海静编辑真诚而专业的帮助!

王治东

2021年2月18日

于上海松江

责任编辑:刘海静
封面设计:石笑梦
封面制作:姚　菲
版式设计:胡欣欣
责任校对:张红霞

图书在版编目(CIP)数据

资本逻辑视域下的技术正义研究/王治东 著. —北京:人民出版社,2021.4
ISBN 978 - 7 - 01 - 023219 - 5

Ⅰ.①资…　Ⅱ.①王…　Ⅲ.①技术哲学-研究　Ⅳ.①N02

中国版本图书馆 CIP 数据核字(2021)第 039418 号

资本逻辑视域下的技术正义研究
ZIBEN LUOJI SHIYU XIA DE JISHU ZHENGYI YANJIU

王治东　著

人民出版社 出版发行
(100706　北京市东城区隆福寺街99号)

北京汇林印务有限公司印刷　新华书店经销

2021 年 4 月第 1 版　2021 年 4 月北京第 1 次印刷
开本:710 毫米×1000 毫米 1/16　印张:16.75
字数:249 千字

ISBN 978 - 7 - 01 - 023219 - 5　定价:75.00 元

邮购地址 100706　北京市东城区隆福寺街 99 号
人民东方图书销售中心　电话 (010)65250042　65289539